全国中医药行业高等教育“十四五”规划教材
全国高等中医药院校规划教材（第十一版）

分析化学（上）

（新世纪第五版）

（供中药学、药学、中药制药等专业用）

主 编 张 凌

中国中医药出版社
·北 京·

图书在版编目（CIP）数据

分析化学．上 / 张凌主编．—5 版．—北京：中国中医药出版社，2021.6（2024.5 重印）

全国中医药行业高等教育“十四五”规划教材

ISBN 978－7－5132－6893－6

Ⅰ．①分…　Ⅱ．①张…　Ⅲ．①分析化学—中医学院—教材

Ⅳ．① O65

中国版本图书馆 CIP 数据核字（2021）第 053468 号

融合出版数字化资源服务说明

全国中医药行业高等教育“十四五”规划教材为融合教材，各教材相关数字化资源（电子教材、PPT 课件、视频、复习思考题等）在全国中医药行业教育云平台“医开讲”发布。

资源访问说明

扫描右方二维码下载“医开讲 APP”或到“医开讲网站”（网址：www.e-lesson.cn）注册登录，输入封底“序列号”进行账号绑定后即可访问相关数字化资源（注意：序列号只可绑定一个账号，为避免不必要的损失，请您刮开序列号立即进行账号绑定激活）。

资源下载说明

本书有配套 PPT 课件，供教师下载使用，请到“医开讲网站”（网址：www.e-lesson.cn）认证教师身份后，搜索书名进入具体图书页面实现下载。

中国中医药出版社出版

北京经济技术开发区科创十三街 31 号院二区 8 号楼

邮政编码　100176

传真　010-64405721

廊坊市祥丰印刷有限公司印刷

各地新华书店经销

开本 889×1194　1/16　印张 15　字数 387 千字

2021 年 6 月第 5 版　2024 年 5 月第 4 次印刷

书号　ISBN 978－7－5132－6893－6

定价　56.00 元

网址　www.cptcm.com

服务热线　010-64405510　　微信服务号　zgzyycbs

购书热线　010-89535836　　微商城网址　https://kdt.im/LIdUGr

维权打假　010-64405753　　天猫旗舰店网址　https://zgzyycbs.tmall.com

如有印装质量问题请与本社出版部联系（010-64405510）

全国中医药行业高等教育“十四五”规划教材
全国高等中医药院校规划教材（第十一版）

《分析化学（上）》编委会

主　编
张　凌（江西中医药大学）

副主编（以姓氏笔画为序）
王海波（辽宁中医药大学）
尹　华（浙江中医药大学）
孙　悦（广东药科大学）
张　丽（南京中医药大学）
侯小涛（广西中医药大学）
高晓燕（北京中医药大学）
麻秋娟（河南中医药大学）

编　委（以姓氏笔画为序）
王新宏（上海中医药大学）
任晓亮（天津中医药大学）
任海云（山西中医药大学）
刘亚华（贵州中医药大学）
齐乐辉（黑龙江中医药大学）
李　琦（福建中医药大学）
李　静（山东中医药大学）
宋成武（湖北中医药大学）
孟庆华（陕西中医药大学）
姚雪莲（江西中医药大学）
徐可进（长春中医药大学）
曹秀莲（河北中医学院）
薛　璇（安徽中医药大学）
戴红霞（甘肃中医药大学）

学术秘书
金　晨（江西中医药大学）

《分析化学（上）》
融合出版数字化资源编创委员会

全国中医药行业高等教育“十四五”规划教材
全国高等中医药院校规划教材（第十一版）

主　编

张　凌（江西中医药大学）

副主编（以姓氏笔画为序）

王海波（辽宁中医药大学）
尹　华（浙江中医药大学）
孙　悦（广东药科大学）
张　丽（南京中医药大学）
侯小涛（广西中医药大学）
高晓燕（北京中医药大学）
麻秋娟（河南中医药大学）

编　委（以姓氏笔画为序）

王新宏（上海中医药大学）
任晓亮（天津中医药大学）
任海云（山西中医药大学）
刘亚华（贵州中医药大学）
齐乐辉（黑龙江中医药大学）
李　琦（福建中医药大学）
李　静（山东中医药大学）
宋成武（湖北中医药大学）
孟庆华（陕西中医药大学）
姚雪莲（江西中医药大学）
徐可进（长春中医药大学）
曹秀莲（河北中医学院）
薛　璇（安徽中医药大学）
戴红霞（甘肃中医药大学）

学术秘书

金　晨（江西中医药大学）

专家指导委员会

彭代银（安徽中医药大学校长）
董竞成（复旦大学中西医结合研究院院长）
韩晶岩（北京大学医学部基础医学院中西医结合教研室主任）
程海波（南京中医药大学校长）
鲁海文（内蒙古医科大学副校长）
翟理祥（广东药科大学校长）

秘书长（兼）

陆建伟（国家中医药管理局人事教育司司长）
侯卫伟（中国中医药出版社有限公司董事长）

办公室主任

周景玉（国家中医药管理局人事教育司副司长）
李秀明（中国中医药出版社有限公司总编辑）

办公室成员

陈令轩（国家中医药管理局人事教育司综合协调处处长）
李占永（中国中医药出版社有限公司副总编辑）
张峘宇（中国中医药出版社有限公司副总经理）
芮立新（中国中医药出版社有限公司副总编辑）
沈承玲（中国中医药出版社有限公司教材中心主任）

编审专家组

全国中医药行业高等教育“十四五”规划教材
全国高等中医药院校规划教材（第十一版）

前 言

为全面贯彻《中共中央 国务院关于促进中医药传承创新发展的意见》和全国中医药大会精神，落实《国务院办公厅关于加快医学教育创新发展的指导意见》《教育部 国家卫生健康委 国家中医药管理局关于深化医教协同进一步推动中医药教育改革与高质量发展的实施意见》，紧密对接新医科建设对中医药教育改革的新要求和中医药传承创新发展对人才培养的新需求，国家中医药管理局教材办公室（以下简称"教材办"）、中国中医药出版社在国家中医药管理局领导下，在教育部高等学校中医学类、中药学类、中西医结合类专业教学指导委员会及全国中医药行业高等教育规划教材专家指导委员会指导下，对全国中医药行业高等教育"十三五"规划教材进行综合评价，研究制定《全国中医药行业高等教育"十四五"规划教材建设方案》，并全面组织实施。鉴于全国中医药行业主管部门主持编写的全国高等中医药院校规划教材目前已出版十版，为体现其系统性和传承性，本套教材称为第十一版。

本套教材建设，坚持问题导向、目标导向、需求导向，结合"十三五"规划教材综合评价中发现的问题和收集的意见建议，对教材建设知识体系、结构安排等进行系统整体优化，进一步加强顶层设计和组织管理，坚持立德树人根本任务，力求构建适应中医药教育教学改革需求的教材体系，更好地服务院校人才培养和学科专业建设，促进中医药教育创新发展。

本套教材建设过程中，教材办聘请中医学、中药学、针灸推拿学三个专业的权威专家组成编审专家组，参与主编确定，提出指导意见，审查编写质量。特别是对核心示范教材建设加强了组织管理，成立了专门评价专家组，全程指导教材建设，确保教材质量。

本套教材具有以下特点：

1.坚持立德树人，融入课程思政内容

将党的二十大精神进教材，把立德树人贯穿教材建设全过程、各方面，体现课程思政建设新要求，发挥中医药文化育人优势，促进中医药人文教育与专业教育有机融合，指导学生树立正确世界观、人生观、价值观，帮助学生立大志、明大德、成大才、担大任，坚定信念信心，努力成为堪当民族复兴重任的时代新人。

2.优化知识结构，强化中医思维培养

在"十三五"规划教材知识架构基础上，进一步整合优化学科知识结构体系，减少不同学科教材间相同知识内容交叉重复，增强教材知识结构的系统性、完整性。强化中医思维培养，突出中医思维在教材编写中的主导作用，注重中医经典内容编写，在《内经》《伤寒论》等经典课程中更加突出重点，同时更加强化经典与临床的融合，增强中医经典的临床运用，帮助学生筑牢中医经典基础，逐步形成中医思维。

3.突出“三基五性”，注重内容严谨准确

坚持“以本为本”，更加突出教材的“三基五性”，即基本知识、基本理论、基本技能，思想性、科学性、先进性、启发性、适用性。注重名词术语统一，概念准确，表述科学严谨，知识点结合完备，内容精炼完整。教材编写综合考虑学科的分化、交叉，既充分体现不同学科自身特点，又注意各学科之间的有机衔接；注重理论与临床实践结合，与医师规范化培训、医师资格考试接轨。

4.强化精品意识，建设行业示范教材

遴选行业权威专家，吸纳一线优秀教师，组建经验丰富、专业精湛、治学严谨、作风扎实的高水平编写团队，将精品意识和质量意识贯穿教材建设始终，严格编审把关，确保教材编写质量。特别是对32门核心示范教材建设，更加强调知识体系架构建设，紧密结合国家精品课程、一流学科、一流专业建设，提高编写标准和要求，着力推出一批高质量的核心示范教材。

5.加强数字化建设，丰富拓展教材内容

为适应新型出版业态，充分借助现代信息技术，在纸质教材基础上，强化数字化教材开发建设，对全国中医药行业教育云平台“医开讲”进行了升级改造，融入了更多更实用的数字化教学素材，如精品视频、复习思考题、AR/VR等，对纸质教材内容进行拓展和延伸，更好地服务教师线上教学和学生线下自主学习，满足中医药教育教学需要。

本套教材的建设，凝聚了全国中医药行业高等教育工作者的集体智慧，体现了中医药行业齐心协力、求真务实、精益求精的工作作风，谨此向有关单位和个人致以衷心的感谢！

尽管所有组织者与编写者竭尽心智，精益求精，本套教材仍有进一步提升空间，敬请广大师生提出宝贵意见和建议，以便不断修订完善。

国家中医药管理局教材办公室
中国中医药出版社有限公司
2023年6月

编写说明

《分析化学》（上）是全国中医药行业高等教育“十四五”规划教材之一，为加快中医药现代化，促进中医药传承创新，推动中医药高质量发展，适应新时期中医药高层次人才培养和高等院校中医药教育的需要，本教材在全国中医药行业高等教育“十三五”规划教材、高等中医药院校规划教材《分析化学》（上）基础上，由全国21所医药院校的教师共同编写，编者均为全国各医药院校中药专业长期从事中药学、药学等专业分析化学教学工作的一线骨干教师。本教材可供全国高等中医药院校中药学、药学、中药制药等专业本科教学使用，还可供有关科研和药品检验部门的科技人员参阅。

在编写过程中，召开多次编写会议，编委会对编写大纲进行了认真的集体讨论，分工编写。具体分工：张凌、金晨负责编写第一章绪论，张凌、齐乐辉负责编写第二章分析过程，高晓燕、李静、任晓亮负责编写第三章误差和分析数据的处理，王海波、孟庆华负责编写第四章重量分析法，麻秋娟、戴红霞负责编写第五章滴定分析概论，尹华、姚雪莲负责编写第六章酸碱滴定法，侯小涛、李琦负责编写第七章配位滴定法，孙悦、徐可进负责编写第八章氧化还原滴定法，刘亚华、宋成武负责编写第八章沉淀滴定法，张丽、王新宏、任海云负责编写第十章电位法及双指示电极电流滴定法，曹秀莲、薛璇负责编写整理附录，全书由张凌统稿修改定稿，金晨担任学术秘书。

本教材数字化工作是在中国中医药出版社统一指导下开展的，全体编委会成员共同参与完成。

在本书编写和教材数字化建设过程中得到了各位编写老师所在院校的大力支持，在此一并表示感谢。限于编者的水平与经验，书中若存在错误和不妥之处，恳请广大师生和读者提出宝贵意见，以便再版时修订提高。

《分析化学（上）》编委会

2021年4月

目 录

第一章
绪　论

扫一扫，查阅本章数字资源，含PPT、音视频、图片等

第一节　分析化学的任务和作用

分析化学（analytical chemistry）是发展和应用各种理论方法、仪器和策略以获得有关物质在相对时空内的组成和性质等信息的一门科学，又被称为分析科学。

分析化学的主要任务一是确定物质的化学组成——定性分析（qualitative analysis）；二是测量各组成的含量——定量分析（quantitative analysis）；三是表征物质的化学结构、形态、能态——结构分析（structural analysis）、形态分析（morphological analysis）、能态分析（energy-state analysis）；四是表征物质的组成、含量、结构、形态、能态变化的动力学特征——动态分析（dynamic analysis），目的是解决有关物质体系构成及其性质，挖掘与破解物质蕴含的各种信息，揭示物质世界组成的真理。

分析化学是研究物质及其变化的重要方法之一，是化学学科的重要组成部分，在化学学科的发展及与化学有关的各学科领域（如物理学、电子学、生物学、医药学、天文学、地质学、海洋学等）中发挥着重要的作用。在资源、能源开发和利用；军事工业的提高；环境的监测与保护；食品的安全与检验；工业生产中从原料的品质考察，到生产过程监控及产品质量的检验等各环节都离不开分析化学，尤其是在国家提出协调发展与绿色发展等五大发展理念的今天，在产品质量的提升与环境污染的控制两项重点工程中，分析化学将发挥更为重要的作用。

分析化学在国民经济、科学研究、医药卫生、高等教育等方面都起着重要的作用。

（1）国民经济　资源勘探及油田、煤矿、钢铁基地选定中的矿石及原油分析；植物资源分布普查；工业生产中的原料、中间体、成品分析；农业生产中的土壤、肥料、粮食、农药分析及食品加工安全监控；材料生产中原子能材料、半导体材料、超纯材料中微量杂质的分析等都要应用分析化学。分析化学是工业生产的“眼睛”。有关生产过程的管理、生产技术的改进与创新，都要依靠分析结果进行评价。

（2）科学研究　分析化学与化学、物理学、生命科学、材料科学、环境科学和信息科学等学科有着密切联系，且互相渗透和交叉，其理论与技术广泛运用于各学科的研究中。许多定理、理论都是用分析化学的方法确证的。而各学科理论和技术的发展又为解决分析上面临的新问题、新要求提供了有利条件，促进了分析化学的飞速发展。

（3）医药卫生　临床检验、病因调查；药品鉴定、新药研发；药物分析方法选择及药品质量标准的制订；药物制剂的稳定性及生物利用度的测定、生产工艺的制订；天然药物有效成分的分

离、定性鉴别及结构测定、理化性质与结构关系的探索；药物理化性质与药效间的关系、药物作用机制、药物代谢动力学研究；中药内在质量及其与药效间的内在规律研究；中药材的栽培、引种、采集、加工、炮制、检定、质量控制等诸方面的工作都离不开分析化学。

（4）高等教育　学习分析化学的目的，不仅在于学习不同物质分析鉴定方法的理论与技术、培养学生观察判断问题的能力和精密地进行科学实验的技能、树立实事求是的科学态度和一丝不苟的工作作风，还在于培养学生的创新思维能力，解决问题的思路，使其初步掌握科学研究的方法，具备科学工作者应有的素质。分析化学在医药院校中药类专业中是一门重要的专业基础课，学好分析化学，可为后续中药化学、中药鉴定学、中药炮制学、中药药理学、中药药剂学、中药制剂分析等专业课学习打下坚实的基础。

第二节　分析方法的分类

根据分析任务、分析对象、测定原理、分析试样用量及分析要求不同，分析方法可分为多种不同的类别。

一、定性分析、定量分析、结构分析、形态分析和能态分析

根据分析任务，定性分析的任务是鉴定物质由哪些化学组分（元素、离子、基团或化合物）组成，解决“是什么”；定量分析的任务是测定物质各组分的含量，解决“有多少”，当被测成分已知时，可以直接进行定量分析；结构分析的任务是研究物质的分子结构或晶体结构，是研究未知化合物必不可少的手段；形态分析的任务则是研究物质的价态、晶态、结合态等；能态分析则是研究物质的元素、化学态等存在状态的能量。本书主要讨论定量分析、结构分析及其相关的理论。

二、无机分析和有机分析

根据分析对象，分析化学可分为无机分析（inorganic analysis）和有机分析（organic analysis）。无机分析是对无机物中的元素、离子、原子团或化合物的鉴别、含量测定和某些组分存在形式的确定等。如中草药中微量元素及矿物药无机成分的分析。有机分析主要是对有机物的元素分析、含量测定、官能团分析和结构分析，如中草药中有机成分的分析、鉴定等。此外根据具体对象还可分为食品分析（food analysis）、药物分析（pharmacological analysis）、临床分析（clinical analysis）、环境分析（environmental analysis）和水质分析（water analysis）等。

三、化学分析和仪器分析

根据分析原理，分析方法可分为化学分析和仪器分析。

（一）化学分析

化学分析（chemical analysis）是以物质的化学性质和化学反应为基础的分析方法，包括定性化学分析和定量化学分析。待测物质称为试样，与试样发生反应的物质称为试剂。定性分析是根据试样中组分发生某种化学反应的性质来对该组分进行检出的分析；定量分析则是根据待测组分与所加一定试剂发生有确定计量关系的化学反应来测定该组分含量的分析。定量分析主要有重量分析（gravimetric analysis）和滴定分析（titrimetric analysis）。重量分析是通过化学反应和一

系列操作步骤将试样中的待测组分转化成一种纯的、化学组成固定的物质（元素或化合物），根据该物质的质量计算待测组分含量的方法。滴定分析是将一种已知准确浓度的试剂溶液滴加到试样溶液中，使其与待测组分发生反应，直到化学反应按确定的计量关系完全作用为止，根据加入试剂的浓度和体积计算待测组分含量的方法。化学分析所用仪器简单，结果准确，易于普及，适用于常量组分的分析，应用范围十分广泛。

（二）仪器分析

仪器分析（instrument analysis）是以物质的物理和物理化学性质为基础建立起来的一系列分析方法，借助于仪器对试样进行定性、定量形态分析。其每一种分析方法所依据的原理不同，所测量的物理量不同，操作过程及应用情况也各不同，包括以物质的物理性质（光学性质）为基础的物理分析（physical analysis）和以物质的物理化学性质（如电化学性质）为基础的物理化学分析（physicochemical analysis），主要有光学分析（optical analysis）、电化学分析（electrochemical analysis）、质谱分析（mass spectrometric analysis）、色谱分析（chromatographic analysis）、放射化学分析（radiochemical analysis）等方法。

光学分析是利用物质发射的电磁辐射（electromagnetic radiation）或物质与电磁辐射之间相互作用的关系而对物质进行定性、定量和结构分析的一类方法。光学分析可分为非光谱分析法（nonspectral analysis）（如折光分析法、旋光分析法）和光谱分析法（spectral analysis）（如紫外-可见分光光度法、红外分光光度法、核磁共振波谱法、原子吸收分光光度法、原子发射光谱法、荧光分光光度法等）。前者与波长无关，后者与波长有关。

电化学分析是利用电化学原理对物质进行定性、定量的方法，主要有电解分析（electrolytic analysis）、电导分析（method of conductometric analysis）、电位分析（potentiometric analysis）、极谱分析（polarographic analysis）等方法。

色谱分析是一种分离、分析多组分混合物极有效的物理或物理化学分离分析方法。按流动相的分子聚集状态可分为气相色谱（gas chromatography）与液相色谱（liquid chromatography）两大类。

质谱分析是利用离子化技术，将物质分子转化为离子，再按质量与电荷比（质荷比）的差异分离测定，通过分子离子、碎片离子等解析对物质进行成分和结构分析的方法。

仪器分析操作简便、快速，灵敏度高，各种方法发展快，应用广泛，尤其适用于低含量组分的分析。与化学分析相比，近年来分析化学更注重仪器分析方法的发展，但在整个分析过程中试样的处理和分解，干扰成分的分离都离不开化学分析；在建立测定方法过程中需要可靠的经典的化学分析方法作对照；化学分析方法在常量分析中应用相当广泛。因此两者是相辅相成、互为补充的。化学分析作为分析化学教育的基础和入门是每个初学者打开分析科学知识宝库的钥匙。

四、常量、半微量、微量与超微量分析

根据试样用量的多少，分析方法可分为常量分析（macro-analysis）、半微量分析（semimicro analysis）、微量分析（micro-analysis）和超微量分析（ultramicro-analysis）。各种方法所取试样量见表1-1。

无机定性分析一般采用半微量分析方法（如点滴分析）、常量分析多采用化学分析方法、微量或超微量分析一般采用仪器分析方法（如原子发射光谱、色谱、极谱、荧光等分析方法）来完成。

表 1-1 各种分析方法所取试样量

方 法	试样重量	试样体积
常量分析	＞0.1g	＞10mL
半微量分析	0.010～0.1g	1～10mL
微量分析	0.1～10mg	0.01～1mL
超微量分析	＜0.1mg	＜0.01mL

根据被测组分的百分含量不同还可分为常量组分（＞1%）分析、微量组分（0.01%～1%）分析、痕量组分（＜0.01%）分析。痕量组分含量常用 ppm（10^{-6} W/W 或 V/V，百万分率）、ppb（10^{-9} W/W 或 V/V，十亿分率）、ppt（10^{-12} W/W 或 V/V，万亿分率）及 ppf（10^{-15} W/W 或 V/V，千万亿分率）表示。

五、例行分析与仲裁分析

例行分析（routine analysis）是指实验室的日常分析，又称常规分析。仲裁分析（referee analysis）是指不同单位对某一试样的分析结果有争议时，要求某仲裁单位（如药检所）用法定方法进行准确分析，以判断原分析结果是否准确。

第三节 分析化学的纵览

一、发展历程

分析化学历史悠久，在科学史上是研究化学的开路先锋，在元素的发现、相对原子质量的测定、定比定律、倍比定律等化学基本定律的建立及资源的勘察利用等方面，都做出重要贡献。早期分析化学主要是研究物质的化学成分的定性鉴定和定量测定的方法，只能是一类技术的组合。随着分析技术的发展，分析测定过程的理论解释及按原理对分析测定过程进行分类，使分析化学发展成为一门科学。其中 Wilhelm Qstwald 1894 年的著作《分析化学科学基础》即是分析化学的第一本科学著作。

普遍认为，分析化学学科的发展经历了三次巨大的变革。

第一次是 20 世纪初，物理化学学科的形成和各种相关理论的逐步完善，为分析化学提供了理论基础。溶液平衡理论的建立，发展和完善了化学分析方法，使分析化学成为一门具有系统理论的科学。

第二次是 20 世纪中叶，由于物理学和电子技术的发展，促进了分析化学中物理方法的发展，各种分析仪器和技术的出现和发展，使仪器分析方法和分离技术应运而生，仪器分析成了分析化学的重要内容。在分析化学发展过程中，I. M. Kolthoff、A. Ringbom 和 H. A. Laitinen 等做出了重要的贡献，他们不仅开拓了分光光度、安培滴定、配位滴定、非水滴定等新的测定方法，并在探索分析过程的操作原理问题上做了出色的工作。

第三次是 20 世纪 70 年代末以来，以计算机应用为主要标志的信息时代的来临，给分析化学带来了更深刻的变革，由于现代科学技术和生产的蓬勃发展，特别是生命科学、环境科学和能源科学等的发展，对分析化学要求不再局限于“有什么”和“有多少”的范围之内，而是要求提供物质更多和更全面的信息，包括对物质的形态、结构、微区、表面以及活性等进行分析。在这场

巨大的变革中，分析化学吸取了当代科学技术（包括化学、物理学、数学、生物学、电子学、计算机学等）的最新成就，利用物质一切可以利用的性质，建立了表征测量的新方法、新技术，如无损分析、遥测分析、在线（on line）分析、瞬时分析、薄层分析、实时（real time）甚至是在体（in vivo）原位分析等，开拓了分析化学的新领域。

在第三次变革时期，仪器分析起到了承前启后作用，随着仪器分析的发展，分析化学的定义、基础、原理、方法、技术、研究对象、应用范围等均发生根本变化，从经典的定性、定量分析方法，扩展到与现代分析化学相关的化学计量学、微电子学、微工程学、生物技术、过程控制、专家系统等范畴。

二、发展趋势

当前分析化学的各个领域都以提高分析方法或仪器的灵敏度、准确度、选择性、自动化、智能化等为目标而迅速发展。其发展趋势主要在以下几方面：一是计算机技术广泛应用于分析仪器，不仅为仪器自动化提供了条件，而且为向智能化发展提供了基础，具有专家系统的智能色谱仪及具有光谱解析功能的智能光谱仪不仅提高了实验条件的优化及分析数据的处理速度，而且大大提高了分析结果的准确度。化学分析方面由于使用选择性较高的试剂或掩蔽剂等提高了测定的特效性、灵敏度，加快了分析速度；高选择性的富集、分离方法和新试剂的研究，为新的分析原理和方法奠定了基础。二是分析仪器向微型化、自动化、网络化发展，微型化、自动化的仪器分析方法将逐渐成为常规分析的重要手段，并会不断地与大数据链接强化仪器的各种数据库软件功能。三是联用技术的应用，如色谱-质谱联用、色谱-光谱联用、色谱-色谱联用（二维色谱）等对解决复杂成分试样的分析显示出强大的威力，能顺利解决许多单一分析技术不能解决的分析难题。四是新技术、新方法的应用，如遥测、遥感、远程在线分析、能反映生产过程的高灵敏度的实时动态分析等技术将有新的发展。

现代分析化学已远远超出化学学科的领域，它正把化学与数学、物理学、计算机科学、生物学结合起来，发展成一门多学科交叉融合的综合性科学，它采用各种化学、物理、生物、数学、计算机等非化学的方法原理、技术，来对物质做尽可能的全面分析，以解决当代科学技术的更多难题。因此，现代分析化学实际上已发展为分析科学。

分析化学将主要在生物、环境、能源等前沿领域，继续沿着高灵敏度（达原子级、分子级水平）、高选择性（复杂体系）、快速、简便及分析仪器自动化、数字化、计算机化和信息化的纵深方向发展。应用先进的科学技术发展新的分析原理，建立有效而适用的原位（in situ）、在体（in vivo）、实时（real time）、在线（on line）和高灵敏度、高选择性的新型动态分析检测和无损探测方法及多元参数的检测监视方法，从而研制出新型的，具有自控、自检能力的分析仪器，以便能解决更多、更复杂的科学难题，这将是分析化学发展的主流。

中国第一次在《Nature》杂志上发表论文的人——徐寿

1881年3月10日，《Nature》杂志刊载徐寿的论文《声学在中国》，这是中国人第一次正式在国际顶级科技刊物上发表论文，这篇堪称里程碑的论文，使他被美国学者戴维·莱特（David Wright）称为“以真正的现代科学矫正了一项古老的定律”的学者。而这只是徐寿一生科学研究的小小片段，事实上，他还是中国近代化学启蒙者、近代造船业的奠基人、化

学元素周期表的中文定名人；中国第一台蒸汽机、第一艘轮船、第一艘军舰、第一所教授科技知识的学校、第一场科学讲座、第一本科技期刊……都与他有着密不可分的关系；而他与子孙五人，一共翻译、撰述了科技著作96部，近一千万字，是中国近代科技文明不倦的“盗火者”。他既是中国传统工匠的谢幕者，也是近代科技知识分子的开路人。他称分析化学是“考质求数之学，乃格物之大端，是化学之极致也！”

第二章
分析过程

扫一扫，查阅本章数字资源，含PPT、音视频、图片等

分析化学的分析方法多种多样，但就其任务来说主要是定性（定结构）与定量分析，在明确分析的任务后，应制定合理的计划，选择合适的分析方法。这里着重介绍定量分析的过程及一般步骤，包括试样的采集、试样的制备（分解、分离与富集）、分析方法的选择与分析测定、分析结果准确度的保证和评价等步骤。

第一节　试样的采集

在分析实践中，常需测定大量物料中某些组分的平均含量。但在实际分析时，只能称取几克、零点几克或更少的试样进行分析。采集（sampling）即从大批物料中采取少量样本作为原始试样（object or bulk matter），其组成能代表全部物料的平均组成。采集的关键是所取试样对样本总体具有代表性，否则，后续分析再准确，所得结果亦毫无意义。采集之前，必须了解试样来源，明确分析目的，做好试样采集的准备工作，再根据试样来源、试样性质、分析方法和对分析结果的要求等参阅相关国际、国家或行业标准进行，如中药试样，由于其有效成分及组分分布的不均匀性，原药材或中成药的采集都必须按照《中国药典》有关规定进行。下面根据物料的聚集状态，分别介绍固体、液体和气体试样的采集方法。

一、固体试样的采集

固体物料种类繁多，形态各异，试样的性质和均匀度差异较大。由于成分分布不均匀，因此采集往往需要在不同部位和不同深度多个位置进行，以保证所采试样具有代表性。常用的方法有简单随机抽样、选择性采样法、等距抽样、分层抽样、多级抽样。简单随机抽样法（simple random sampling），即随机性地选择采样点的方法，将全部试样编号 1，2，…，N，随机抽取 n 个采样点，要求采样点相对较多才具有代表性，对于组成均匀的物料可以选择此方法。选择性采样法（selective sampling），即根据组分的分布信息等有选择性地选取采样点的方法，该法选取的采样点相对较少。等距抽样（周期）法（syatematic sampling），即根据一定规则选择采样点的方法，总体中的 N 个单位按照某种次序编号，根据预定抽取的单位数 n，选定抽样间距 k，从第一间距内抽取一个随机数，隔 k 取样，组成样本；此法特点是只抽取一次随机数，方便、快速，精密度优于简单随机抽样；对有周期性变异的总体，可避免间距与周期重合，否则容易引入由某些周期性因素引起的误差。分层抽样（stratified sampling）将总体按主要特征分层，从每层中抽取一个采样点（简单随机或等距），以各层平均值的加权平均值作为总体平均值的估计值；此法特点是适用于数量大，差异大的复杂情况。多级抽样（multi-stage sampling）总体到初级样本再到

二级样本……再到最终样本。

固体物料采样数多少取决于：①颗粒的大小和分散程度；②试样的均匀度；③对分析结果的准确度要求。假设测量误差很小，分析结果的误差主要是由采样误差产生的，则包含总体平均值的区间为：

$$\mu=\overline{X}\pm\frac{t\sigma}{\sqrt{n}} \tag{2-1}$$

式中 μ 为整批物料中某组分的平均含量；$\overline{X}$ 为试样中该组分的平均含量；t 为与采样数和置信度有关的统计量（见第 3 章），σ 为各试样含量标准偏差的估计值；n 为采样数。采样数计算公式：

$$n=\left(\frac{t\sigma}{E}\right)^2 \tag{2-2}$$

其中 $E=\mu-\overline{X}$，E 表示试样中某组分含量和整批物料中该组分平均含量的差。例如经初步试验，某批物料中某组分的标准偏差为 0.187，为保证批的组分均值能以 95%的置信度位于测定均值±0.15 的区间内，计算采样数。$t\approx2$。

$$n=\left(\frac{2\times0.187}{0.15}\right)^2=6.22$$

说明需抽取 7 份试样。可见，对分析结果的准确度要求越高，即 E 越小，采样数 n 就越大；物料越不均匀，σ 就越大，要达到同样的准确度，采样数 n 也需增大。显然，采样数 n 越大，分析过程所耗人力、物力成本也越高。因此，采样数在满足分析要求的前提下应尽可能少。

平均试样采样量与试样的均匀程度、粒度、易破碎程度有关。根据检验，最低采样量可按切乔特公式估算：

$$Q\geqslant Kd^2 \tag{2-3}$$

式中 Q 为采样的最低质量（kg）；d 为试样中最大颗粒的直径（mm）；K 为缩分系数，试样均匀度越差，K 值越大，可由实验求得，通常 K 值在 0.05～1 之间。例如采集某矿石试样，若试样的最大直径为 1mm，$K\approx0.2\text{kg/mm}^2$，则应采样的最低质量为 0.2kg，即 200g；如果研细至 0.14mm 时，采样的最低质量为 0.0039kg，即 3.9g。可见，物料研得越细，颗粒越小，则应采样的最低质量越小。此外还有根据样品最大颗粒重量计算采样的最小重量的经验公式：

$$W_s=(W_{max}\times100)/b \tag{2-4}$$

式中 W_s 采集试样的最小重量（kg）；W_{max} 最大颗粒的重量（kg）；b 为比例系数，一般取值 0.2。

二、液体试样的采集

液体试样一般比较均匀，可任意采集一部分或经混合后取一部分，即成为具有代表性的分析试样。当然有时还需根据试样性质和储存容器的不同，考虑可能引起不均匀的因素。比如，装在大容器的液体试样，应均匀混合后取样，或在不同部位（如上、中、下）取样再均匀混合作为分析试样。对分装在小容器里的液体试样（如口服液、中药注射剂），应抽选一定数量的小容器进行取样，然后混合均匀作为分析试样。

对于流动的液体可以间隔一定时间进行动态采集或在适宜的时间节点进行取样。比如采集自来水试样时，采样前应打开水龙头放水 10～15 分钟，将留在水管中的杂质排出后，再用容器收集即可。采集不稳定的液体试样，如工业废水，应每隔一定时间采样一次，然后将在整个生

产过程中所取得的水样混合后作为分析试样；又如生物样品尿样的采集，受饮食和活动等影响尿液的组分会发生变化，故在不同时间采样的尿样各组分的含量不同，如尿常规，清晨的尿经过一晚上浓缩，尿液比较均匀，各组分相对稳定，更能反映出身体机能的变化，故体检通常选择清晨第1次尿，这样分析结果具有代表性。同理血常规也是如此选择早上空腹时血液试样。

三、气体试样的采集

气体的组成比较均匀，气体试样的采集可根据待测组分在试样中存在的状态（气态、蒸汽、气溶胶）、浓度及测定方法的灵敏度，选择不同的采集方法。常用方法有直接集气法和富集法。集气法是用容器收集气体，以测定被测物质的瞬时浓度或短时间的平均浓度。根据采用收集器的不同，集气法有真空瓶法、置换法、采气袋法和注射器法等。此法适用于气体试样中被测物质的浓度较高，或测定方法的灵敏度较高，只需要测定气体试样中待测组分瞬时浓度等情况，如汽车尾气、工业废气中某些有害、有毒气体的分析常采用此法采样，通常选择距地面50～180cm的高度采样，使之与人呼吸的空气相同。富集法对大气污染物的测定是使空气通过适当吸收剂，由吸收剂吸收浓缩之后再进行分析。

总之，气体试样的采集可依据待测组分的性质选择合适的采集方法。

集气采样法方法简单，能较快测知结果；但是只能测定浓度较大或监测方法灵敏度高的污染物，且得出的是很短时间内的平均浓度或者瞬时浓度，不够准确。富集采样法能测定浓度相对低的污染物，测得的结果代表采样时段的平均浓度，更能反映空气污染的真实情况，但是所花时间较长且操作较复杂。

第二节　试样的制备

将采集到的试样经过多次破碎、过筛、混匀、缩分后才能得到符合分析要求的试样。试样的制备应适用于所选择的分析方法，一般分析工作中，除干法分析（如发射光谱分析、差热分析等）外，通常先将试样制成溶液再进行分析。试样的制备包括破碎、研磨、分解、提取、分离和富集等步骤。在试样的制备过程中遵循的原则是尽可能减少杂质引入，且不丢失待测组分。

一、试样的破碎、混合和缩分

固体试样破碎（crushing of solid sample）主要分为粗碎、中碎、细碎和粉碎4个阶段，再经过研磨，以便试样能通过要求的筛孔。为了保证试样的代表性，每次破碎过筛时，应将未通过筛孔的粗颗粒进一步破碎，而绝不可将其弃去（因为它的化学成分可能与细颗粒不同），直至全部通过指定的分样筛（易分解的试样过170目筛，难分解的试样过200目筛）。破碎工具有锷式破碎机、辊式破碎机、圆盘破碎机、球磨机、钢臼、铁锤、研钵等。过筛：根据孔径大小分，样筛有11个为1套或9个为1套等不同规格。标准筛的筛号和孔径，见表2-1。

表2-1　标准筛的筛号和孔径

筛号/目	3	6	10	20	40	60	80	100	120	140	200
筛孔大小/mm	6.72	3.36	2.00	0.83	0.42	0.25	0.177	0.149	0.125	0.105	0.074

混合采用手工或机械混匀器进行物料混匀。

缩分是在不改变物料平均组成的情况下逐步缩小试样量的过程，有四分法、正方形挖取法等

方法。四分法是将过筛后的试样混匀，堆为锥形后压成圆饼状，通过中心分为四等份，弃去对角两份，保留的两份再混匀，继续用四分法缩分，直至符合分析要求为止。正方形挖取法是将混匀的样品铺成正方形的均匀薄层，用直尺或特制的木格划分成若干个小正方形，再用工具将每一定间隔内的小正方形中的样品全部取出，放在一起混合均匀，如果需要再继续重复以上操作，直至符合分析要求为止。

二、试样的分解

将固体试样处理成溶液，或将组成复杂的试样处理成简单、便于分离和测定的形式，为各组分的分析创造最佳条件是试样分解的目的。为保证分析结果的正确性，试样分解必须完全彻底，分解过程中，待测组分不挥发或溅失，也不引入待测组分或干扰组分。

由于试样的性质不同，采用的分解方法也不同。常分为无机试样的分解和有机试样的分解。

（一）无机试样的分解

除少数分析方法（干法分析）外，大多数情况下必须将试样经过分解，制成溶液，然后才能进行分析。分解试样的方法很多，可以根据试样的组成和性质、待测组分的性质及分析目的等进行选择。无机试样常用的分解方法有溶解法和熔融法。

1. 溶解法（dissolution method）

将试样溶解在水、酸、碱或其他溶剂中。溶解比较简单、快速，所以分解试样时应尽可能采用此法。当试样不溶解或溶解不完全时，再选用其他方法。溶解试样常用的溶剂有以下几种。

（1）水　用水作为溶剂溶解试样最便宜、简单、快速，故大多数定量测定方法是在水溶液中进行的。水易纯制，不引入干扰杂质，因此，凡是能在水中溶解的样品，可将样品制备成水溶液。

（2）酸　各种无机酸及混合酸也是常用的溶解样品的溶剂。利用这些酸的酸性、氧化还原性及络合性能，使样品中待测组分转入溶液。常用的酸有盐酸、硝酸、硫酸、磷酸、高氯酸、氢氟酸、混合酸如王水等。

（3）碱　常用的碱有 NaOH 和 KOH 等，常用于溶解两性金属，如铝、锌及其合金，以及它们的氧化物等。

2. 熔融法（melting method）

将试样与酸性或碱性固体熔剂混合后，在高温条件下熔融分解，使待测组分转变为可溶于水、酸、碱或其他溶剂的化合物。

（1）*酸熔法*　常用的酸性熔剂有 $K_2S_2O_7$ 或 $KHSO_4$，在高温时分解产生的 SO_3 能与碱性氧化物作用。例如，灼烧过的 Fe_2O_3 或 Al_2O_3 不溶于酸，但能熔于 $K_2S_2O_7$ 中：$Fe_2O_3 + 3K_2S_2O_7 \rightarrow 3K_2SO_4 + Fe_2(SO_4)_3$，所得熔块易溶于水。

（2）*碱熔法*　常用的碱性熔剂有 Na_2CO_3、$NaOH$、Na_2O_2 等，用以分解酸性试样。例如 Na_2CO_3 常用以分解硅酸盐，如钠长石（$NaAlSi_3O_8$）的分解反应：

$$NaAlSi_3O_8 + 3Na_2CO_3 \rightarrow NaAlO_2 + 3Na_2SiO_3 + 3CO_2\uparrow$$

Na_2O_2 用以分解铬铁矿，反应是：

$$2FeO \cdot Cr_2O_3 + 7Na_2O_2 \rightarrow 2NaFeO_2 + 4Na_2CrO_4 + 2Na_2O$$

用水浸取时得到 Na_2CrO_4 溶液和 $Fe(OH)_3$ 沉淀，分离后可分别测定铬和铁。

（二）有机试样的分解

欲测定有机物试样中常量或痕量的元素，一般需将试样分解，通常采用溶解法与分解法两种。

1. 溶解法　对低级醇、多元酸、糖类、氨基酸、有机酸的碱金属盐等有机试样，可以用水溶解。对大多数不溶于水的有机试样依据“相似相溶”原则，用有机溶剂溶解，如酚等有机酸易溶于乙二胺、丁胺等碱性有机溶剂；有机碱、生物碱易溶于甲酸、乙酸等酸性溶剂；极性有机试样易溶于甲醇、乙醇等极性有机溶剂；非极性有机试样易溶于三氯甲烷、四氯化碳、苯、甲苯等非极性有机溶剂；高聚物如聚苯乙烯、醋酸纤维等可选择甲基异丁酮作为溶剂。中药中所含的各类有机待测组分，常根据极性强弱采用醇、乙酸乙酯、丙酮、卤代烷、石油醚等溶剂分段溶解。

2. 分解法

（1）干式灰化法（dry ashing）　适于分解有机物和生物试样，以便测定其中的金属元素、硫、卤素等无机元素的含量，如药物质量标准中检查项下炽灼残渣或总灰分的测定。这种方法通常将试样置于马弗炉中高温（一般400～700℃）分解，以大气中的氧为氧化剂，有机物燃烧后留下无机残余物，再加入少量浓盐酸或热的浓硝酸浸取残余物，经定量转移并定容后进行分析测定。对于液态或湿的动植物细胞、组织，在进行灰化分解前应先通过蒸汽浴或轻度加热的方法干燥。

氧瓶燃烧法（oxygen flask combustion method）是干式灰化法中普遍应用的方式。将样品包在定量滤纸内，用铂金片夹牢，放入充满氧气的锥形瓶中进行燃烧，燃烧产物用适当的吸收液吸收，然后分别测定各元素的含量。中药中卤素、硫、磷、硼及金属元素汞、锌、镁、钴、镍的测定常采用此法。

干式灰化法的另一种方式是低温灰化法，该法通过射频放电产生的强活性氧游离基在低温下破坏有机物，灰化温度一般低于100℃，可以最大限度地减少挥发损失。

干式灰化法的优点是不加入试剂，简便，避免引入杂质。缺点是因挥发或黏附而造成损失。

（2）湿式消解法（wet ashing）　该法属于氧化分解法，用于测定有机物中金属元素、硫、卤素等元素的含量。通常将硝酸和硫酸混合物与试样一起置于克氏烧瓶中，在一定温度下进行分解，试样中的有机物氧化成CO_2和H_2O，金属转变为硝酸或硫酸盐，非金属转变为相应的阴离子，再测定有机物中的被测元素的含量。湿式消解法常用的氧化剂有HNO_3、H_2SO_4、$HClO_4$、H_2O_2和$KMnO_4$等。混合酸消解法是破坏生物、药物、食品中有机物的有效方法之一，常用的混合酸是HNO_3-$HClO_4$，一般是将样品与$HClO_4$共热至发烟，然后加入HNO_3使样品完全氧化，如药物中氮含量的测定可以采用此法。湿式灰化法的优点是速度快，缺点是易因加入试剂而引入杂质。

三、试样的分离方法

为了避免分析测定过程中其他组分对待测组分的干扰，在试样分解后有时还应进行分离处理，以便得到足够纯度的物质供下一步分析测定，否则影响测定结果的准确性，有时甚至无法测定。因此在测定前必须选择适当的方法消除干扰。常用的分离方法有沉淀分离法、萃取分离法、离子交换分离法和色谱分离法等。此外，还可利用蒸馏、挥发、电泳与电渗、区域熔融、泡沫分离等手段进行分离。有些情况下可利用掩蔽剂掩蔽干扰成分消除干扰，以简化操作手续。

分离（separation）即让试样中的不同组分相互分开的过程。试样的处理过程中分离往往是

至关重要的一步。以测定物理常数或研究结构为目的的分析，通过分离得到高纯度的被测化合物，其分离操作也称为纯化或提纯。定量分析中分离主要有两个方面的作用：①提高方法的选择性；②将微量或痕量的组分富集使之达到测定方法的检测限，即提高方法的灵敏度。具体方法有：

（一）沉淀分离法

沉淀分离法（precipitation separation）是根据溶度积原理，利用各类沉淀剂将待测组分从分析的样品体系中沉淀分离出来。分离出来的沉淀经适当处理后可进行待测组分的定量分析。常用的沉淀分离法有无机沉淀分离法、有机沉淀分离法、共沉淀分离法、盐析法、等电点沉淀法等。

（二）萃取分离法

萃取分离法（solvent extraction）是利用待测组分在两种互不相溶（或微溶）的溶剂中溶解度或分配系数的不同，使待测组分从一种溶剂内转移到另外一种溶剂中；经过反复多次萃取，将绝大部分的待测组分提取出来。此法又称液－液萃取法，常用于元素或化合物的分离或富集。

（三）离子交换分离法

离子交换分离法（ion exchange separation process）是利用离子交换剂与溶液中的离子之间所发生的交换反应来进行分离的方法。离子交换剂种类很多，主要包括无机离子交换剂和有机离子交换剂两大类。目前分析化学中常采用有机离子交换剂，又称离子交换树脂，根据可被交换的活性基团的不同，离子交换树脂又可分为阴离子交换树脂和阳离子交换树脂两大类。阳离子交换树脂可分为强酸性阳离子交换树脂（$—SO_3H$）和弱酸性阳离子交换树脂（—COOH，—OH）。阴离子交换树脂可分为强碱性阴离子交换树脂（季铵碱$\equiv N^+$）和弱碱性阴离子交换树脂（$—NH_2$，—NHR，$—NR_2$）。

离子交换分离法主要用于微量组分的富集、纯物质的制备、阴阳离子的分离、性质相似元素的分离等。例如，生物碱盐的分离纯化，选择磺酸基阳离子交换树脂，生物碱盐（阳离子）溶液通过阳离子交换树脂时，可以与树脂上的氢进行离子交换；洗脱时先将树脂柱上的生物碱盐进行碱化，使生物碱转变为游离型，再用有机溶剂进行洗脱。

（四）色谱分离法

色谱分离法（chromatography）是利用混合物中各组分在两相中具有不同的分配系数或吸附系数等而进行分离的一种方法。它是一种效率最高、应用最广的分离技术，特别适宜于分离多组分试样。常用的色谱分离法有薄层色谱法、柱色谱法、气相色谱法、高效液相色谱法等。

某一试样的分析是否需要分离和采用何种方法分离，在很大程度上取决于最后选用的分析测定方法、试样的性质和数量、待测组分的含量、对分析时间的要求和分析结果所需的准确度。

四、试样富集方法

若待测组分含量极微，低于测定方法的检测限而难以测定时，可以在分离的同时把待测组分浓缩和集中起来，使其有可能被测定，这一过程为富集（enrichment）。例如将水相中的某种组分萃取到体积较小的有机相中，这里萃取分离也起到了富集的作用。痕量组分的测定，有时虽无干扰，但仍需借助分离方法加以富集才能准确测定。如气体试样中待测组分的浓度往往很低，在

进行分析之前常需进行富集，使大量气样通过适当的收集器将待测组分吸收、吸附或阻留下来，从而使原来低浓度的组分得到浓缩，再选择灵敏度高的分析方法进行测定，大气污染的测定常用此法采样。根据所使用的收集器的不同，富集法可以分为流体吸收法、固体吸附法、冷冻浓缩法、静电沉降法等。

第三节　测定方法的选择与分析测定

将试样中待测组分进行分离、富集后，就可以选择合适的测定方法来进行测定。一种待测组分可用多种方法测定，例如铁的测定方法就有氧化还原法、配位滴定法等滴定分析法，还有紫外-可见分光光度法、原子吸收法等仪器分析法。因此选用哪种测定方法，需要综合考虑各种指标，选择合理的分析方法。理想的分析方法应该是灵敏度高、检出限低、准确度高、操作简便。选择测定方法主要从测定的具体要求、试样组分的性质、试样组分的含量、共存组分的影响四个方面进行。

一、测定的要求

当接到分析任务时，首先要明确分析目的和要求，确定分析对象对准确度、精密度和完成时间等方面的要求。如仲裁分析、成品分析、标样分析等，准确度是主要的；中药材中的重金属含量或农药残留等微量组分或痕量组分分析，灵敏度是主要的；而生产过程中的中间体控制分析，分析速度则是主要因素。因此，可根据分析的目的和要求选择适当的分析方法。

二、试样组分的性质

分析方法是依据待测组分的性质选定的。例如，试样具有酸、碱或氧化还原的性质，就可考虑酸碱滴定或氧化还原滴定分析法；如果待测组分是金属离子，则可利用其配位的性质，选择配位滴定分析法。当然也可利用其直接或间接的光学、电学、动力学等方面的性质，选择仪器分析法。对于碱金属，特别是钠离子等，由于其配合物很不稳定，又不具有氧化还原性质，但能发射或吸收一定波长的特征谱线，因此火焰光度法及原子吸收分光光度法是较好的测定方法。此外，存在形式、稳定性、毒性等都是考量范围。

三、试样组分的含量

待测组分的测量范围有常量、微量、痕量、超痕量、分子水平等。鉴于试样的种类繁多，对常量组分的测定，可采用滴定分析法或重量分析法。滴定分析法简单迅速，在重量分析法和滴定分析法均可采用的情况下，一般选用滴定分析法。对于微量组分的测定，一般选用灵敏度较高的仪器分析法，如紫外-可见分光光度法、原子吸收分光光度法、色谱法等。例如中药材中含量低于1%的活性组分的定量分析，不能选择重量法或滴定法，而应采用高效液相色谱法或气相色谱法。

四、共存组分的影响

在选择分析方法时，必须考虑其他组分对测定的影响，尽量采用选择性好的分析方法。如果没有适宜的方法，则应改变测定条件，加入掩蔽剂以消除干扰，或通过分离除去干扰组分之后再进行测定。

综上所述，分析方法很多，各有利弊，一个适宜于任何试样、任何组分的方法是不存在的。因此，必须从试样的测定要求、试样的性质、含量范围、干扰组分的影响等方面综合考虑，选用合适的测定方法。常量组分多采用准确度较高的滴定分析法或重量分析法，微量或痕量组分一般采用灵敏度较高的仪器分析法。

第四节　分析结果准确度的保证和评价

分析测定后由测量值（如质量、体积、浓度、吸光度、电位、峰面积等）求得分析结果。采取一系列减小误差的措施是分析结果准确度的保证。要对整个分析过程进行质量控制，并进行误差的计算、置信区间的计算、一般的统计检验、方差分析、回归分析、模式识别等，目的在于将实验测量数据转化为物质系统的物理和化学信息。要使分析结果的准确度得到保证，必须使所有的误差减小到预期水平，因此，要采取一系列减小误差的措施，对整个分析过程进行质量控制，同时要采取行之有效的方法对分析结果进行评价，及时发现分析过程的问题，确保分析结果的可靠性。

对分析结果的评价，即对分析结果的取舍作出判断。质量评价方法通常分为“室内”和“室间”两种。实验室内质量评价包括通过多次重复测定确定偶然误差，用标准物质或其他可靠的分析方法检验系统误差，用互换仪器发现仪器误差，交换操作者发现操作误差等；实验室间质量评价由一个中心实验室指导进行，将标样（或管理样）分发给参加的各实验室，以考核各实验室的分析能力或水平，评价这些实验室间是否存在明显的系统误差。通常采用标准物质做平行测定或采用绘制质量控制图的方法及时发现测量过程中的问题，评价分析结果的准确度。

第三章
误差和分析数据的处理

误差是在分析测量过程中客观存在的。由于测量方法、使用仪器、环境条件、试剂和分析工作者主观条件等因素，使测量的结果与真实值不完全一致，这就是误差。本章重点讨论误差产生的原因及其特点，学习有效数字及其计算，学会正确处理分析数据、表达测量结果。学好本章对于理解分析实验要求、掌握分析化学特点、领会分析化学奥妙及以后开展深入的学习和研究都具有重要的意义。

第一节　误差及其产生原因

分析误差根据其性质和来源，可分为系统误差（systematic error）和偶然误差（accidental error）两类。

误差带来的启迪——氩气的发现

1892 年，英国物理学家雷利（Rayleigh）在研究氮气密度时发现，从含氮化合物中制得的氮气，其密度为 1.2508g/L，而从空气中分离出来的氮气密度为 1.2572g/L，多次重复实验，结果也是如此。大气分离法和化学制备法的氮气密度为什么不相等？虽然两者只差几毫克，但这一现象引起了雷利极大的兴趣。雷利在分析了实验方法的系统误差和统计误差后，提出了一个大胆的假设：从空气中分离的氮气不是纯氮气，其中包含一种比氮气密度更大的未知气体。基于这个假设，雷利与英国物理学家拉姆塞（Ramsay）合作，于 1895 年共同发现了新元素氩。1904 年，两位科学家因为这一重大发现分别获得诺贝尔物理学奖和化学奖。这个实例充分展示了误差分析的重要性。通过讨论误差的来源以及设计实验来控制误差，可以透过实验现象去发现背后富有价值的规律。试想如果雷利忽视了数据中这微小的差异，就很可能与诺贝尔奖失之交臂。因此，我们在学习中要不放过任何一个微小的发现，注意培养自己细心、严谨的工作精神。

一、系统误差

系统误差是由分析过程中某些确定原因引起的，特点是其具有重复性和单向性。即：在同一条件下进行测定，会重复出现，使测定结果总是偏高或偏低。故而又称为“可测误差”。常见的系统误差，可分为方法误差、仪器和试剂误差及操作误差三种。

（一）方法误差

方法误差是由于分析方法本身因素所引起的误差，这类误差有时会对测定结果造成较大的影响。例如，重量分析中沉淀的溶解损失，或有共沉淀现象发生；在滴定分析中，滴定终点与化学计量点不能完全吻合；以及分析测定反应不完全，存在副反应等原因，都会导致测量值偏离真实值。

（二）仪器和试剂误差

由于使用的实验仪器不够精确引起的误差是仪器误差；由于试剂、溶剂不纯所引起的误差是试剂误差。例如：元素分析中溶剂水含有微量待测离子，就会使测定结果比真实值偏高。

（三）操作误差

操作误差是由于分析工作者一些主观因素造成的误差。例如，滴定管读数偏高或偏低；滴定终点颜色确定偏深或偏浅，均可导致操作误差。滴定管读数偏高属于操作误差，而有意或无意将读数记录大或小应属于过失。

以上三种误差，在测定过程中可能同时存在、共同影响结果。如果在多次测定中，系统误差的绝对值保持不变，但相对值随测量值的增大而减小，这种误差称为恒量误差（constant error）。例如天平的称量误差和滴定管的读数误差。如果系统误差的绝对值随试样量的增大而成比例地增大，而相对值保持不变，则称其为比例误差（proportional error）。例如，试样中存在的干扰成分引起的误差。

理论上系统误差具有单向性、重复性和可测性，所以是可以被测量或消除的。

二、偶然误差

偶然误差是由某些不确定的因素所引起的误差。如环境温度、湿度、气压及电源电压的微小波动、仪器性能的微小变动等。由于这些变化是随机产生的，因此偶然误差又称为随机误差。产生偶然误差的原因一般不易察觉，因此难以控制。偶然误差的大小和正负都不固定，但研究表明，偶然误差的分布服从正态分布规律，即小误差出现的概率大，大误差出现的概率小，绝对值相同的正、负误差出现的概率大致相等。因此，可以通过增加平行测定次数，减小或消除偶然误差。

在分析过程中，除系统误差和偶然误差外，还有因为疏忽或差错引起的“过失”，其实质是一种错误，不属于误差的范畴。如溶液溅失、看错刻度、记录及计算错误等。因此需要在实验中严格认真，恪守操作规程，养成良好的实验习惯，避免出现“过失”。如发现确实因操作错误得出的测定结果，应将该次测定结果舍弃。

三、准确度与精密度

分析结果的准确度（accuracy）是指测量值与真实值（真值）接近的程度。它说明了测定结果的正确性。准确度的高低用误差的大小来衡量，误差越小，准确度越高；反之，准确度越低。精密度（precision）是指一组平行测量的各测量值（试验值）之间互相接近的程度。精密度表现了测量值的重复性和再现性。精密度的高低用偏差（deviation）来衡量，偏差越小，精密度越高。

（一）准确度

误差（error）是指测量值与真实值之间的差值。常用绝对误差（absolute error）和相对误差（relative error）来表示。

1. 绝对误差

测量值（x_i）与真实值（μ，统计学中称为总体平均值）之差值，用 δ 表示，即：

$$\delta = x_i - \mu \tag{3-1}$$

绝对误差以测量值的单位为单位，当测量值大于真实值时，误差为正值，反之，误差为负值。绝对误差在表示仪器测量的准确度方面有一定实际意义。

2. 相对误差

相对误差指绝对误差在真实值中所占的比例。它可正可负，但无单位，以下式表示：

$$相对误差(\%) = \frac{\delta}{\mu} \times 100\% \tag{3-2}$$

在分析工作中常用相对误差来衡量分析结果的准确度。根据相对误差的大小，还可提供正确选择分析方法的依据。

例 3-1　用分析天平称量两份试样，一份的测量值为 2.1234g，真实值为 2.1233g；另一份的测量值为 0.2123g，真实值为 0.2122g。两个测量值的绝对误差均为 0.0001g，但相对误差分别为：

$$相对误差(\%) = \frac{0.0001}{2.1233} \times 100\% = +0.0047\%$$

$$相对误差(\%) = \frac{0.0001}{0.2122} \times 100\% = +0.047\%$$

可见，当测量值的绝对误差相等时，测量值越大，相对误差越小，测量准确度越高；反之，则准确度越低。

在实际分析工作中，真实值客观存在，但又无法准确测得。在分析化学中常用的真值有理论真值、约定真值和相对真值。

例如，按化合物的理论组成给出的化合物分子量就是理论真值。

约定真值是国际计量大会或国家的法定计量单位对一些钢量给出的数值。如元素周期表中各元素的原子量就是约定真值。

相对真值系采用可靠的分析方法和精密的测量仪器，经过不同实验室和不同人员进行多次平行分析，将测定结果经数理统计方法处理后得到的数值，该值也称标准值，可代表真值。如标准试样所标示的含量即是一种相对真值。

（二）偏差

偏差是测量值彼此之间的接近程度，常用绝对偏差、相对平均偏差和相对标准偏差来表示。

1. 绝对偏差与相对偏差

绝对偏差（d）是测量值 x_i 与多次测量平均值 $\bar{x}$ 之差；相对偏差是绝对偏差占平均值的比率。

即：绝对偏差

$$d = x_i - \bar{x} \tag{3-3}$$

$$相对偏差(\%) = \frac{d}{\bar{x}} \times 100\% \tag{3-4}$$

2. 平均偏差与相对平均偏差

在表明一批测量值彼此符合程度时，可用平均偏差（$\overline{d}$）和相对平均偏差（*RAD*）表示。

各单次测量偏差的绝对值的平均值，称为平均偏差（average deviation），以 $\overline{d}$ 表示。

$$\overline{d}=\frac{\sum_{i=1}^{n}|x_i-\overline{x}|}{n} \tag{3-5}$$

式中 n 为测量次数。

平均偏差 $\overline{d}$ 与测量平均值$\overline{x}$的比值称为相对平均偏差（relative average deviation），以 *RAD*%表示。

$$RAD\%=\frac{\overline{d}}{\overline{x}}\times100\% \tag{3-6}$$

例 3-2 测定某试样中一待测组分含量，三次测定结果分别为 24.45%、24.48%和 24.32%，求其平均值、绝对偏差、平均偏差和相对平均偏差。

解： $\overline{x}=\frac{1}{3}\times(24.45+24.48+24.32)\%=24.42\%$

$d_1=(24.45-24.42)\%=+0.03\%$

$d_2=(24.48-24.42)\%=+0.06\%$

$d_3=(24.32-24.42)\%=-0.10\%$

$\overline{d}=\frac{1}{3}\times(0.03+0.06+0.10)\%=0.06\%$

$RAD\%=\frac{0.06}{24.42}\times100\%=0.25\%$

3. 标准偏差与相对标准偏差

在平均偏差和相对平均偏差的计算过程中，忽略了个别较大偏差对测定结果重复性的影响，而采用标准偏差（standard deviation，*s*）和相对标准偏差（*RSD*%）则能够突出较大偏差的影响。当进行有限次测定（$n<20$）时，其标准偏差的定义式为：

标准偏差
$$s=\sqrt{\frac{\sum_{i=1}^{n}(x_i-\overline{x})^2}{n-1}} \tag{3-7}$$

标准偏差比平均偏差更能说明数据的分散程度。例如：有两批数据，各次测量值的绝对偏差分别为：

第一批：+0.3，−0.2，−0.4，+0.2，+0.1，+0.4，0.0，−0.3，+0.2，−0.3

平均偏差 $\overline{d}=0.24$

第二批：0.0，+0.1，−0.7，+0.2，−0.1，−0.2，+0.5，+0.2，+0.3，+0.1

平均偏差 $\overline{d}=0.24$

可以看出：虽然两批数据的平均偏差相同，但第二批数据较第一批分散，精密度差，其中有两次结果相差较大，只有用标准偏差才能分辨出这两批数据精密程度，它们的标准偏差分别为：

$$s_1=\sqrt{\frac{(0.3)^2+(-0.2)^2+\cdots+(-0.3)^2}{10-1}}=0.28$$

$$s_2=\sqrt{\frac{(0.0)^2+(0.1)^2+\cdots+(-0.1)^2}{10-1}}=0.33$$

可见，第一批数据精密度较第二批高。

相对标准偏差（relative standard deviation）是标准偏差 s 与测量平均值 $\bar{x}$ 的比值，又称为变异系数（coefficient of variation，CV），定义式为：

$$RSD(\%)=\frac{s}{\bar{x}}\times 100\% \tag{3-8}$$

4. 平均值的标准偏差

标准偏差反映了一组测量值中单次测量值之间的离散程度。如果要反映多组平行测定，各组平均值之间的离散性，则需采用平均值的标准偏差（$s_{\bar{x}}$）。若从同一试样得到 m 份样品，对每份样品进行 n 次测定，计算得到 m 组数据的平均值 $\bar{x}_1, \bar{x}_2, \bar{x}_3 \cdots$，$\bar{x}_m$，由 m 个平均值计算可得到平均值的标准偏差，用 $s_{\bar{x}}$ 表示。平均值的标准偏差 $s_{\bar{x}}$ 与单次测量结果的标准偏差 s 的关系为：

$$s_{\bar{x}}=\frac{s}{\sqrt{n}} \tag{3-9}$$

可见，当 s 值不变时，平均值的标准偏差与测定次数的平方根成反比，增加测定次数，平均值的标准偏差减小。说明平均值的精密度会随着测定次数的增加而提高。由图 3-1 可知，开始时 $s_{\bar{x}}/s$ 随着测定次数 n 的增加而迅速减小；但当 $n>5$ 时，减小的趋势变慢；$n>10$ 时，减小的趋势变得很小。因此，在实际分析过程中，一般平行测定3～4 次即可，要求较高时，可测定5～9 次。

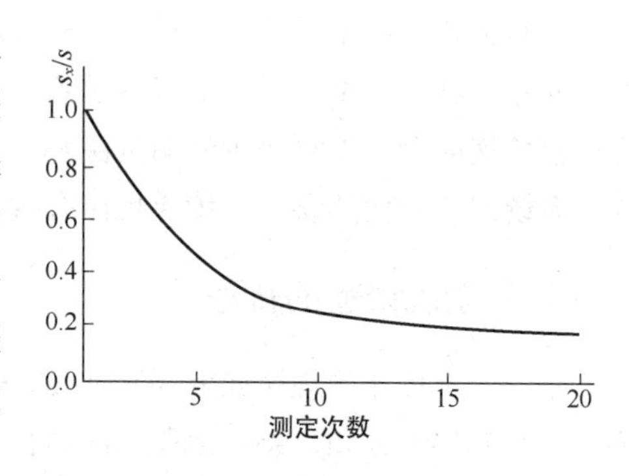

图 3-1　平均值的标准偏差与测定次数的关系

（三）准确度与精密度

评价测定结果的优劣，需同时衡量其准确度和精密度。定量分析的误差来自系统误差和偶然误差，系统误差影响测定的准确度，而偶然误差对精密度和准确度均有影响。

下面举例说明如何用准确度与精密度来评价定量分析的结果优劣。有甲、乙、丙、丁 4 人用相同方法测定同一样品中某成分含量。人均测定 6 次。试样的真实含量为 10.00%。测定结果如图 3-2 所示。

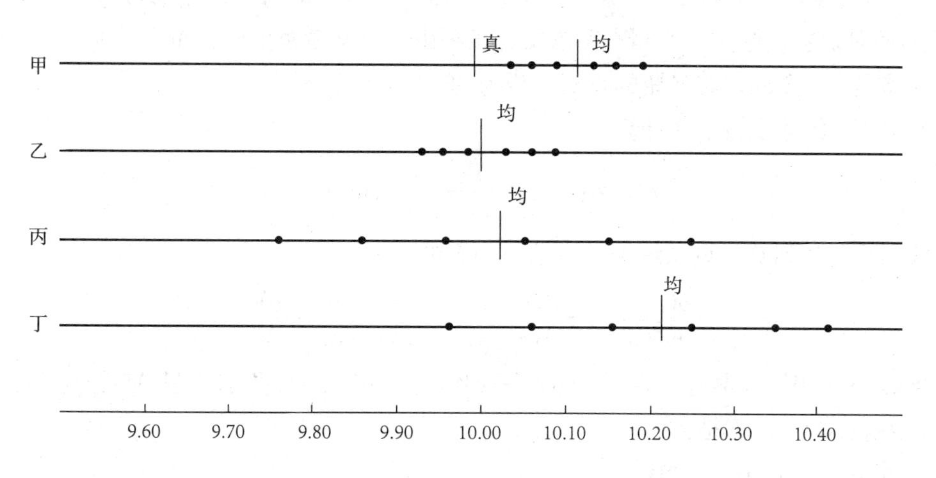

图 3-2　定量分析中的准确度与精密度

真：真实值　均：平均值　•：个别测定结果

由图 3-2 可以看出：

甲的测定偏差小，说明测定精密度好，但平均值与真实值相差较大，故准确度不高。结果不可靠。

乙的测定偏差和误差均小，说明测定精密度和准确度均较高，结果可靠。

丙的测定偏差很大，精密度很差，虽然其平均值接近真实值，但这是巧合，其结果不可靠。

丁的测定偏差和误差均较大，说明精密度和准确度都很差，结果不可靠。

由此可见，要得到好的试验结果，精密度高是准确度高的前提，精密度是保证准确度的先决条件。由于可能存在系统误差，精密度高不一定准确度就高。因此，在评价分析结果的优劣时，必须将精密度和准确度综合考虑。

四、误差的传递

定量分析的结果通常是经过一系列测量后获得数据，再将数据按一定的公式运算后得到的。每一测量步骤所产生的误差都将传递到最终的分析结果中去，影响分析结果的准确度。因此，研究误差传递问题，了解每步的测量误差对分析结果的影响，对于得到既精密又准确的结果十分重要。系统误差与偶然误差的传递规律有所不同。

（一）系统误差的传递

系统误差传递的规律如表 3-1 的第二列所示。该规律可概括为：①和、差的绝对误差等于各测量值绝对误差的和、差；②积、商的相对误差等于各测量值相对误差的和、差。

表 3-1　测量误差对计算结果的影响

运算式	系统误差	极值误差	偶然误差
1. $R=x+y-z$	$\delta R=\delta x+\delta y-\delta z$	$\Delta R=\|\Delta x\|+\|\Delta y\|+\|\Delta z\|$	$s_R^2=s_x^2+s_y^2+s_z^2$
2. $R=x\cdot y/z$	$\frac{\delta R}{R}=\frac{\delta x}{x}+\frac{\delta y}{y}-\frac{\delta z}{z}$	$\frac{\Delta R}{R}=\left\|\frac{\Delta x}{x}\right\|+\left\|\frac{\Delta y}{y}\right\|+\left\|\frac{\Delta z}{z}\right\|$	$\left(\frac{s_R}{R}\right)^2=\left(\frac{s_x}{x}\right)^2+\left(\frac{s_y}{y}\right)^2+\left(\frac{s_z}{z}\right)^2$

例 3-3　在配制 1L Na_2CO_3 标准溶液（准确浓度为 0.05221mol/L）时，用减重法称得 5.5332g Na_2CO_3 基准试剂，定量溶解于 1L 容量瓶中，稀释至刻度。问配得的 Na_2CO_3 标准溶液浓度 C 的相对误差、绝对误差和真实浓度各是多少？已知减重前的称量误差是＋0.3mg；减重后的称量误差是－0.2mg；容量瓶的真实容积为 999.75mL。

解： Na_2CO_3 的浓度按下式计算：

$$C_{Na_2CO_3}=\frac{W}{M_{Na_2CO_3}\times V}\ \text{(mol/L)}$$

因上式属乘除法运算，则系统误差对结果的影响为：

$$\frac{\delta C_{Na_2CO_3}}{C_{Na_2CO_3}}=\frac{\delta W_{Na_2CO_3}}{W_{Na_2CO_3}}-\frac{\delta M_{Na_2CO_3}}{M_{Na_2CO_3}}-\frac{\delta V}{V}$$

又∵$W_{Na_2CO_3}=W_{前}-W_{后}$，∴$\delta W_{Na_2CO_3}=\delta W_{前}-\delta W_{后}$。而摩尔质量 $M_{Na_2CO_3}$ 为约定真值，可以认为 $\delta M_{Na_2CO_3}=0$，于是：

$$\frac{\delta C_{Na_2CO_3}}{C_{Na_2CO_3}}=\frac{\delta W_{前}-\delta W_{后}}{W_{Na_2CO_3}}-\frac{\delta V}{V}=\{[+0.3-(-0.2)]/5533.2\}-0.25/1000$$

$$=0.00009-0.00025=-0.00016\approx-0.02\%$$

即 Na_2CO_3 标准溶液的相对误差为－0.02%。

绝对误差 $\delta C_{Na_2CO_3}=-0.02\%\times0.05221mol/L=-0.00001mol/L$。

真实浓度 $C_{Na_2CO_3}=0.05221mol/L-(-0.00001mol/L)=0.05222mol/L$。与准确浓度 0.05221mol/L 相比，差别不显著。

（二）偶然误差的传递

各测量步骤所产生的偶然误差对计算结果的影响可以通过标准偏差法进行推断和估计。

根据偶然误差分布的特性，可以利用偶然误差的统计学规律来估计测量结果的偶然误差，这种估计方法称为标准偏差法。其计算法则如表 3-1 第 4 列所示。只要测量次数足够多，就可用本方法算出测量值的标准偏差。其规律可概括为：

（1）和、差结果的标准偏差的平方，等于各测量值的标准偏差的平方和。

（2）积、商结果的相对标准偏差的平方，等于各测量值的相对标准偏差的平方和。

例 3-4　设天平称量时的标准偏差 $s=0.10mg$，求称量试样时的标准偏差 s_W。

解：称取试样时，无论是用减重法称量，还是将试样置于适当的称样皿中进行称量，都需要称量两次，两次读取称量天平的平衡点。试样重 W 是两次称量所得 W_1 与 W_2 的差值，即：

$$W=W_1-W_2 \text{ 或 } W=W_2-W_1$$

读取称量 W_1 和 W_2 时平衡点的偏差，都要反映到 W 中去。因此，根据表 3-1 求得：

$$s_W=\sqrt{s_1^2+s_2^2}=\sqrt{2s^2}=0.14\ (mg)$$

（三）极值误差

这种方法是假设每一个测量结果各步骤测量值的误差既是最大的，又是叠加的。这样计算出的结果误差也是最大的，故称极值误差，是结果误差最差的可能性。其计算法如表 3-1 第三列所示。在实际分析工作中，各测量步骤所产生的误差可能部分相互抵消，出现这种最大误差的可能性很小，但因为各测量值的最大误差通常是已知的，所以极值误差法在分析误差来源、防止大误差产生还是有较大作用的。例如，用分析天平进行减重法称量试样，两次测量的最大误差是±0.0002g。又如，用滴定分析法测定药物中有效成分的百分含量（$P\%$）通常依下式计算：

$$P\%=\frac{TVF}{W}\times100\%$$

式中 T 为标准溶液对待测物的滴定度，V 是所消耗标准溶液的体积（mL），F 是标准溶液浓度的校正因数，W 是试样的质量。式中的滴定度 T 可以认为没有误差，如果 V、F 和 W 的最大误差分别是 ΔV、ΔF、ΔW，则 P 的极值相对误差是：

$$\frac{\Delta P}{P}=\left|\frac{\Delta V}{V}\right|+\left|\frac{\Delta F}{F}\right|+\left|\frac{\Delta W}{W}\right|$$

如果测量 V、F 和 W 的最大相对误差都是 1‰，则该药物中有效成分含量的极值相对误差应是 3‰。

定量分析中，各步测量产生的系统误差和偶然误差是混在一起的，因而分析结果的误差也包含了这两部分误差。以上三种研究误差传递的方法应综合考虑，灵活应用。

正确应用误差传递的规律，在进行分析工作时，对各步测量所应达到的准确程度，就可以做到心中有数。

五、提高分析结果准确度的方法

要提高分析结果的准确程度，必须尽量设法减免分析过程中的各种误差。下面结合实际情

况，简要介绍减免分析误差的几种主要方法。

（一）选择适当的分析方法

不同分析方法的准确度和灵敏度不同，例如，经典化学分析法的灵敏度虽然不高，但对于高含量组分的测定，能获得比较准确的结果（相对误差≤±0.1%）；仪器分析法灵敏度高、绝对误差小，虽然其测定的相对误差较大，但对于微量或痕量组分的测定可以符合准确度要求。因此，化学分析方法主要用于常量组分的分析；仪器分析方法常用于微量或痕量组分的测定。

选择分析方法时，除了考虑待测组分的含量外，还要考虑与待测组分共存的其他物质干扰问题。总之，必须综合考虑分析对象、试样性质、待测组分含量及对分析结果的要求等来选择合适的分析方法。

（二）减小测量误差

测定过程中不可避免会产生测量误差，为保证分析结果的准确度，必须尽量减小各分析步骤的测量误差。例如，重量分析中因分析天平的两次读数的极值误差为±0.0002g，为使称量相对误差≤0.1%，称取试样量应≥0.2g；滴定分析中滴定管读数误差为±0.02mL，为使滴定时的相对误差≤0.1%，消耗滴定剂的体积一般应≥20mL。

应该指出，不同的分析方法对测量准确度的要求不同，应根据具体情况控制各测量步骤的误差，使测量的准确度与分析方法的准确度相适应。

（三）减小偶然误差

根据偶然误差的分布规律，在消除系统误差的前提下，平行测定次数越多，平均值越接近于真值。因此，增加平行测定次数可以减小偶然误差对分析结果的影响。由图3-1可知，过多增加测定次数对提高测定精密度成效甚微，且浪费了人力、物力和时间，因此，在实际工作中，通常对同一试样进行3～4次平行测定。

（四）检验并消除测量过程中的系统误差

在实际工作中，引起系统误差的原因很多，常见因素有来自试样的、来自方法的和仪器的等。通常可根据具体情况，采用以下方法来检验和消除。

1. 对照试验

对照试验是检验系统误差最常用和最有效的方法。对照试验一般可分为两种。一种是用待检验的分析方法测定某含量已知的标准试样或纯物质，将测定结果与标准值或理论值相对比，以确定该分析过程中是否存在系统误差。注意采用该法进行对照试验时，选择的标准试样组成应尽量与待分析试样组成相似。另一种是用待检验的方法与其他经典可靠的分析方法对同一试样进行测定，对比两种方法的测量结果，判断待检验方法的优劣。作为对照试验所用的分析方法必须可靠，一般选用国家颁布的标准分析方法或公认的经典方法。此外，也可采取不同分析人员、不同实验室用同一方法对同一试样进行对照分析，以检验分析人员之间的操作是否存在系统误差及环境等其他因素的影响。

2. 回收试验

在无标准试样又不宜用纯物质进行对照试验，或对试样的组成不完全清楚时，则可以采用“回收试验”。这种方法是先用选定方法测定试样中待测组分含量后，再向试样中加入已知量待测

组分的纯物质（或标准品），然后用与测定试样同样的方法进行测定，根据测定结果，按下式计算回收率：

$$回收率\%=\frac{加入纯品后的测得量-加入纯品前的测得量}{纯品加入量}\times100\%$$

回收率范围通常是95%～105%，越接近100%，说明系统误差越小，方法准确度越高。

3. 空白试验

在不加试样的情况下，按照与测定试样相同的条件和分析步骤进行的分析实验，称为空白试验。通过作空白试验可发现、消除或减少由方法，试剂、溶剂不纯或实验器皿玷污所引起的系统误差。空白试验所得结果称为空白值。有时可以从试样分析结果中扣除空白值后，得到可靠的分析结果。但值得注意的是，空白值不宜过大，当空白值较大时，应通过提纯、使用合格的溶剂等途径使其减小。

4. 校准仪器

对天平、砝码、移液管和滴定管等计量和容量器皿及测量仪器进行校准，可以减免仪器误差。由于计量及测量仪器的状态可能会随时间、环境等条件变化而发生变化，因此需定期进行校准。

第二节　有效数字及其计算规则

在分析工作中，为了得到准确的分析结果，不仅要准确进行测量，而且还要根据测量仪器和分析方法的准确度来正确地记录和计算。分析结果不仅表示了试样中待测组分的含量，同时还反映了测量的准确程度。

一、有效数字

有效数字（significant figure）是指在分析工作中实际能测量到的有实际意义的数字。有效数字由全部准确数字和最后一位可疑数字（欠准数）组成，有效数字不仅能表示测量数值的大小，而且还可以反映测量的准确程度。

如用万分之一分析天平称量试样时，称量结果记录为0.5180g是正确的，表示该试样的实际质量是0.5180±0.0001g，其相对误差为$\pm\frac{0.0001}{0.5180}\times100\%=\pm0.02\%$；如果少记录一位有效数字，记录为0.518g，则表示该试样实际质量为（0.518±0.001）g，其相对误差为$\pm\frac{0.001}{0.518}\times100\%=\pm0.2\%$。后者测量的准确度比前者低10倍，所以，在测量准确度的范围内，有效数字位数越多，测量也越准确。但超过测量准确度的范围，过多的位数则毫无意义，同时也是错误的。

确定有效数字位数时应遵循以下几条原则：

（1）在记录测量数据时，只允许在测得值的末位保留一位可疑数字（欠准数），其误差是末位数的±1个单位。

（2）在数据中数字1～9均为有效数字，但数字0是否是有效数字，要看它在数据中所处的位置。当0位于数字1～9之前，只起定位作用；当0位于数字1～9之间或之后是有效数字，如0.00560g，前三个0不是有效数字，后一个0是有效数字，该数据有效位数为

3 位。

(3) 变换单位时，有效数字的位数必须保持不变。例如：0.0025g 用毫克（mg）表示时应写成 2.5mg；12.5L，用毫升（mL）表示时应写成 1.25×10^4mL。

(4) 对于很小或很大的数字，可用指数形式表示。如 0.0056g 可记录为 5.6×10^{-3}g；0.5000g，可记录为 5.000×10^{-1}g。

(5) 在分析化学计算中，常常会遇到一些非测量所得的自然数，如测量次数、计算中的倍数或分数关系、化学计量关系等，这类数字无准确度问题，运算过程中不能由它来确定计算结果的有效数字的位数。

(6) 对于 pH 及 pK_a 等对数值，其有效数字的位数仅取决于小数部分数字的位数，而其整数部分的数值只代表原数值的幂次。

(7) 如果数据首位≥8，其有效数字的位数可多计一位。

二、有效数字的修约规则

在数据处理过程中，各测量值的有效数字的位数可能不同，在运算时应按一定的规则确定各测量值的有效数字的位数，舍、入多余尾数，这个过程称为数字修约，其基本规则如下：

(1) 四舍六入五留双。该规则规定：当测量值多余尾数的首位≤4 时，舍弃；≥6 时，进位；等于 5，若 5 后面数字为 0 时，则根据 5 前面的数字是奇数还是偶数，采取“奇进偶舍”的方式进行修约，使被保留数据的末位数字为偶数；若 5 后的数字不为 0，均应进位。

例 3-5 将下列测量值修约为四位：

解：

修约前	14.2442	15.0250	15.0251	15.0150	26.4863
修约后	14.24	15.02	15.03	15.02	26.49

(2) 只允许对原测量值一次修约至所需位数，不能分次修约。

例：将 2.4149 修约为三位数，应该一次修约成 2.41。如先修约成 2.415，再修约为 2.42 是错误的。

(3) 在进行大量数据运算时，为减小修约误差，对所有参加运算的数据可先多保留一位有效数字，运算后，再将结果修约到应有位数。

(4) 表示误差、偏差、标准偏差等时，一般不多于两位有效数字。同时，为不使修约结果准确度提高，无论何种情况，都要进位。例如，$s=0.212$，保留两位有效数字，应修约成 0.22。

三、有效数字的运算规则

由于分析结果的准确度受分析过程测量误差的影响，所以在计算分析结果时，应根据误差传递规律进行有效数字的运算。其运算规则如下：

1. 加减法

几个数据相加减时，其和或差的有效数字位数的保留，应以各数中小数点后位数最少的数字为准，即以其绝对误差最大者为准。

例 3-6 0.0121＋25.64＋1.0587＝?

解： 以上三个数中，25.64 是小数点后位数最少者，其绝对误差最大，故应以 25.64 为准，其他两个数的有效数字位数也应保留到小数点后第二位，先修约后计算，上述三个数字之和为：0.01＋25.64＋1.06＝26.71。

2. 乘除法

几个数据相乘除时，所得的积或商，其有效数字位数的保留，应以各数中含有效数字位数最少者为准，即以相对误差最大者为准。

例 3-7　13.92×0.0112×1.9723=？

解：以上三个数据中，0.0112 的有效数字位数最少，故应以 0.0112 为准，三个数据乘积最多保留三位有效数字。即

$$13.92\times0.0112\times1.9723=0.307$$

使用计算器进行运算时，可以不对原始数据和中间数据进行修约，但应正确保留最后计算结果的有效数字位数。

在计算分析结果时，高含量（>10%）组分的测定，一般要求保留四位有效数字；含量在1%～10%之间通常要求三位有效数字；含量小于 1%的组分可以要求两位有效数字。

第三节　分析数据的处理

分析检测得到的一系列测量值或数据，必须经过整理及统计处理后，才能对所得结果的可靠程度作出合理判断并予以正确表达。

在校正系统误差和去除错误测定结果后，测量结果的不一致是由偶然误差引起，可以运用统计学的方法来计算、估计偶然误差对分析结果影响的大小，并正确地表达所得结果。同时，在对分析数据进行统计处理之前，需要先进行数据整理，去除由于明显原因引起的、相差较远的错误数据。对可疑数据可采取 Q 检验或其他检验规则决定取舍，然后按照所要求的置信度，求出平均值的置信区间，必要时还要对两组数据进行显著性检验。

一、偶然误差的正态分布

在分析过程中，对同一试样进行无限多次重复测量，所得测量值的偶然误差符合正态分布规律：

$$y=f(x)=\frac{1}{\sigma\sqrt{2\pi}}e^{-\frac{(x-\mu)^2}{2\sigma^2}} \tag{3-10}$$

式中，y 代表概率密度，x 表示测量值，μ 是总体平均值，σ 为总体标准差。以 x 为横坐标，y 为纵坐标，就得到测量值的正态分布曲线，见图 3-3。

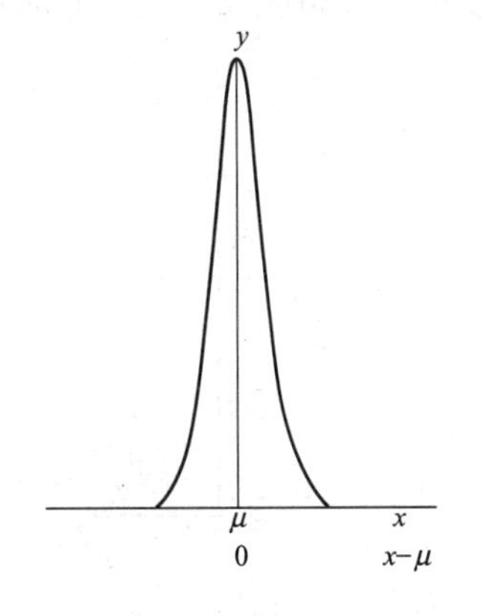

图 3-3　测量值或误差的正态分布曲线

μ 和 σ 是正态分布的两个基本参数，其中 μ 是无穷多次测量数据的平均值，对应于曲线最高点的横坐标值，它反映了测量值的集中趋势，说明平均值出现的概率最大。当系统误差为零时，μ 即是真值。σ 为曲线两拐点之间距离的一半，表示数据的分散程度。μ 决定曲线在 x 轴的位置。σ 相同 μ 不同时，曲线的形状不变，只在 x 轴平移，如图 3-4 所示。σ 确定曲线的形状，σ 小，数据集中，曲线瘦高；σ 大，数据分散，曲线较扁平，见图 3-5。

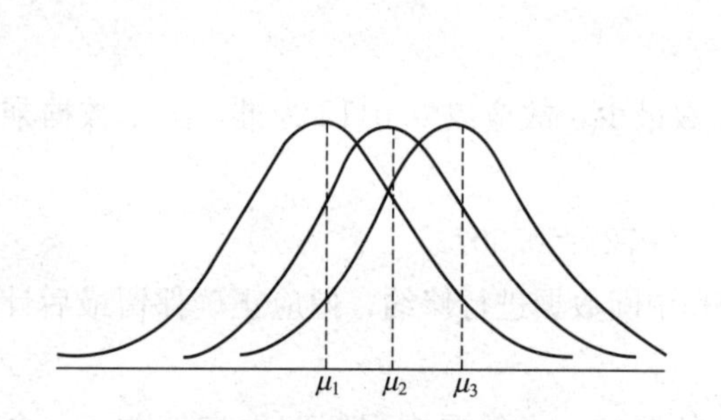

图 3-4 精密度相同，真值不同的三个系列测定的正态分布曲线

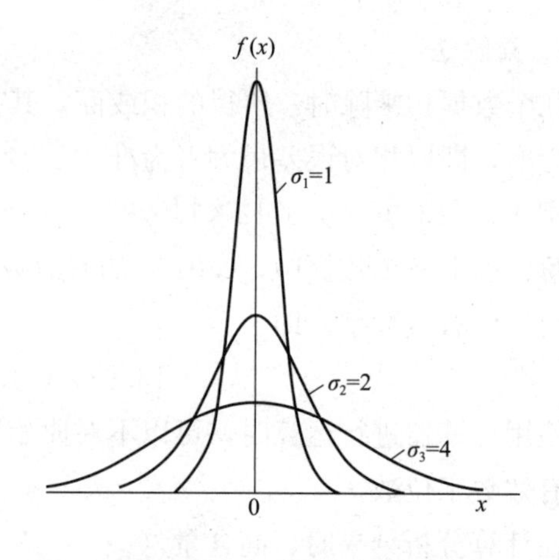

图 3-5 真值相同，精密度不同的三个系列测定的正态分布曲线

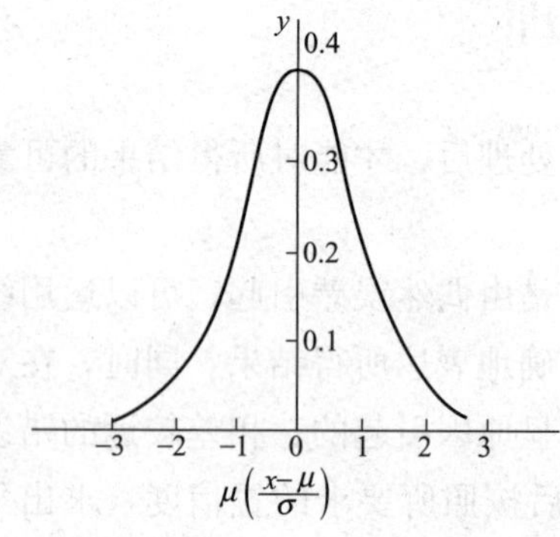

图 3-6 标准正态分布曲线

$x-\mu$ 代表偶然误差。在图 3-3 中，若用 $x-\mu$ 取代测量值 x 作横坐标，就得到了偶然误差的正态分布曲线。该曲线清楚地反映出偶然误差的规律性：其曲线两侧对称，说明大小相等的正负误差出现概率相同；曲线自峰值向两旁快速地下降，说明小误差比大误差出现的概率大；曲线最高点对应的横坐标 $x-\mu$ 值等于零，表明偶然误差为零的测定值出现的概率最大。

由于正态分布曲线随 μ 和 σ 的不同而不同，为了使用方便，可作一变量代换，令：

$$u=\frac{x-\mu}{\sigma} \tag{3-11}$$

用 u 作变量代换后的式（3-10）转化成只有变量 u 的函数表达式：

$$y=\phi(u)=\frac{1}{\sqrt{2\pi}}\,e^{-\frac{u^2}{2}} \tag{3-12}$$

这样，曲线的横坐标变为 u，纵坐标为概率密度，用 u 和概率密度表示的正态分布曲线称为标准正态分布曲线，曲线的形状与 μ 和 σ 的大小无关（图 3-6，图 3-7）。

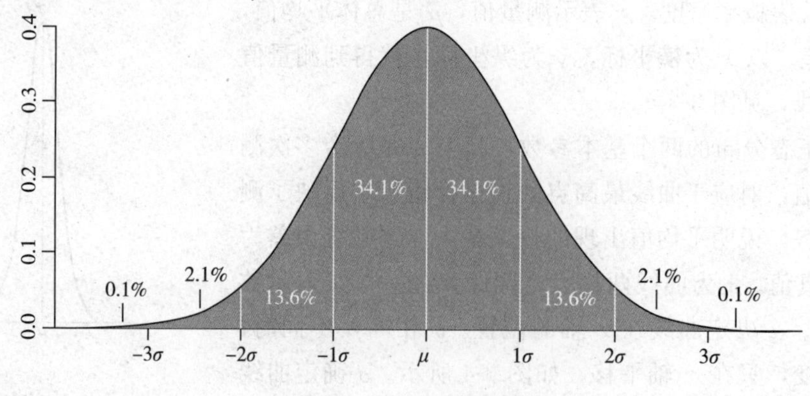

图 3-7 误差的正态分布

当对某样本进行无限多次测量时，偶然误差的分布遵循正态分布规律，偶然误差（σ）或测量值（x）出现的区间与相应概率有如下关系：

偶然误差出现区间	测量值出现区间	相应概率（%）
$\mu \pm \sigma$	$\mu = x \pm \sigma$	68.3
$\mu \pm 2\sigma$	$\mu = x \pm 2\sigma$	95.5
$\mu \pm 3\sigma$	$\mu = x \pm 3\sigma$	99.7

由图 3-7 可知，当用单次测定结果 x 来估计总体平均值 μ 的范围，则 μ 包括在区间（$x \pm \sigma$）范围内的概率为 68.3%，在区间（$x \pm 2\sigma$）范围内概率为 95.5%，在区间（$x \pm 3\sigma$）范围内的概率为 99.7%，是相当高的，实际工作中，3σ 是常用到的范围。

在一定的置信度时，以测定结果为中心的包括总体平均值在内的可靠性范围称为置信区间，它的数学表达式为：

$$\mu = x \pm \mu\sigma \tag{3-13}$$

若用样本平均值估计总体平均值 μ 可能存在的区间，可用下式表示：

$$\mu = \overline{x} \pm \frac{\mu\sigma}{\sqrt{n}} \tag{3-14}$$

二、t 分布

在分析测试中，通常都是进行有限次数的测量，数据量有限，无法得到总体平均值 μ 和总体标准偏差 σ，只能求出样本平均值 $\overline{x}$ 与样本标准偏差 s，并以此来估算测量数据的分散程度。用 s 代替 σ 时，测量值或其偏差不符合正态分布，若用正态分布处理可能得到错误的判断和估计。W. S. Gosset 提出一个能合理地处理有限次数测量数据的方法——t 分布。

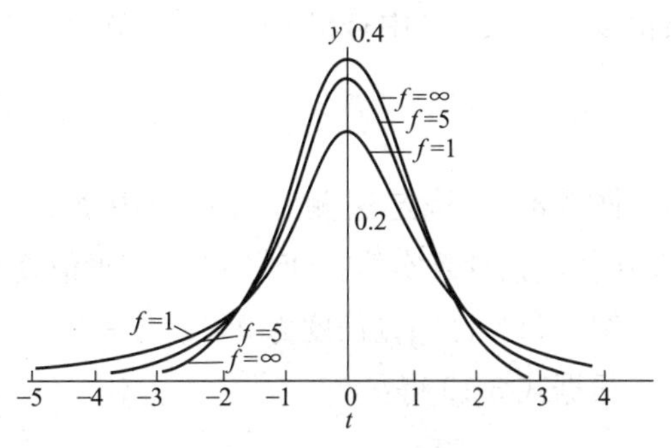

图 3-8　t 分布曲线

t 分布曲线（图 3-8）与正态分布曲线相似，但由于测量次数少，数据的集中程度较小，分散程度较大，t 分布曲线的形状变得平坦。t 定义为：

$$t = \frac{\overline{x} - \mu}{s_{\overline{x}}} = \frac{\overline{x} - \mu}{s}\sqrt{n}$$

t 分布曲线随自由度 f（$f = n - 1$）而改变，当 $f \to \infty$ 时，t 分布曲线就趋近正态分布。只是由于测量次数较少，数据分散程度较大，其曲线形状将变得平坦。曲线下一定区间内的面积为该区间内偶然误差出现的概率。对于 t 分布曲线，当 t 值一定时，由于 f 值不同，相应曲线所包括的面积即概率也就不同，通常用置信度 P 表示在某一 t 值时，测量值落在 $\mu \pm ts$ 范围内的概率。显然，测量值落在此范围之外的概率为（$1 - P$），称为显著性水平，用 α 表示。由于 t 值与置信度和自由度有关，故引用时需要加脚注，用 $t_{\alpha,f}$ 表示。不同 f 值及置信度所相应的 t 值见表 3-2。

表 3-2　不同自由度及不同置信度的 t 值

自由度(f)	置信度		
	90%	95%	99%
1	6.31	12.71	63.66
2	2.92	4.30	9.92
3	2.35	3.18	5.84
4	2.13	2.78	4.60

续表

自由度(f)	置信度		
	90%	95%	99%
5	2.02	2.57	4.03
6	1.94	2.45	3.71
7	1.90	2.36	3.50
8	1.86	2.31	3.36
9	1.83	2.26	3.25
10	1.81	2.23	3.17
20	1.72	2.09	2.84
∞	1.64	1.96	2.58

三、平均值的置信区间

在实际工作中，通常只能对试样进行有限次数的测定，若用少量测量值的平均值$\bar{x}$估计总体平均值μ的范围，则必须根据t分布进行处理，求得样本标准偏差s，再根据所要求的置信度及自由度，由表3-2中查出t值，然后按下式计算平均值的置信区间：

$$\mu=\bar{x}\pm\frac{ts}{\sqrt{n}} \tag{3-15}$$

例3-8 用滴定法测定大青盐中NaCl的含量，9次测定标准偏差为0.096%，平均值为97.76%，估计真实值在95%和99%置信度时应为多少？

解：(1) 已知置信度为95%，$f=9-1=8$　查表3-2得：$t=2.31$

根据式3-15得：

$$\mu=\bar{x}\pm\frac{ts}{\sqrt{n}}=97.76\pm2.31\times\frac{0.096}{\sqrt{9}}=(97.76\pm0.074)\%$$

(2) 已知置信度为99%，$f=9-1=8$　查表3-2得：$t=3.36$

$$\mu=\bar{x}\pm\frac{ts}{\sqrt{n}}=97.76\pm3.36\times\frac{0.096}{\sqrt{9}}=(97.76\pm0.11)\%$$

由上可知，总体平均值（真实值）在95%置信度时的置信区间为97.69%～97.83%；在99%置信度时的置信区间为97.65%～97.87%，因此，置信度越高，同一体系的置信区间就越宽，即所估计的区间包括真值的可能性也就越大。

在实际工作中，置信度不能定得过高或过低。如置信度过低，置信区间就窄；置信度过高会使置信区间过宽，从而导致这种判断失去意义。分析化学中通常取95%的置信度，有时也可根据具体情况采用90%、99%的置信度。

四、可疑值的取舍

在分析工作中，当重复多次测定时，常常会发现有个别数据与其他数据相差较远，这一数据称为可疑值（离群值）。对可疑值的取舍主要是区分该值与其他测定值的差异是由“过失”还是由偶然误差所引起。如果确定是由于实验中发生“过失”造成的，则应弃去；而在原因不明的情况下，就必须按照一定的统计方法进行检验，然后再确定其取舍。由于化学分析实验中一般测量次数都比较少（3～8次），不适用总体标准偏差来估计。通常采用舍弃商法（Q检验法）或G检

验法（Grubbs 法）来检验可疑数据。

（一）舍弃商法（Q 检验法）

当测量次数不多（$n=3\sim10$）时，按下述检验步骤来确定可疑值的取舍：

（1）将各数据按递增顺序排列：x_1，x_2，…，x_{n-1}，x_n，可疑数据将出现在序列的开头 x_1 或末尾 x_n。

（2）求出最大值与最小值的差值（极差），即 $x_{max}-x_{min}$。

（3）求出可疑值与相邻近值之差的绝对值，即 $|x_i-x_{邻}|$。

（4）用可疑值与相邻近值之差的绝对值除以极差，所得商称为舍弃商 Q（rejection quotient）：

$$Q=\frac{|x_i-x_{邻}|}{x_{max}-x_{min}} \tag{3-16}$$

（5）根据测定次数 n 和要求的置信水平（如 95%）查表 3-3 得到 $Q_{表}$ 值。

（6）判断：若计算得 $Q>Q_{表}$，则弃去可疑值，否则应予保留。

例 3-9　测定某药物中 Ca^{2+} 含量，所得结果如下：1.25%，1.27%，1.31%，1.40%。问 1.40%这个数据是否应保留（置信度为 95%）？

解：

$$Q=\frac{1.40-1.31}{1.40-1.25}=0.60$$

已知 $n=4$，由表 3-3 查得 $Q_{表}=0.84$，$Q<Q_{表}$，故 1.40%这个数据应保留。

（二）G 检验（Grubbs）法

检验步骤：

（1）计算包括可疑值在内的测定平均值 $\bar{x}$。

（2）计算可疑值 x_i 与平均值 $\bar{x}$ 之差的绝对值。

（3）计算包括可疑值在内的标准偏差 s。

（4）按下式计算 G 值。

$$G=\frac{|x_i-\bar{x}|}{s} \tag{3-17}$$

表 3-3　不同置信水平下的 Q 值临界值表

测定次数(n)	Q(90%)	Q(95%)	Q(99%)
3	0.94	0.97	0.99
4	0.76	0.84	0.93
5	0.64	0.73	0.82
6	0.56	0.64	0.74
7	0.51	0.59	0.68
8	0.47	0.54	0.63
9	0.44	0.51	0.60
10	0.41	0.49	0.57

（5）查表 3-4，得到 G 的临界值 $G_{\alpha,n}$。当 $G>G_{\alpha,n}$，则该可疑值应当舍弃，反之则应保留。判断 G 值的临界标准时，要考虑到对置信度的要求。表 3-4 提供了临界 $G_{\alpha,n}$ 值，可供查阅。

表 3-4 G 检验临界值（$G_{\alpha,n}$）表

测定次数 n	3	4	5	6	7	8	9	10	11	12	13	14	15	20
$\alpha=0.05$	1.15	1.46	1.67	1.82	1.94	2.03	2.11	2.18	2.23	2.29	2.33	2.37	2.41	2.56
$\alpha=0.025$	1.15	1.48	1.71	1.89	2.02	2.13	2.21	2.29	2.36	2.41	2.45	2.51	2.55	2.71
$\alpha=0.01$	1.15	1.49	1.75	1.94	2.10	2.22	2.32	2.41	2.48	2.55	2.61	2.66	2.71	3.88

G 检验法的优点在于判断可疑值的过程中，将 t 分布中的两个最重要的样本参数$\bar{x}$及 s 引入，方法的准确度高，适用范围也广；但缺点是需要计算$\bar{x}$和 s，手续较麻烦。

例 3-10 按例 3-9 实验数据，用 G 检验法判断时，1.40%这个数据应否保留（置信度为 95%）？

解：已知 $n=4$，计算得到$\bar{x}=1.31$，$s=0.066$

$$G=\frac{|x_i-\bar{x}|}{s}=\frac{|1.40-1.31|}{0.066}=1.36$$

查表 3-4，得 $G_{\alpha,n}=G_{0.05,4}=1.46$，$G<G_{\alpha,n}$，故 1.40%这个数据应保留。此结论与 Q 检验法相符。

五、显著性检验

在定量分析中，常常需要对两份试样或两种分析方法的分析结果作出比较和评价，需要对准确度与精密度是否存在着显著性差别作出判断。这些问题都属于统计检验的内容，称为显著性检验或差别检验。统计检验的方法有很多种，在定量分析化学中最常用的是 t 检验法和 F 检验法。

（一）F 检验

F 检验（F test）法主要通过比较两组数据的方差 s^2，以确定它们的精密度是否有显著性差异。用于判断两组数据间存在的偶然误差是否有显著不同。

F 检验法的步骤是首先计算出两个样本的方差 s_1^2 和 s_2^2，同时规定 $s_1^2>s_2^2$。然后按下式计算 F 值：

$$F=\frac{s_1^2}{s_2^2}\quad(s_1^2>s_2^2) \tag{3-18}$$

将计算所得 F 值与表（3-5）所列 F 值（置信度为 95%）进行比较，若 $F>F_{表}$，说明两组数据的精密度存在显著性差异；反之，则说明两组数据的精密度不存在显著性差异。

表 3-5 所列 F 值是单边值，可直接用于单侧检验，即检验某数据的精密度是否“≥”或“≤”另一组数据的精密度，此时置信度为 95%，显著性水平为 0.05。如果是进行双侧检验，判断两组数据的精密度是否存在显著性差异时，即一组数据的精密度可能“≥”，也可能“<”另一组数据的精密度，显著性水平为单侧检验的两倍，即 $\alpha=0.10$，此时的置信度 $P=1-0.10=0.90$，即 90%。

例 3-11 用两种方法测定某试样中的某组分，A 法测定 6 次标准偏差为$s_1=0.055$；B 法测定 4 次，标准偏差为 $s_2=0.022$。问 A 法的精密度是否显著地优于 B 法的精密度？

解 已知 $n_1=6$　　$s_1=0.055$

$n_2=4$　　$s_2=0.022$

$f_1=6-1=5$　　$f_2=4-1=3$

由表 3-5 查得 $F_{表}=9.01$，根据式（3-18）

$$F=\frac{s_1^2}{s_2^2}=\frac{0.055^2}{0.022^2}=6.25$$

$F<F_{表}$值，故 s_1^2 与 s_2^2 间无显著性差别，即在95%的置信水平上，两种方法的精密度之间不存在显著性差异。

表 3-5　置信度为 95%时的 F 值（单边）

f_2 \ f_1	2	3	4	5	6	7	8	9	10	∞
2	19.00	19.16	19.25	19.30	19.33	19.35	19.37	19.38	19.40	19.50
3	9.55	9.28	9.12	9.01	8.94	8.89	8.85	8.81	8.79	8.53
4	6.94	6.59	6.39	6.26	6.16	6.09	6.04	6.00	5.96	5.63
5	5.79	5.41	5.19	5.05	4.95	4.88	4.82	4.77	4.74	4.36
6	5.14	4.76	4.53	4.39	4.28	4.21	4.15	4.10	4.06	3.67
7	4.74	4.35	4.12	3.97	3.87	3.79	3.73	3.68	3.64	3.23
8	4.46	4.07	3.84	3.69	3.58	3.50	3.44	3.39	3.35	2.93
9	4.26	3.86	3.63	3.48	3.37	3.29	3.23	3.18	3.14	2.71
10	4.10	3.71	3.48	3.33	3.22	3.14	3.07	3.02	2.98	2.54
∞	3.00	2.60	2.37	2.21	2.10	2.01	1.94	1.88	1.83	1.00

f_1：大方差数据的自由度；f_2：小方差数据的自由度。

（二）t 检验

在分析化学中，t 检验（t test）主要用来检查、判断某一分析方法或结果是否存在较大的系统误差的统计学方法，主要用于以下几方面：

1. 样本平均值 $\bar{x}$ 与标准值 μ 的比较

根据式（3-15）知，在一定置信度时，平均值的置信区间为

$$\mu=\bar{x}\pm\frac{ts}{\sqrt{n}}$$

可以看出，如果这一区间可将标准值 μ 包含在其中，即使 $\bar{x}$ 与 μ 不完全一致，也能做出 $\bar{x}$ 与 μ 之间不存在显著性差异的结论，因为按 t 分布规律，这些差异是偶然误差造成的，而不属于系统误差。将式（3-15）改写为：

$$t=\frac{|\bar{x}-\mu|}{s}\sqrt{n} \tag{3-19}$$

进行 t 检验时，先将所得数据 $\bar{x}$、μ、s 及 n 代入上式，求出 t 值，然后再根据置信度和自由度由 t 值表（表 3-2）查出相应的 $t_{表}$ 值，将两者相比较，如果 $t_{计}\geq t_{表}$，则说明 $\bar{x}$ 与 μ 之间存在显著性差异，反之则说明不存在显著性差异。由此可得出分析结果是否正确、新分析方法是否可行等结论。

例 3-12　采用一种新方法测定维生素C中L-抗坏血酸的百分含量，得到如下结果：$n=9$，$\bar{x}=99.42\%$。$s=0.042\%$。已知维生素C中L-抗坏血酸含量的标准值为99.40%，问新方法是否可靠（采用95%置信度）？

解：$n=9$，$f=9-1=8$，$\bar{x}=99.42\%$，$s=0.042\%$

$$t=\frac{|\bar{x}-\mu|}{s}\sqrt{n}=\frac{|99.42-99.40|}{0.042}\times\sqrt{9}=1.43$$

查表（3-2）得，当置信度为 95%，$f=8$ 时，$t_{表}=2.31$。显然 $t<t_{表}$，即$\overline{x}$与 μ 不存在显著性差异，说明该新方法可靠，系统误差很小。

2. 两组平均值的比较

实际工作中常需用到对两组试验结果的比较，这两组数据可以是同一试样由不同分析人员获得或同一分析人员采用不同方法、不同仪器获得，也可以是含有同一组分的两个或多个试样。进行检验的目的是判断人员、试样、方法、仪器、试剂等对结果的影响是否显著。一般的方法是先用 F 检验法检验两组精密度 s_1 和 s_2 之间有无显著性差异，如证明它们之间无显著性差异，再用 t 检验法检验两组平均值有无显著性差异。

设有两组分析数据，其测定次数、标准偏差及平均值分别为 n_1，s_1，$\overline{x}_1$ 及 n_2，s_2，$\overline{x}_2$。用下式计算 t 值：

$$t=\frac{|\overline{x}_1-\overline{x}_2|}{s_R}\sqrt{\frac{n_1n_2}{n_1+n_2}} \tag{3-20}$$

式中 s_R 称为合并标准偏差或组合标准差（pooled standard deviation）。可由下式求出：

$$s_R=\sqrt{\frac{\sum_{i=1}^{n_1}(x_{1i}-\overline{x}_1)^2+\sum_{i=1}^{n_2}(x_{2i}-\overline{x}_2)^2}{(n_1-1)+(n_2-1)}} \tag{3-21a}$$

或

$$s_R=\sqrt{\frac{s_1^2(n_1-1)+s_2^2(n_2-1)}{(n_1-1)+(n_2-1)}} \tag{3-21b}$$

将 s_R，$\overline{x}_1$，$\overline{x}_2$ 及 n_1，n_2 代入式 3-18 求出统计量 t 后，t 与 $t_{表}$ 值比较，若 $t<t_{表}$ 说明两组数据的平均值间不存在显著差异；若 $t\geqslant t_{表}$，则说明两组数据的平均值间存在显著差异。

例 3-13 用两种方法测定同一批苦杏仁中苦杏仁苷的百分含量，所得结果如下：

A 法 $n_1=5$ $\overline{x}_1=3.11\%$ $s_1=0.12\%$

B 法 $n_2=4$ $\overline{x}_2=3.23\%$ $s_2=0.10\%$

问两种方法间是否有显著性差异（置信度 90%）？

解：

$$F=\frac{s_1^2}{s_2^2}=\frac{0.12^2}{0.10^2}=1.44$$

$$f_1=5-1=4 \qquad f_2=4-1=3$$

由表 3-5 查得 $F_{表}=6.39$，$F<F_{表}$ 值，两种方法的精密度之间不存在显著性差异。

根据式(3-21b) 求合并标准偏差计算 t 值：

$$s_R=\sqrt{\frac{s_1^2(n_1-1)+s_2^2(n_2-1)}{(n_1-1)+(n_2-1)}}=\sqrt{\frac{0.12^2\times(5-1)+0.10^2(4-1)}{(5-1)+(4-1)}}=0.112\ (\%)$$

$$t=\frac{|\overline{x}_1-\overline{x}_2|}{s_R}\sqrt{\frac{n_1n_2}{n_1+n_2}}=\frac{|3.11-3.23|}{0.112}\sqrt{\frac{5\times4}{5+4}}=1.60$$

自由度 $f=n_1+n_2-2=7$，查表 3-2 得，当置信度为 90%，$f=7$ 时，$t_{表}=1.90$。$t<t_{表}$，说明两种方法之间无显著性差异。

当使用显著性检验的方法比较两组试验数据时，须注意以下问题：

（1）显著性检验的顺序是先进行 F 检验而后进行 t 检验。先由 F 检验确认两组数据的精密度无显著性差异后，才能使用 t 检验判断两组数据的均值是否存在系统误差。因为只有当两组数据的精密度无显著性差异时，准确度的检验才有意义。

（2）单侧与双侧检验。检验两个分析结果间是否存在显著性差异时，用双侧检验；若检验某

分析结果是否明显高于（或低于）某值时，则用单侧检验。t 分布曲线两侧对称，双侧及单侧检验临界值都常见，可根据要求选择，但多用双侧检验。F 分布曲线为非对称，也有单侧检验和双侧检验的临界值，但多用单侧检验。其次要判断数据测定过程中是否存在系统误差和偶然误差，即进行精密度检验（F 检验）和准确度检验（t 检验）。

综合以上讨论，在分析过程中获得一系列实验数据后，应对数据作出评价。首先要判断数据是否有效，可采用 Q 检验或 G 检验法对可疑数据进行取舍；其次要判断数据测定过程中是否存在系统误差和偶然误差，即进行精密度检验（F 检验）和准确度检验（t 检验）。

例 3-14　某样品用标准方法测定 4 次，结果为：8.89%，8.95%，9.01%，8.95%。采用新方法测定 5 次，结果为：8.99%，8.94%，9.10%，9.06%，8.80%。试用统计检验评价新方法的可靠性。

解：（1）计算统计量

标准方法：$n_1=4$，$\overline{x}_1=8.95\%$，$s_1=0.049$

新方法：$n_2=5$，$\overline{x}_1=8.98\%$，$s_2=0.12$

（2）G 检验

新方法测定结果中，测定值 8.80 与其他数据相差较远，为可疑值，对其进行 G 检验

$$G=\frac{|x_i-\overline{x}|}{s}=\frac{|8.80-8.98|}{0.12}=1.5$$

查表 3-4，$G_{0.05,5}=1.67$，$G<G_{0.05,5}$，故 8.80 应保留。

（3）F 检验

$$F=\frac{s_1^2}{s_2^2}=\frac{0.12^2}{0.049^2}=6.00$$

查表 3-5，得 $F_{0.05,(4,3)}=9.12$，$F<F_{0.05,(4,3)}$，说明两种方法精密度无显著性差别，可进行 t 检验。

（4）t 检验　将 s_1，s_2，n_1，n_2 代入式（3-19b）及式 3-18，求得合并标准偏差进行 t 检验。

$$s_R=\sqrt{\frac{s_1^2(n_1-1)+s_2^2(n_2-1)}{(n_1-1)+(n_2-1)}}=\sqrt{\frac{0.049^2\times(4-1)+0.12^2\times(5-1)}{(4-1)+(5-1)}}=0.096(\%)$$

$$t=\frac{|\overline{x}_1-\overline{x}_2|}{s_R}\sqrt{\frac{n_1n_2}{n_1+n_2}}=\frac{|8.95-8.98|}{0.096}\times\sqrt{\frac{4\times5}{4+5}}=0.47$$

查表 3-2 双侧检验，$t_{0.05,7}=2.36$，$t<t_{0.05,7}$，说明新方法与原方法没有显著差异。

第四节　相关与回归

相关与回归（correlation and regression）是研究变量之间关系的统计方法，包括相关分析和回归分析两方面。

一、相关分析

在分析测试中，由于各种测量误差的存在，使两个变量之间往往不存在确定的函数关系，而仅仅呈相关关系。在研究两个变量 x、y 之间的相关关系时，最常用的直观方法是将它们画在直角坐标纸上，x、y 各占一个坐标轴，每对数据在图上对应一个点，将各个点连接成一条直线或曲线以显示变量间的相关关系。如果所得各点的排布接近一条直线，表明 x、y 的线性相关性较

好；如果排布杂乱无章，则表明 x、y 的相关性较差。

统计学中用相关系数 r 来反映 x、y 两变量间相关的密切程度，并定量描述两变量间的相关性，其统计学定义如下：

$$r=\frac{\sum_{i=1}^{n}(x_i-\overline{x})(y_i-\overline{y})}{\sqrt{\sum_{i=1}^{n}(x_i-\overline{x})^2\cdot\sum_{i=1}^{n}(y_i-\overline{y})^2}} \tag{3-22}$$

相关系数 r 是一个介于 0 到 ±1 之间的数值，即 $0\leqslant|r|\leqslant1$，当 $r=+1$ 或 -1 时，表示两变量完全线性相关，实验点全部在回归直线上；当 $r=0$ 时，表示两变量完全不存在线性关系。实验中绝大多数情况是：$0<r<1$，两变量有一定的相关关系。$r>0$ 时称为正相关；$r<0$ 时称为负相关。相关系数的大小反映了 x 与 y 两个变量间相关的密切程度，r 越接近 ±1，两个变量的相关性越好。

二、回归分析

以 x 作自变量，y 作因变量，将相应的试验点分别画在直角坐标纸上，得到的图像称为回归曲线。回归分析就是要找出 y 的平均值与 x 之间的关系。对于某一 x 值，y 的多次测量值虽会有波动，但总是服从一定的分布规律。分析化学试验得到的回归曲线大多为一元线性曲线，y 与 x 具有显著的相关性，r 接近于 1。对于 y 与 x 之间呈线性相关关系，就可以简化为线性回归，通常用最小二乘法得到对各数据点误差最小的一条线，称为回归方程，并给出回归系数 a（截距）与 b（斜率），即

$$b=\frac{n\sum_{i=1}^{n}x_iy_i-\sum_{i=1}^{n}x_i\cdot\sum_{i=1}^{n}y_i}{n\sum_{i=1}^{n}x_i^2-\left(\sum_{i=1}^{n}x_i\right)^2} \tag{3-23}$$

$$a=\frac{\sum_{i=1}^{n}y_i-b\sum_{i=1}^{n}x_i}{n}=\overline{y}-b\,\overline{x} \tag{3-24}$$

将实验数据代入上二式，即可求出回归系数 a 与 b。回归方程为：

$$y=a+bx$$

回归曲线和回归方程也称为标准曲线和标准方程。

目前计算机已经安装相关的工具，只要将各实验数据对输入，便可方便地给出 a、b 及 r 值，可见相关和回归在科学研究和生活中具有广泛的应用。

例 3-15 用分光光度法测定 Fe^{2+} 含量的标准曲线，测得不同浓度 Fe^{2+} 标准溶液的吸光度 A 如下：

C：0.00　0.02　0.04　0.06　0.08　0.10　0.12（$\times10^{-5}$mol/L）

A：0.032　0.135　0.187　0.268　0.359　0.435　0.511

将数据代入式（3-23）及（3-24），或输入计算器，得：

$$a=0.0386\quad b=3.94\times10^{-5}\quad r=0.9985$$

即回归方程式：$A=0.039+3.94\times10^{-5}C$，相关系数 r 接近于 1，说明在测定浓度范围内，吸光度 A 与浓度 C 呈良好的线性关系。

习　题

1. 下列情况分别造成什么误差？如果是系统误差，请区别方法误差、仪器和试剂误差或操作误差，并思考它们的消除办法。

（1）观察滴定终点与计量点不一致。

（2）砝码受腐蚀。

（3）重量分析法实验中，试样的非待测组分被共沉淀。

（4）将滴定管读数 18.86mL 记为 16.86mL。

（5）使用未经校正的砝码。

（6）称量时温度有波动。

（7）沉淀时沉淀有极少量的溶解。

（8）称量时天平的平衡点有变动。

（9）试剂含待测组分。

（10）试样在称量过程中吸湿。

（11）滴定分析实验中，化学计量点不在指示剂的变色范围内。

（12）在分光光度法测定中，波长指示器所示波长与实际波长不符。

（13）配制标准溶液时，所用的基准物受潮。

2. 上题中，哪些是恒量误差？哪些是比例误差？它们有什么共同点和不同点？是否可用标准试样确定一个分析方法的方法误差是恒量误差还是比例误差？

3. 试述准确度与精密度的区别和关系。

4. 系统误差和偶然误差的传递规律有什么区别？

5. 提高分析结果准确度的方法有哪些？

6. 试述正态分布与 t 分布的关系和区别。

7. 进行有限量实验数据的统计检验时，如何正确选择置信水平？

8. 统计检验的正确顺序是什么？为什么？

9. 简述双侧检验和单侧检验的区别。分别在什么情况下采用？

10. 计算下列两组数值的平均值、平均偏差、相对平均偏差（%表示）。

（1）35.47，35.49，35.42，35.46

（2）25.10，25.20，25.00

[（1）35.46，0.02，0.056%　（2）25.10，0.067，0.27%]

11. 计算下列两组数值的平均值、标准偏差、相对标准偏差。

（1）8.44，8.32，8.45，8.52，8.69，8.38

（2）1.50，1.51，1.68，1.22，1.63，1.72

[（1）8.47，0.13，1.5%　（2）1.54，0.18，12%]

12. 用邻苯二甲酸氢钾基准试剂标定 NaOH 溶液的浓度。4 次测定结果分别为：0.1028，0.1055，0.1031，0.1033。（1）用格鲁布斯法检验上述测定值中有无可疑值（P=0.95）；（2）比较置信度为 0.90 和 0.95 时平均值的置信区间，计算结果说明了什么？

[（1）舍去 0.1055；（2）0.1031±0.0004，0.1031±0.0006]

13. 用有效数字计算规则计算下列各式的结果：

(1) $\frac{5.25\times2.11\times13.41}{5.96\times10^{4}}$　　(2) $\frac{2.90\times20.12\times6.30}{0.0001200}$

(3) $\frac{41.0\times5.03\times10^{-4}}{2.293\times0.002308}$　　(4) $\frac{0.0294\times8.5\times2.01\times10^{2}}{1.100}$

(5) $\frac{1.9865\times2.86+6.02-1.6740\times7.60\times10^{-3}}{3.4528}$

(6) pH＝4.30，求 $[H^{+}]$＝？

[(1) 24.9×10^{-4}，(2) 3.06×10^{6}，(3) 3.90，(4) 46，(5) 3.386，(6) 7.9×10^{-5}]

14. 甲、乙二人同时测定同一标准试样，测定结果的偏差如下：

(1) 0.3　−0.2　−0.4　0.2　0.1　0.4　0.0　−0.3　0.2　−0.3

(2) 0.1　0.1　−0.6　0.2　−0.1　−0.2　0.5　−0.2　0.3　0.1

① 求两组数据的平均偏差和标准偏差；② 哪组数据的精密度高？

(① $\bar{d}_1$＝0.24，s_1＝0.28；$\bar{d}_2$＝0.24，s_2＝0.31　② 第1组数据精密度高)

15. 测定碳的原子量得到如下数据：12.0080，12.0095，12.0099，12.0101，12.0102，12.0106，12.0111，12.0113，12.0118及12.0120。

求算：①平均值；②标准偏差；③平均值的标准偏差；④平均值在99%置信水平的置信区间。

(①12.0104；②0.0012；③0.00038；④12.0104±0.0012)

16. 某分析人员对铁矿石标准试样进行分析，4次测定结果平均值为52.16%，标准偏差为0.12%。已知该标准试样中铁的标准值为52.36%。试问该分析结果是否存在系统误差（P＝0.95)？

(是，t＝3.3)

17. 用分光光度法测定试样中Fe含量时，6次测定的结果平均值为46.20%；用滴定分析法4次测定结果的平均值为46.02%；两者的标准偏差都是0.08%。问这两种方法所得的结果是否有显著性差异？

(是，t＝3.5)

18. 甲、乙二人同时分别用同一方法测定同一试样中某组分的百分含量，所得结果如下：

甲：34.60，34.62，34.60，34.61，34.62，34.60（%）。

乙：34.64，34.67，34.63，34.66，34.64，34.63，34.67，34.61（%）。

问：①两组数据中是否有可疑值；②哪组数据的精密度好？③两组分析结果的平均值是否存在显著性差异（P＝0.95)？

(①无；②第1组数据精密度好；③否，t＝0.57)

19. 用分光光度法测定某矿样中铁含量。在波长为605nm处测得不同浓度 Fe^{2+} 溶液及未知试样溶液的吸光度值，所得数据如下：

x（含铁量/mg）	2.0	4.0	6.0	8.0	10.0	12.0	未知试样
y（吸光度）	0.240	0.288	0.330	0.368	0.410	0.452	0.354

试求：(1) 铁含量与吸光度之间的线性回归方程；(2) 相关系数；(3) 未知试样中铁含量。

[(1) y＝0.2016＋0.0209x；(2) r＝0.999；(3) 7.29mg]

第四章 重量分析法

重量分析法简称重量法（gravimetric method），是称取一定重量的试样，采用适当的方法将待测组分与试样中的其他组分分离后，转化成一定的称量形式称重，从而计算该组分含量的方法。

重量法是直接采用分析天平称量的数据获得分析结果，在分析过程中一般不需要与标准试样或基准物质进行比较，没有容量器皿引入的误差，称量误差一般也很小，所以重量法对于常量组分的分析结果准确度较高，相对误差一般不超过±0.1%～±0.2%。由于重量法存在操作繁琐、费时、灵敏度不高，不适宜微量、痕量组分测定和生产中的控制分析等缺点，在实际应用中已逐渐被其他较快速、灵敏的方法所取代。但目前仍有一些药品的分析检查项目需应用重量法，如药物的含量测定、干燥失重、炽灼残渣以及灰分测定等，并已载入药典成为法定的测定方法。此外，重量法的分离理论和操作技术在其他分析方法中也经常应用。因此重量法仍是分析化学中必不可少的基本方法。

根据分离方法的不同，重量法分为挥发法、萃取法、沉淀法和电解法等，在药物分析中常采用前三种方法。本章将阐述这三种方法的基本原理和分离条件，并重点讨论沉淀法。

第一节　挥发重量法

挥发重量法简称挥发法（volatilization method），是根据试样中的待测组分具有挥发性或可转化为挥发性物质，利用加热或其他方法使挥发性组分气化逸出或用适宜已知重量的吸收剂吸收至恒重，称量试样减失的重量或吸收剂增加的重量，计算该组分含量的方法。“恒重”系指试样连续两次干燥或灼烧后称得的重量之差不超过规定的范围（《中国药典》凡例规定两次重量差在0.3mg以下）。

挥发法可测定试样中的吸湿水、结晶水和在该条件下能挥发的组分。一般在105℃左右烘干测定的是吸湿水；105～200℃烘干测定的是结晶水；加热几百度至近千度测定的是组成水，如 $2Na_2HPO_4 \longrightarrow Na_4P_2O_7 + H_2O$　$Ca(OH)_2 \longrightarrow CaO + H_2O$。

《中国药典》中规定对某些药物要求检查“干燥失重”，就是利用挥发法测定药物干燥至恒重后减失的重量，以测定在干燥温度下试样中挥发组分的含量。根据试样的性质、水分挥发性难易，采用不同的干燥方法，常用的方法有以下几种：

1. 常压加热干燥

对于性质稳定，受热不易挥发、氧化、分解或变质的试样可在常压下加热干燥。通常将试样置于电热干燥箱中，以105℃加热干燥。对某些吸湿性强或水分不易挥发的试样，可适当提高温

度、延长时间。

有些化合物因结晶水的存在而有较低的熔点，在加热干燥时未达干燥温度即成熔化状态，不利于水分的挥发。可先将试样置于低温或用干燥剂除去一部分或大部分结晶水后，再提高干燥温度。如 $NaH_2PO_4 \cdot 2H_2O$ 在干燥时应先在低于 60℃干燥至脱去 1 分子水，成为 $NaH_2PO_4 \cdot H_2O$，再升温至 105℃干燥至恒重。

2. 减压加热干燥

对于在常压下高温加热易分解变质、水分较难挥发或熔点低的试样，可置真空干燥箱（减压电热干燥箱）内干燥。真空干燥箱是与真空泵相连的密闭系统，抽气后箱内气压降低，水蒸气的分压也降低，有利于水分的挥发，缩短干燥时间，若减压至 2.67kPa 以下，在较低温度下（一般 60～80℃）干燥至恒重，可获得高于常压下的干燥效率。

3. 干燥剂干燥

能升华、受热易变质的物质不能加热，可在室温下用干燥剂干燥。干燥剂是一些与水有强结合力，且相对蒸气压低的脱水化合物。在密闭容器内，干燥剂吸收空气中水分降低空气的相对湿度，促使试样中水挥发，并能保持干燥器内较低的相对湿度。只要试样的相对蒸气压高于干燥剂的相对蒸气压，试样就能继续失水，直至达平衡。若常压下干燥水分不易除去，可置减压干燥器内干燥。但均应注意干燥剂的选择及检查干燥剂是否保持有效状态。使用干燥法测定水分时因达平衡时间长，很难达到完全干燥的目的，故此法较少用。干燥器内作为低湿度环境常用来短时间存放易吸湿的物品或试样。常用干燥剂及相对干燥效率见表 4-1。

表 4-1 常见干燥剂的干燥效率

干燥剂	每升空气中残留水分的毫升数	干燥剂	每升空气中残留水分的毫升数
$CaCl_2$(无水粒状)	1.5	$CaSO_4$(无水)	3×10^{-3}
NaOH	0.8	H_2SO_4	3×10^{-3}
硅胶	3×10^{-2}	CaO	2×10^{-3}
KOH(熔融)	2×10^{-3}	$Mg(ClO_4)_2$(无水)	5×10^{-4}
Al_2O_3	5×10^{-3}	P_2O_5	2×10^{-5}

挥发法也可用于试样中不易挥发但能转化为挥发性物质组分的测定，通过化学反应使这些不易挥发的组分定量转化为可挥发性物质逸出，根据试样达恒重后所减失的重量计算待测组分含量。例如测定由柠檬酸与 $NaHCO_3$ 混合而成的泡腾片中 CO_2 量，是通过将精密称定的片剂试样加入定量水中，酸碱反应发生的同时有大量气泡逸出，不断振摇使反应完全，CO_2 全部逸出后进行称量，根据水加片剂减轻的重量可计算泡腾片中 CO_2 释放量；也可用恒重的碱石灰吸收 CO_2，根据碱石灰增加的重量计算 CO_2 量。

此外，中药灰分的测定也用挥发法。药物中的有机物在高温和有氧条件下灰化，挥散后所残留的不挥发性无机物所占试样的百分率称为灰分。在药物分析中灰分是控制中药材质量的检验项目之一，是中药材纯度检查的重要指标。若将灰分在灼烧前用硫酸处理，使灰分的组成转化成硫酸盐形式测定，称为炽灼残渣。

例如：中药材灰分测定，药典对不同药物灰分有不同的要求，一般原生药（如植物的叶、皮、根等）的灰分要求较宽，可高达 10%左右，例如甘草灰分不得超过 7.0%；而对中草药的分泌物、浸出物等一般要求灰分在 5%以下，例如，水牛角浓缩粉的灰分不得超过 3.5%等，个别浸出物也有例外，如甘草浸膏的灰分要求不得超过 12%等。

操作步骤：取中药材样品 2～3g，置已炽灼至恒重的坩埚中，称定重量，缓缓炽热，并注意避免燃烧，至完全炭化时，逐渐升高温度至 500～600℃，使完全灰化并至恒重。根据残渣的重量计算样品中总灰分的含量。

第二节　萃取重量法

萃取重量法简称萃取法（extraction method），是根据待测组分在两种不相混溶溶剂中的分配比不同，采用溶剂萃取的方法使之与其他组分分离，挥去萃取液中的溶剂，称量干燥萃取物重量，求出待测组分含量的方法。萃取法可用溶剂直接从固体试样中萃取，也可先将试样制成溶液，再用与之不相溶的溶剂进行萃取。前者称为液-固萃取，后者称为液-液萃取。

物质在水相和与水互不相溶的有机相中都有一定的溶解度，在液-液萃取分离时，被萃取物质在有机相和水相中的浓度之比称为分配比，用 D 表示，即 $D=C_{有}/C_{水}$。当两相体积相等时，若 $D>1$ 说明经萃取后进入有机相的物质量比留在水中的物质量多，在实际工作中一般至少要求 $D>10$。当 D 不大，一次萃取不能满足要求时，应采用少量多次连续萃取以提高萃取率。某些中药材或制剂中生物碱、有机酸等成分，根据它们的盐能溶于水，而游离生物碱不溶于水但溶于有机溶剂的性质，常采用萃取重量法进行测定。生物碱或有机酸成盐后以离子状态存在于水溶液中，调节溶液的 pH 值可使生物碱或有机酸游离，选用适宜的有机溶剂萃取。例如：中药苦参中总生物碱的含量测定。取一定量苦参提取液，加氨试液使呈碱性，生物碱游离，用三氯甲烷分次萃取直至生物碱提尽为止，合并三氯甲烷液，过滤，滤液在水浴上蒸干得到萃取物，干燥、称重，即可计算苦参中总生物碱的含量。

通常用萃取率（$E\%$）表示萃取的完全程度，$E\%$与分配比 D 关系如下：

$$E\%=\frac{\text{溶质 A 在有机相中的总量}}{\text{溶质 A 的总量}}\times 100\% \tag{4-1}$$

$$E\%=\frac{D}{D+V_{水}/V_{有}}\times 100\% \tag{4-2}$$

$E\%$值与分配比及两相体积比 $V_{水}/V_{有}$ 有关，当 $V_{水}=V_{有}$ 时

$$E\%=\frac{D}{D+1}\times 100\% \tag{4-3}$$

多次萃取是提高萃取率的有效措施，假设 D 在给定条件下为定值，每次萃取后分出有机相，再以同体积的有机溶剂萃取，若 $V_{水}$ 毫升溶液内含有被测物（A）W_0 克，用 $V_{有}$ 毫升的有机溶剂萃取一次，水相中剩余 A 的量为 W_1 克，进入有机相的量是 W_0-W_1 克，则

$$D=\frac{[C_A]_{有}}{[C_A]_{水}}=\frac{(W_0-W_1)/V_{有}}{W_1/V_{水}} \qquad \text{故 } W_1=W_0\left(\frac{V_{水}}{DV_{有}+V_{水}}\right)$$

若再用 $V_{有}$ 毫升的有机溶剂萃取一次，水相中剩余 A 的量为 W_2 克，则：

$$W_2=W_1\left(\frac{V_{水}}{DV_{有}+V_{水}}\right)=W_0\left(\frac{V_{水}}{DV_{有}+V_{水}}\right)^2$$

萃取 n 次，水相中被萃取物 A 的剩余量为 W_n 克，则：

$$W_n=W_0\left(\frac{V_{水}}{DV_{有}+V_{水}}\right)^n \tag{4-4}$$

故用同样量的萃取液，少量多次萃取比全量一次萃取的萃取率高，但将 n 不断增多，萃取率的提高越来越不显著。

第三节　沉淀重量法

沉淀重量法简称沉淀法（precipitation method），是利用沉淀反应，将待测组分转化成难溶化合物，以沉淀的形式从试液中分离出来，该沉淀物的化学组成称为沉淀形式（precipitation forms），析出的沉淀经过滤、洗涤、烘干或灼烧，转化为可供最后称量的化学组成，称为称量形式（weighing forms），根据称量形式的重量，计算待测组分的百分含量。沉淀形式与称量形式有时相同，有时则不同。如 $AgNO_3$ 作沉淀剂测定 Cl^-，灼烧前后均为 AgCl；又如用 $(NH_4)_2C_2O_4$ 作沉淀剂测定 Ca^{2+}，沉淀形式是 $CaC_2O_4 \cdot H_2O$，灼烧后所得的称量形式是 CaO。

一、试样的称取和溶解

称取试样的均匀性和代表性直接影响测定结果的正确性。一般说来，对于有代表性的液体试样只要充分摇匀或搅匀即可，固体试样应先磨细、过筛，充分混匀后取样。

试样中的水分会影响分析结果，这是定量分析应重视的问题。为得到正确结果，应根据试样的性质选择适宜的干燥方法，将试样干燥至恒重，然后再进行分析，结果以“干燥品”为基础计算百分含量。有时为了方便也可取湿品分析，同时另取湿品测定干燥失重再进行换算。例如：测定未经干燥的盐酸黄连素，含 $C_{20}H_{17}O_4N \cdot HCl$ 的量为88.54%，测得干燥失重为10.12%，则干燥品含量可换算如下：

$$\frac{88.54}{100-10.12}\times 100\%=98.51\%$$

在沉淀法中，试样的称取量必须适当。若称取量太多使沉淀量过大，给过滤、洗涤都带来困难；称样量太少，称量误差以及各个步骤中所产生的误差将在测定结果中占较大比重，致使分析结果准确度降低。试样量一般可根据干燥或灼烧后所得称量形式的重量进行估算，晶形沉淀0.1～0.5g、非晶形沉淀0.08～0.1g为宜。由此可根据试样中待测组分的大致含量，估算出大约应称取的试样量。

称取的试样需用适当的溶剂溶解，最常用的溶剂是水。对不溶于水的试样，应分别用酸、碱、有机物等溶剂进行溶解，或采用熔融法。溶解后的体积以100～200mL为宜。

二、沉淀的制备

试样溶解后应选用适当的沉淀剂，将待测组分从试样中沉淀出来，制备的沉淀要准确地反映待测物的含量。要求待测组分沉淀完全，所得沉淀要纯净，这是沉淀法的关键所在。现将沉淀制备中的有关内容分述如下：

（一）沉淀剂的选择及用量

1. 沉淀剂的选择

（1）沉淀剂应具有较高的选择性，即要求沉淀剂只与被测组分生成沉淀，而不与其他组分起作用。

（2）沉淀剂与待测组分作用产生的沉淀溶解度要小，例如测定 SO_4^{2-} 选择 $BaCl_2$ 而不用 $CaCl_2$ 作沉淀剂，是因为 $BaSO_4$ 溶解度小，而 $CaSO_4$ 的溶解损失大。

（3）尽量选择具有挥发性的沉淀剂，以便在干燥或灼烧时，过量的沉淀剂可挥发除去，使沉淀纯净。例如沉淀 Fe^{3+} 时，选用具有挥发性的 $NH_3 \cdot H_2O$ 而不选用 NaOH 作沉淀剂。

（4）有机沉淀剂是近年来广泛研究和应用的一种新型沉淀剂，可与金属离子作用生成不溶于水的金属配合物或离子配合物。有机沉淀剂与无机沉淀剂比较具有以下优点：①选择性高，甚至是专属的。例如丁二酮肟（$C_4H_8N_2O_2$）在 pH=9 的氨性溶液中，选择性地沉淀 Ni^{2+}，生成鲜红色的 $Ni^{2+}(C_4H_7N_2O_2)_2$ 螯合物沉淀。②生成的沉淀溶解度小，有利于待测组分沉淀完全。③易生成大颗粒的晶形沉淀，对无机杂质吸附少，容易获得纯净的易于过滤和洗涤的沉淀。④称量形式摩尔质量大，有利于减小称量相对误差。⑤沉淀的组成恒定，干燥后即可称量。

2. 沉淀剂的用量

沉淀剂用量关系到沉淀的完全度和纯度。根据沉淀反应的化学计量关系，可以推算使待测组分完全沉淀所需沉淀剂的量，考虑到影响沉淀溶解度的诸多因素，加入沉淀剂应适当过量。若沉淀剂本身难挥发，则只能过量 20%～30%或更少些；若沉淀剂易挥发，则过量可达 50%～100%；一般的沉淀剂应过量 30%～50%。

（二）沉淀法对沉淀的要求

1. 对沉淀形式的要求

（1）沉淀的溶解度必须小，以保证待测组分沉淀完全，通常要求沉淀在溶液中溶解损失量小于分析天平的称量误差±0.2mg。

（2）沉淀纯度要高，尽量避免杂质的玷污。

（3）沉淀形式要易于过滤、洗涤，易于转变为称量形式。

2. 对称量形式的要求

（1）要有确定已知的组成，否则将失去定量的依据。

（2）称量形式必须十分稳定，不受空气中水分、CO_2 或 O_2 等的影响。

（3）摩尔质量要大，以增大称量形式的质量，减少称量误差，提高分析的灵敏度和准确度。例如沉淀重量法测定 Al^{3+}，用氨水作沉淀剂，沉淀形式为 $Al(OH)_3$，最后灼烧成 Al_2O_3 称量。也可用 8-羟基喹啉作沉淀剂，沉淀形式和称量形式都为 8-羟基喹啉铝（$(C_9H_6NO)_3Al$），由于 $(C_9H_6NO)_3Al$ 摩尔质量大于 Al_2O_3 摩尔质量，用 8-羟基喹啉作沉淀剂使测量相对误差降低一个数量级。

（三）沉淀的溶解度及影响因素

利用沉淀反应进行重量分析时，要求待测组分要沉淀完全，一般要求沉淀的完全程度达 99.99%。沉淀反应是否完全，可根据沉淀溶解度大小来判断，因此必须了解影响沉淀溶解度的各种因素，利用这些因素来降低沉淀的溶解度。现将常见影响因素讨论如下：

1. 同离子效应（common-ion effect）

当沉淀反应达到平衡后，若向溶液中加入含有某一构晶离子的试剂或溶液，可降低沉淀的溶解度。因此，在制备沉淀时，常加入过量沉淀剂，以保证沉淀完全。

例 4-1　欲使 0.02mol/L 草酸盐中 $C_2O_4^{2-}$ 沉淀完全，生成 $Ag_2C_2O_4$，问需过量 Ag^+ 的最低浓度是多少？（忽略 Ag^+ 加入时体积的增加）

解： $Ag_2C_2O_4\ (s) \rightleftharpoons 2Ag^+ + C_2O_4^{2-}$　　　$K_{sp,Ag_2C_2O_4} = 3.5 \times 10^{-11}$

若 $C_2O_4^{2-}$ 沉淀的完全程度不小于 99.9%，则其在溶液中的剩余浓度应不大于 $0.02 \times 0.1\% = 2 \times 10^{-5}$ mol/L，则 Ag^+ 的浓度为：

$$[Ag^+]=\sqrt{\frac{K_{sp,Ag_2C_2O_4}}{[C_2O_4^{2-}]}}=\sqrt{\frac{3.5\times10^{-11}}{2\times10^{-5}}}$$

$$[Ag^+]=1.3\times10^{-3}(mol/L)$$

因此，在草酸盐溶液中，必须加入足够的 Ag^+，沉淀反应后，溶液中剩余 Ag^+ 的浓度不低于 1.3×10^{-3}mol/L，才能保证沉淀完全。

2. 异离子效应（diverse-ion effect）

在难溶化合物的饱和溶液中，加入易溶的强电解质，会使难溶化合物的溶解度比同温度时在纯水中的溶解度大的现象称为异离子效应。发生异离子效应的原因是由于强电解质的存在，使溶液的离子强度增大，活度系数减小，导致沉淀溶解度增大。

在沉淀法中，由于沉淀剂通常也是强电解质，所以在利用同离子效应保证沉淀完全的同时，还应考虑异离子效应的影响，过量沉淀剂的作用是同离子效应和异离子效应的综合。当沉淀剂适当过量时，同离子效应起主导作用，沉淀的溶解度随沉淀剂用量的增加而降低。当溶液中沉淀剂的浓度达到某一数量时，沉淀的溶解度达到最低值，若再继续加入沉淀剂，由于异离子效应增大，使得溶解度反而增大，因此沉淀剂过量要适当。例如，测定 Pb^{2+} 时用 Na_2SO_4 为沉淀剂，由表 4-2 可以看出，随着 Na_2SO_4 浓度的增加，由于同离子效应使 $PbSO_4$ 溶解度降低，当 Na_2SO_4 浓度增大到 0.04mol/L 时，$PbSO_4$ 的溶解度达到最小，说明此时同离子效应最大。Na_2SO_4 浓度继续增大时，由于异离子效应增强，$PbSO_4$ 的溶解度又开始增大。

表 4-2 $PbSO_4$ 在 Na_2SO_4 溶液中的溶解度

Na_2SO_4(mol/L)	0	0.001	0.01	0.02	0.04	0.100	0.200
$PbSO_4$(mol/L)	0.15	0.024	0.016	0.014	0.013	0.016	0.023

如果沉淀本身溶解度小，一般来讲，异离子效应影响很小，可以忽略不计。只有当沉淀的溶解度比较大，且溶液的离子强度很高时，才考虑异离子效应。

3. 酸效应（acid effect）

溶液酸度对沉淀溶解度的影响，称为酸效应。在难溶化合物中有相当一部分是弱酸或多元酸盐，包括硫化物、铬酸盐、草酸盐、磷酸盐以及许多金属离子与有机沉淀剂形成的沉淀。当提高溶液 H^+ 浓度，弱酸根离子与 H^+ 结合生成相应共轭酸的倾向增大，因而溶解度增大；若降低溶液 H^+ 浓度，难溶弱酸盐中的金属离子有可能水解，也会导致沉淀溶解度增大。

现以草酸钙沉淀为例，说明溶液的酸度对沉淀溶解度的影响。CaC_2O_4 沉淀在溶液中建立如下平衡：

$$CaC_2O_4 \rightleftharpoons Ca^{2+}+C_2O_4^{2-}$$

$$C_2O_4^{2-}+H^+ \rightleftharpoons HC_2O_4^-$$

$$HC_2O_4^-+H^+ \rightleftharpoons H_2C_2O_4$$

当溶液酸度增大，使平衡向生成 $H_2C_2O_4$ 方向移动，CaC_2O_4 的溶解度增大。

酸度对沉淀溶解度的影响是比较复杂的，像 CaC_2O_4 这类弱酸盐及多元酸盐的难溶化合物，与 H^+ 作用后生成难离解的弱酸，而使溶解度增大的效应必须加以考虑，若是强酸盐的难溶化合物则影响不大。

4. 配位效应（coordination effect）

当难溶化合物的溶液中存在着能与构晶离子生成配合物的配位剂时，会使沉淀溶解度增大，甚至不产生沉淀，这种现象称为配位效应。配位效应的产生主要有两种情况，一是外加配位剂，二是沉淀剂本身就是配位剂。

例如：在 AgCl 沉淀溶液中加入 $NH_3 \cdot H_2O$，则 NH_3 能与 Ag^+ 配位生成 $Ag(NH_3)_2^+$ 配离子，结果使 AgCl 沉淀的溶解度大于在纯水中的溶解度，若 $NH_3 \cdot H_2O$ 浓度足够大，则可能使 AgCl 完全溶解。有关平衡如下：

$$AgCl \rightleftharpoons Ag^+ + Cl^- \qquad K_{sp}=[Ag^+][Cl^-]$$

$$Ag^+ + NH_3 \rightleftharpoons AgNH_3^+ \qquad K_1=\frac{[AgNH_3^+]}{[Ag^+][NH_3]}$$

$$AgNH_3^+ + NH_3 \rightleftharpoons Ag(NH_3)_2^+ \qquad K_2=\frac{[Ag(NH_3)_2^+]}{[AgNH_3^+][NH_3]}$$

又如：用 Cl^- 为沉淀剂沉淀 Ag^+，最初生成 AgCl 沉淀，但若继续加入过量的 Cl^-，则 Cl^- 能与 AgCl 配位生成 $[AgCl_2]^-$、$[AgCl_3]^{2-}$、$[AgCl_4]^{3-}$ 配离子，而使 AgCl 沉淀逐渐溶解。图 4-1 中的曲线表明 AgCl 的溶解度随 Cl^- 浓度的变化情况，不难看出同离子效应与配位效应共同作用的结果。图中 $[Cl^-]$ 从左到右逐渐增加，即 pCl（$-\lg[Cl^-]$）逐渐减小，当过量的 $[Cl^-]$ 由小增大到约 4×10^{-3} mol/L（pCl＝2.4）时，AgCl 的溶解度显著降低，显然在这段曲线中同离子效应起主导作用；但当 $[Cl^-]$ 再继续增大，AgCl 的溶解度反而增大，这时配位效应起主导作用。因此用 Cl^- 沉淀 Ag^+ 时，必须严格控制过量 Cl^- 的浓度。沉淀剂本身是配体的情况也是常见的，对于这种情况，应避免加入过量的沉淀剂。

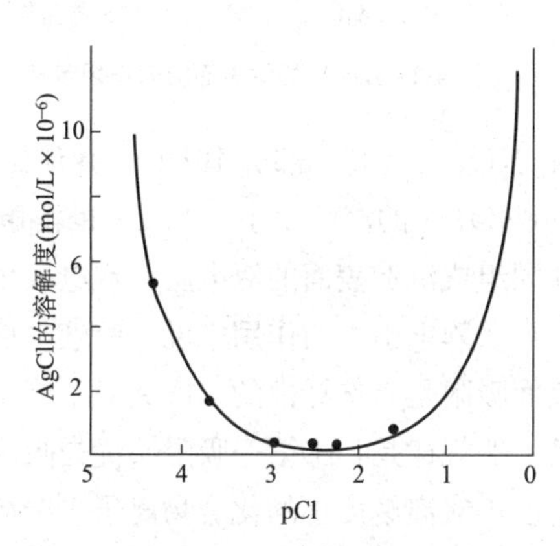

图 4-1　AgCl 在不同浓度 NaCl 溶液中的溶解度

配位效应使沉淀溶解度增大的程度与难溶化合物的溶度积常数 K_{sp} 和形成配合物的稳定常数 K 的相对大小有关，K_{sp} 和 K 越大，则配位效应越显著。

以上讨论了同离子效应、异离子效应、酸效应和配位效应，其中只有同离子效应降低沉淀溶解度是保证沉淀完全的有利因素，其他效应均是影响沉淀完全程度的不利因素。在分析工作中应根据具体情况分清主次，如对无配位效应的强酸盐沉淀，应主要考虑同离子效应和异离子效应；对弱酸、多元酸盐或难溶酸沉淀，以及许多与有机沉淀剂形成的沉淀，多数情况应主要考虑酸效应。

5. 其他因素

除上述主要因素之外，温度效应、溶剂效应、沉淀颗粒的大小和沉淀析出的形态都对沉淀的溶解度有影响，也应加以考虑。

（四）沉淀的纯度

沉淀法中，不仅要求沉淀的溶解度要小，而且沉淀要纯净。但当沉淀从溶液中析出时会或多或少地夹杂溶液中的其他组分使沉淀不纯，这是重量分析法误差的主要来源。因此，必须了解影响沉淀纯度的原因，以及如何得到尽可能纯净的沉淀。影响沉淀纯度的主要因素是共沉淀和后沉淀。

1. 共沉淀（coprecipitation）

是指一种难溶化合物沉淀时，某些可溶性杂质同时沉淀下来的现象。引起共沉淀的原因主要

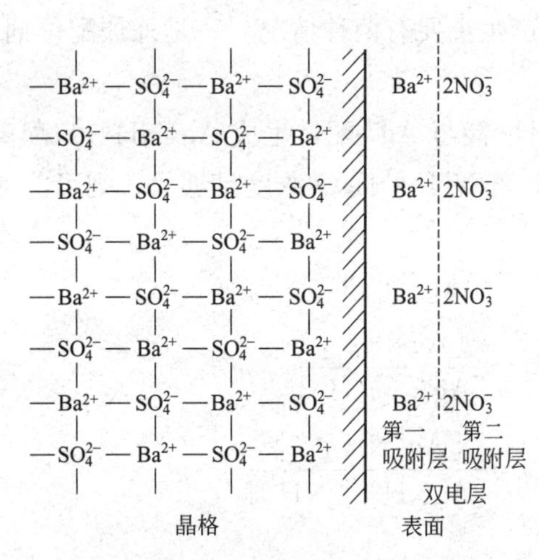

图 4-2 $BaSO_4$ 晶体表面吸附作用示意

有以下几方面。

（1）*表面吸附* 在沉淀的晶格中，正负离子按一定的晶格顺序排列，处在内部的离子都被带相反电荷的离子所包围，如图 4-2 所示，所以晶体内部处于静电平衡状态。而处于表面的离子至少有一个面未被包围，由于静电引力，表面上的离子具有吸引带相反电荷离子的能力，尤其是棱角上的离子更为显著。例如：用过量的 $BaCl_2$ 溶液与 Na_2SO_4 溶液作用时，生成的 $BaSO_4$ 沉淀表面首先吸附过量的 Ba^{2+}，形成第一吸附层，使晶体表面带正电荷。第一吸附层中的 Ba^{2+} 又吸附溶液中共存的阴离子 Cl^-，构成中性的双电层，形成第二吸附层。$BaCl_2$ 过量越多，被共沉淀的也越多。如果用 $Ba(NO_3)_2$ 代替一部分 $BaCl_2$，并使二者过量的程度相同时，共存阴离子有 Cl^- 和 NO_3^-，由于 $Ba(NO_3)_2$ 的溶解度小于 $BaCl_2$ 的溶解度，则共沉淀的 $Ba(NO_3)_2$ 比 $BaCl_2$ 多。第一、二吸附层共同组成沉淀表面的双电层，双电层里的电荷是等衡的。

从静电引力的作用来说，溶液中任何带相反电荷的离子都同样有被吸附的可能性，但实际上表面吸附是有选择性的，沉淀对不同杂质离子的吸附能力，主要决定于沉淀和杂质离子的性质，其一般规律是：①第一吸附层优先吸附过量的构晶离子。②第二吸附层易吸附与构晶离子生成溶解度小或离解度小的化合物离子，杂质离子的电荷越高越容易被吸附。

此外，在不同条件下，沉淀对同一种杂质的吸附能力即吸附量，与下列因素有关：①沉淀颗粒越小，比表面积越大，吸附杂质量相对越多。②杂质离子浓度越大，被吸附的量也越多。③溶液的温度越高，吸附杂质的量越少。

吸附过程是一放热过程，提高温度可减少或阻止吸附作用。吸附作用是可逆过程，洗涤可使沉淀上吸附的杂质进入溶液，从而净化沉淀。所选的洗涤剂必须是灼烧或烘干时容易挥发除去的物质。

（2）*生成混晶* 如果杂质离子与沉淀的构晶离子半径相近，电荷相同，形成的晶体结构也相同，杂质离子可进入晶格排列中，取代沉淀晶格中某些离子的固定位置，生成混合晶体，使沉淀受到严重玷污。例如 Pb^{2+} 与 Ba^{2+} 的电荷相同，离子半径相近，$BaSO_4$ 与 $PbSO_4$ 的晶体结构也相同，Pb^{2+} 就可能混入 $BaSO_4$ 的晶格中，与 $BaSO_4$ 形成混晶而被共沉淀下来。

由混晶引起的共沉淀纯化起来很困难，往往须经过一系列陈化、重结晶才能逐步加以除去。最好的办法是事先分离这类杂质离子。

（3）*吸留和包藏* 吸留是指被吸附的杂质离子机械地嵌入沉淀之中；包藏常指母液机械地嵌入沉淀之中。这类现象的发生是由于沉淀析出过快，表面吸附的杂质来不及离开沉淀表面就被随后生成的沉淀所覆盖，使杂质或母液被吸留或包藏在沉淀内部，当沉淀剂加入过快或有局部过浓现象，吸留和包藏就比较严重。

这类共沉淀不能用洗涤的方法除去，可以借改变沉淀条件、熟化或重结晶的方法加以消除。

2. 后沉淀（postprecipitation）

当溶液中某一组分的沉淀析出后，另一本来难以析出沉淀的组分，也在沉淀表面逐渐沉积的现象称为后沉淀。后沉淀的产生是由于沉淀表面吸附作用引起的，多出现在该组分形成的稳定过饱和溶液中。例如：Mg^{2+} 存在下沉淀 CaC_2O_4 时，最初得到的 CaC_2O_4 不夹杂 MgC_2O_4，但若

将沉淀与溶液长时间共置，由于 CaC_2O_4 表面吸附 $C_2O_4^{2-}$ 而使其表面 $C_2O_4^{2-}$ 浓度增大，致使 $[Mg^{2+}][C_2O_4^{2-}]$ 大于 K_{sp,MgC_2O_4}，草酸镁沉淀在草酸钙上产生后沉淀。沉淀在溶液中放置时间越长，后沉淀现象越显著。

3. 提高沉淀纯度的措施

（1）*选择合理的分析步骤*　如果试液中有几种含量不同的组分，欲测定少量组分的含量，不要首先沉淀主要组分。否则会引起大量沉淀的析出，使部分少量组分混入沉淀中而增大测定误差。分析这种体系应首先沉淀含量较低的组分，或者选择灵敏度高的检测方法，在主要组分不干扰测定的前提下，先分析微量组分。

（2）*降低易被吸附杂质离子的浓度*　由于吸附作用具有选择性，降低易被吸附杂质离子的浓度，可以减少吸附共沉淀。例如沉淀 $BaSO_4$ 时，沉淀反应应在 HCl 溶液中进行，而不宜在 HNO_3 中进行。又如 Fe^{3+} 溶液易被吸附，溶液中含有 Fe^{3+} 时，最好预先将 Fe^{3+} 还原为不易被吸附的 Fe^{2+}，或加入适当的配位剂使 Fe^{3+} 转化为某种很稳定的配合物，也可减少共沉淀。

（3）*选择合适的沉淀剂*　如选用有机沉淀剂常可减少共沉淀。

（4）*选择合理的沉淀条件*　沉淀的纯度与沉淀剂浓度、加入速度、温度、搅拌情况、洗涤方法及操作有关，因此，选择合理的沉淀条件可减少共沉淀。

（5）*必要时进行再沉淀*　即将沉淀过滤、洗涤、溶解后再进行第二次沉淀。此时由于杂质离子浓度大为降低，共沉淀或后沉淀自然减少。

（五）沉淀的形成与沉淀条件

在沉淀法中，为了得到准确的分析结果，除对沉淀的溶解度和纯度有一定要求外，还要求沉淀尽可能具有易于过滤和洗涤的结构。按沉淀的结构，可粗略地分为晶形沉淀和非晶形沉淀（无定形沉淀）两大类：

沉淀类型
- 晶形沉淀
  - 粗晶形沉淀　　如 $MgNH_4PO_4$
  - 细晶形沉淀　　如 $BaSO_4$
- 非晶形沉淀
  - 凝胶状沉淀　　如 AgCl
  - 胶状沉淀　　如 $Fe(OH)_3 \cdot xH_2O$

晶形沉淀颗粒大（直径 0.1～1μm），体积小，内部排列规则，结构紧密，易于过滤和洗涤；而非晶形沉淀颗粒小（直径＜0.02μm），体积庞大，结构疏松，含水量大，容易吸附杂质，难于过滤和洗涤。

1. 影响沉淀形成的因素

沉淀的形成是一个复杂的过程，有关这方面的理论尚不成熟，现仅对沉淀的形成过程做定性解释，以经验公式简单描述。沉淀的形成过程大致如下：

当向试液中加入沉淀剂时，构晶离子浓度幂次方的乘积超过该条件下沉淀的 K_{sp} 时，离子通过相互碰撞聚集成微小的晶核，晶核形成后溶液中的构晶离子向晶核表面扩散，并聚积在晶核上，晶核逐渐长大成沉淀微粒。这种由离子聚集成晶核，再进一步积聚成沉淀微粒的速度称为聚集速度。在聚集的同时，构晶离子在静电引力作用下又能够按一定晶格进行排列，这种定向排列的速度称为定向速度。

在沉淀过程中，聚集速度大于定向速度，沉淀微粒聚集形成非晶形沉淀；定向速度大于聚集速度，构晶离子在晶格上定向排列，形成晶形沉淀。

聚集速度主要由沉淀条件决定，其中最重要的是溶液中生成沉淀物质的过饱和度。聚集速度

与溶液的相对过饱和度成正比，可用冯·韦曼（Von Weimarn）经验公式简单表示，即：

$$\nu=K\,\frac{(Q-S)}{S} \tag{4-5}$$

式中，ν 为聚集速度；K 为比例常数；Q 为加入沉淀剂瞬间生成沉淀物质的浓度；S 为沉淀的溶解度；$Q-S$ 为沉淀物质的过饱和度；$(Q-S)/S$ 为相对过饱和度。

由式（4-5）可看出：聚集速度与相对过饱和度成正比，若想降低聚集速度，必须设法减小溶液的相对过饱和度，即要求沉淀的溶解度（S）大，加入沉淀剂瞬间生成沉淀物质的浓度（Q）小，这样就可能获得晶形沉淀。反之，若沉淀的溶解度很小，瞬间生成沉淀物质的浓度又很大，则形成非晶形沉淀，甚至形成胶体。

定向速度主要决定于沉淀物质的本性。一般极性强，溶解度较大的盐类，如 $MgNH_4PO_4$、$BaSO_4$、CaC_2O_4 等，都具有较大的定向速度，易形成晶形沉淀；而高价金属离子的氢氧化物溶解度较小，沉淀时溶液的相对过饱和度较大，同时又含有大量的水分子，阻碍离子的定向排列，因此氢氧化物沉淀一般均为非晶形沉淀或胶体沉淀，如 $Fe(OH)_3$、$Al(OH)_3$是胶状沉淀。

不同类型的沉淀，在一定条件下可以相互转化。例如常见的 $BaSO_4$ 晶形沉淀，若在浓溶液中沉淀，很快地加入沉淀剂，也可以生成非晶形沉淀。可见，沉淀究竟是哪一种类型，不仅决定于沉淀本质，也决定于沉淀形成时的条件。为了得到重量分析所希望得到的粗大颗粒沉淀，通过改善沉淀的条件来控制沉淀的成核和成长过程是十分重要的。

2. 获得良好沉淀形状的条件

（1）晶形沉淀的条件　综上所述，聚集速度与定向速度的相对大小直接影响沉淀类型，其中聚集速度主要由沉淀条件所决定。为了得到纯净而易于过滤和洗涤的晶形沉淀，要求有较小的聚集速度，这就应选择适当的沉淀条件来完成。由式（4-5）可知，降低聚集速度，必须要降低相对过饱和度。因为在饱和度大的溶液中，会迅速产生数目众多的微小晶核，得不到颗粒粗大的晶形沉淀，要形成晶形沉淀，应采取降低沉淀物质的浓度和适当增大沉淀的溶解度来实现。晶形沉淀的条件可归纳为：

① 在适当稀的溶液中进行沉淀：可以减小沉淀物质的浓度，使溶液中沉淀物的过饱和度不至于太大，瞬间生成的晶核不会太多。但溶液也不能太稀，否则沉淀溶解损失将会增加。

② 在不断搅拌下缓慢加入沉淀剂：可避免由局部过浓而产生大量晶核。

③ 在热溶液中进行沉淀：一般难溶化合物的溶解度随温度升高而增大，沉淀对杂质的吸附量，随温度升高而减小。因此在热溶液中进行沉淀，一方面可略增大沉淀的溶解度，有效地降低溶液的相对过饱和度，以利生成少而大的结晶颗粒，同时还可以减少沉淀表面的吸附作用，以利于获得较纯净的沉淀。但由于晶形沉淀的溶解度一般都比较大，在热溶液中更加大了沉淀损失，所以应在沉淀作用完毕后冷却至室温，然后进行过滤和洗涤。

④ 熟化：沉淀完全后，让初生的沉淀与母液共置一段时间，这个过程称为熟化（陈化）。熟化能使细晶体溶解，粗大晶体长大。由于细晶体的溶解度较粗晶体溶解度大，溶液对于大晶体是饱和的，对于小晶体则是未饱和的。于是小晶体溶解，溶液中构晶离子浓度增大，便在大晶体表面上析出，使大晶体长大。这一过程反复进行，使生成的沉淀颗粒更趋于完整、紧密。加热和搅拌可以加快沉淀的溶解速度和离子在溶液中的扩散，因此可缩短熟化时间。一般室温下进行熟化需数小时，若于恒温水浴加热并不断搅拌，则仅需数十分钟至 2 小时即可。

熟化作用可以使沉淀变得更加纯净，这是因为完整、紧密的大颗粒晶体有较小的比表面积，对杂质的吸附量少。同时小结晶的溶解可以释放出原来吸附、吸留或包藏的杂质，提高了沉淀的

纯度。不过若有后沉淀产生，熟化时间过长，则混入的杂质可能增加。

（2）非晶形沉淀的条件　非晶形沉淀的溶解度一般很小，溶液中相对过饱和度相当大，很难通过减小溶液的相对过饱和度来改变沉淀的物理性质。非晶形沉淀颗粒小，比表面积大，且体积庞大，结构疏松，不仅易吸附杂质而且难以过滤和洗涤，甚至能够形成胶体溶液。因此，对非晶形沉淀主要考虑的是使沉淀微粒凝聚，减少杂质吸附，破坏胶体，防止胶溶。非晶形沉淀的条件为：

① 浓溶液中进行沉淀：迅速加入沉淀剂，使生成的沉淀较为紧密。但在浓溶液中，杂质浓度相应增大，吸附杂质的机会增多。所以在沉淀作用完毕后，应立刻加入大量的热水稀释并搅拌。

② 在热溶液中进行沉淀：这样可以防止生成胶体，并减少杂质的吸附作用，使生成的沉淀更加紧密、纯净。

③ 加入适当的电解质以破坏胶体：常使用在干燥或灼烧中易挥发的电解质，如盐酸、铵盐等。

④ 不必熟化：沉淀完毕后，立即趁热过滤、洗涤。

（3）均匀沉淀法　也称均相沉淀法，是为了改进沉淀结构而发展的新沉淀方法。均匀沉淀是利用化学反应使溶液中缓慢地逐渐产生所需的沉淀剂，从而使沉淀在整个溶液中均匀地、缓慢地析出，以消除通常在沉淀过程中难以避免的局部过浓的缺点。可使溶液中过饱和度很小，且又较长时间维持过饱和度，这样可获得颗粒较粗、结构紧密、纯净而易于过滤的沉淀。

例如：测定 Ca^{2+} 时，在中性或碱性溶液中加入沉淀剂 $(NH_4)_2C_2O_4$，产生的 CaC_2O_4 是细晶形沉淀。如果先将溶液酸化后再加入 $(NH_4)_2C_2O_4$，则溶液中的草酸根主要以 $HC_2O_4^-$ 和 $H_2C_2O_4$ 形式存在，不会产生沉淀。然后加入尿素，加热煮沸，尿素逐渐水解：

$$CO(NH_2)_2 + H_2O \xrightarrow{90\sim100℃} CO_2 + 2NH_3$$

生成的 NH_3 与溶液中的 H^+ 作用，使溶液的酸度逐渐降低，$[C_2O_4^{2-}]$ 的浓度渐渐增大，最后溶液的 pH 值达到 4～4.5 之间，CaC_2O_4 沉淀完全。这样得到的 CaC_2O_4 沉淀晶形颗粒大、纯净。

另外，酯类和其他有机化合物的水解、配位化合物的分解、氧化还原反应等能缓慢地产生所需沉淀剂的方式，均可进行均匀沉淀。比如：利用在酸性条件下加热水解硫代乙酸胺，均匀地、逐渐地放出 H_2S，用于金属离子与 H_2S 生成硫化物沉淀，可避免直接使用 H_2S 时的毒性及臭味，还可以得到易于过滤和洗涤的硫化物沉淀。

$$CH_3CSNH_2 + 2H_2O \xrightarrow[\triangle]{H^+} CH_3COO^- + NH_4^+ + H_2S$$

三、沉淀的处理

（一）过滤

过滤是使沉淀与母液分开，以便与过量的沉淀剂、共存组分或其他可溶性杂质分离，从而得到纯净的沉淀。过滤沉淀时常使用滤纸或玻璃砂芯滤器。需要灼烧的沉淀，用定量滤纸过滤，此种滤纸预先已用 HCl 和 HF 处理，其中大部分无机物已被除去，经灼烧后所余灰分不超过 0.2mg，所以也称为“无灰滤纸”。

定量滤纸的疏密程度不同，可根据沉淀的性质加以选择，以沉淀不易穿过并能保持较快的过滤速度为原则。一般非晶形沉淀，应用疏松的快速滤纸过滤，以免过滤太慢；粗粒的晶形沉淀，

可用较紧密的中速滤纸；较细粒的晶形沉淀，应选用最致密的慢速滤纸，以防沉淀穿过滤纸。

如果只需烘干即可得到称量形式的沉淀，一般采用玻璃砂芯滤器（也称垂熔玻璃滤器）过滤，包括玻璃砂芯坩埚和玻璃砂芯漏斗，过滤时采用减压抽滤。

垂熔玻璃滤器的底部滤层为玻璃粉烧结成的滤板，玻璃粉之间有微小的孔眼，其孔径大小与玻璃粉粗细有关，通常按孔径之大小将滤器分成 1～6 号。重量分析可根据沉淀的性状选用。常用各号玻砂坩埚的规格及用途见表 4-3。重量分析中常用 3 号、4 号玻砂坩埚，或按说明书选用，在加热使用时应低于 150℃，以防破裂。

新的玻璃滤器使用前，可用热盐酸或洗液处理并立即用水洗涤，使用后用水反复冲洗，必要时可用蒸馏水减压抽洗，以提高洗涤效率。若采用上述方法不能洗净，可根据沉淀物的性质选用化学洗涤剂洗涤。但不能用损坏滤器的氢氟酸、热浓磷酸、热或冷的浓碱液洗涤。过滤沉淀前，玻璃滤器需在与干燥沉淀相同的温度下干燥至恒重。

表 4-3　玻砂坩埚的规格及用途

坩埚滤孔编号	滤孔平均大小(μm)	一般用途
1	80～120	过滤粗颗粒沉淀
2	40～80	过滤较粗颗粒沉淀
3	15～40	过滤一般晶形沉淀及滤除杂质
4	5～15	过滤细颗粒沉淀
5	2～5	过滤极细颗粒沉淀
6	＜2	滤除细菌

不论采用何种滤材过滤，过滤方法通常采用“倾泻法”，即让沉淀放至澄清后，将上层溶液沿玻棒分次倾入漏斗或滤器中，沉淀尽可能留在杯底，然后洗涤。采用此法是为了使滤纸或滤器不致在开始时被沉淀迅速堵塞，以缩短过滤时间。

（二）洗涤

洗涤沉淀是为了洗去沉淀表面吸附的杂质和混杂在沉淀中的母液。洗涤时要尽量减少沉淀的溶解损失和避免形成胶体，因此需选择合适的洗涤液。选择洗涤液的原则是：

（1）溶解度较小又不易生成胶体的沉淀，可用蒸馏水洗涤。

（2）溶解度较大的晶形沉淀，可用沉淀剂（干燥或灼烧可除去）稀溶液或沉淀的饱和溶液洗涤。

（3）溶解度较小的非晶形沉淀，需用热的挥发性电解质（如 NH_4NO_3）的稀溶液进行洗涤，以防止形成胶体。

洗涤沉淀也是采用“倾泻法”，根据“少量多次”的原则，将少量洗涤液注入沉淀中，充分搅拌，待沉淀下沉后，尽量倾出上层清液。如此洗涤数次后，再将沉淀转移至滤纸上，用少量洗涤液进行洗涤，洗后尽量沥干。

（三）干燥与灼烧

洗涤后的沉淀，除吸附有大量水分外，还可能有其他挥发性物质存在。需用烘干或灼烧的方法除去，使之具有固定的组成才能进行称量。

干燥温度和时间由沉淀性质决定。一般 105～110℃烘 40～60 分钟即可冷却后称量，再烘干至恒重，有些有机沉淀干燥温度还需低些。若沉淀的水分不易除去（如 $BaSO_4$）或沉淀形式组成不固定如 $Fe(OH)_3 \cdot xH_2O$，干燥后不能称量，需经高温 800℃以上灼烧后转变成组成固定的形式（$BaSO_4$ 和 Fe_2O_3），才能进行称量。

四、分析结果的计算

（一）换算因数的计算

沉淀重量法是用分析天平准确称取称量形式的重量，换算成待测组分的量，以计算分析结果。

设 A 为待测组分，D 为称量形式，其计量关系一般可表示如下：

$$\underset{\text{待测组分}}{aA} + \underset{\text{沉淀剂}}{bB} \rightleftharpoons \underset{\text{沉淀形式}}{cC} \xrightarrow{\triangle} \underset{\text{称量形式}}{dD}$$

A 与 D 的物质的量 n_A 和 n_D 的关系为：

$$n_A = \frac{a}{d} n_D \tag{4-6}$$

将 $n = W/M$ 代入上式得到

$$W_A = \frac{aM_A}{dM_D} W_D \tag{4-7}$$

式（4-7）中 M_A 和 M_D 分别为待测组分 A 和称量形式 D 的摩尔质量。待测组分的摩尔质量与称量形式的摩尔质量之比（aM_A/dM_D）为一常数，称为换算因数（conversion factor）或化学因数（chemical factor），用 F 表示。

$$F = \frac{a \times \text{待测组分的摩尔质量}}{b \times \text{称量形式的摩尔质量}} \tag{4-8}$$

由式（4-7）及式（4-8）可求得待测组分的质量

$$W_A = FW_D \tag{4-9}$$

计算换算因数时，必须注意在待测组分的摩尔质量 M_A 及称量形式的摩尔质量 M_D 上乘以适当系数，使分子分母中含待测组分的原子数或分子数相等。例如：

待测组分	沉淀形式	称量形式	换算因数
Fe	$Fe(OH)_3 \cdot xH_2O$	Fe_2O_3	$2M_{Fe}/M_{Fe_2O_3}$
MgO	$MgNH_4PO_4$	$Mg_2P_2O_7$	$2M_{MgO}/M_{Mg_2P_2O_7}$
$K_2SO_4 \cdot Al_2(SO_4)_3 \cdot 24H_2O$	$BaSO_4$	$BaSO_4$	$\frac{M_{K_2SO_4 \cdot Al_2(SO_4)_3 \cdot 24H_2O}}{4M_{BaSO_4}}$

例 4-2　为测定草酸氢钾的含量，用 Ca^{2+} 为沉淀剂最后灼烧成 CaO 称量，试求 CaO 对 $KHC_2O_4 \cdot H_2C_2O_4 \cdot 2H_2O$ 的换算因数。

解：$KHC_2O_4 \cdot H_2C_2O_4 \cdot 2H_2O \longrightarrow 2CaC_2O_4 \longrightarrow 2CaO$，由式 4-8 可知：

$$F = \frac{M_{KHC_2O_4 \cdot H_2C_2O_4 \cdot 2H_2O}}{2M_{CaO}} = \frac{254.2}{2 \times 56.08} = 2.266$$

有些换算因数，可以从分析化学手册、药典或药品标准等书籍中查得。例如：《中国药典》在中药芒硝中硫酸钠的含量测定中规定，“将沉淀炽灼至恒重，精密称定，与 0.6086 相乘”，0.6086 即为换算因数。

故：$W_{Na_2SO_4}=W_{BaSO_4}\times 0.6086$。

利用换算因数的概念，可以将待测组分、沉淀剂和称量形式的重量进行相互换算，用来估计取样量、沉淀剂的用量及结果计算。因此换算因数是重量分析法计算的关键。

（二）沉淀剂用量计算

沉淀剂的用量如前所述，决定于沉淀剂及难溶化合物的性质。

例 4-3　欲使 0.3g $AgNO_3$ 试样中的 Ag^+ 完全沉淀为 AgCl，需要 0.5mol/L 的 HCl 溶液多少毫升?

解:
$$AgNO_3+HCl \rightleftharpoons AgCl\downarrow+HNO_3$$

由 $n_{HCl}=C_{HCl}\cdot V_{HCl}$　　$n_{AgNO_3}=W_{AgNO_3}/M_{AgNO_3}$　　$n_{HCl}=n_{AgNO_3}$

得：$V_{HCl}=\dfrac{W_{AgNO_3}}{M_{AgNO_3}\times C_{HCl}}=\dfrac{0.3}{169.9\times 0.5}\approx 4\times 10^{-3}$ (L) $=4$(mL)

因为 HCl 易挥发，可过量 100%，所以需 HCl 溶液 8mL。

例 4-4　测定试样中硫酸钠含量时，称取试样 0.4g，理论上应加入 5%的氯化钡溶液多少克?若氯化钡过量 50%，在 200mL 溶液中 $BaSO_4$ 溶液损失量是多少?

解:
$$Na_2SO_4+BaCl_2 \longrightarrow BaSO_4\downarrow+2NaCl$$

则：$W_{BaCl_2}=\dfrac{M_{BaCl_2}}{M_{Na_2SO_4}}\times W_{Na_2SO_4}\div 5\%=\dfrac{208}{142}\times 0.4\div 5\%\approx 12$(g)

过量 50%，需加 5% $BaCl_2$ 溶液 18g。

加入 18g 5% $BaCl_2$ 溶液与 SO_4^{2-} 反应后，尚余 6g，则在 200mL 溶液中剩余的 $BaCl_2$ 浓度应为：

$$C_{BaCl_2}=\frac{6\times 5\%\times 1000}{208\times 200}=7.2\times 10^{-3}(mol/L)$$

因 $BaCl_2$ 为强电解质，所以溶液中的 $[Ba^{2+}]$ 也应为 7.2×10^{-3} mol/L，故溶液中 SO_4^{2-} 的浓度应为：

$$[Ba^{2+}][SO_4^{2-}]=7.2\times 10^{-3}\times[SO_4^{2-}]=K_{sp,BaSO_4}$$

$$[SO_4^{2-}]=\frac{1.1\times 10^{-10}}{7.2\times 10^{-3}}=1.5\times 10^{-8}(mol/L)$$

因此 $BaSO_4$ 溶解损失量为：

$$1.5\times 10^{-8}\times 233.4\times 0.2=7.0\times 10^{-7}(g)=7.0\times 10^{-4}(mg)$$

（三）待测物含量计算

分析结果常按百分含量计算。待测组分的重量 W_A 与试样量 S 的比值即为结果的百分含量，计算式如下：

$$X(\%)=\frac{W_A}{S}\times 100\%=\frac{F\times W_D}{S}\times 100\% \tag{4-10}$$

例 4-5　称取草酸氢钾试样 0.5165g，溶解后用 Ca^{2+} 为沉淀剂将其沉淀为 CaC_2O_4，最后灼烧成 CaO 称量，其重量为 0.2250g，计算试样中 $KHC_2O_4\cdot H_2C_2O_4\cdot 2H_2O$ 的含量。

解：$KHC_2O_4\cdot H_2C_2O_4\cdot 2H_2O \longrightarrow 2CaC_2O_4 \longrightarrow 2CaO$

由例 4-2 可知　$F=2.266$

$$X(\%)=\frac{W_A}{S}\times 100\%=\frac{F\times W_D}{S}\times 100\%$$

$$X\%=\frac{2.266\times0.2250}{0.5165}\times100\%=98.71\%$$

习　题

1. 举例说明挥发重量法的应用。

2. 沉淀重量法称取试样量决定于什么？称出试样过多过少有何不利之处？

3. 指出影响沉淀溶解度的主要因素，并说明这些因素如何控制？

4. 指出影响沉淀纯度的因素有哪些，并说明减少玷污的方法。

5. 沉淀是怎样形成的？沉淀的形态主要与哪些因素有关？

6. 简述晶形沉淀与非晶形沉淀的沉淀条件，并说明理由。

7. 解释下列原因：(1) $BaSO_4$ 可用水洗涤，而 AgCl 用稀 HNO_3 洗涤；(2) $BaSO_4$ 要熟化，而 AgCl 或 $Fe(OH)_3$ 不要熟化。

8. 计算下列换算因数：

称量形式	待测组分
$Mg_2P_2O_7$	MgO
Al_2O_3	Al
$BaSO_4$	S
$C_{20}H_{24}O_2N_2$（奎宁）	$C_{20}H_{24}O_2N_2\cdot2HCl$（二盐酸奎宁）
Pt	$KCl(\rightarrow K_2PtCl_6\rightarrow Pt)$

(0.3622　0.5296　0.1374　1.225　0.7643)

9. 称取芒硝试样 0.2015g，溶解后将 SO_4^{2-} 沉淀为 $BaSO_4$，灼烧后重量为 0.3130g，试计算试样中 $NaSO_4$ 的百分含量。

(94.54%)

10. 用沉淀重量法测定铝试样中的 Al，称取试样 0.1005g，试样酸溶后，用 0.5mol/L NaOH 溶液沉淀成 $Al(OH)_3$，最终得称量形式 Al_2O_3 重 0.1500g。试计算：(1) 需 0.5mol/L NaOH 溶液多少毫升？(以沉淀剂过量 20%计)。(2) 试样中铝的百分含量是多少？

(22mL；78.99%)

11. 某试样含 35%的 $Al_2(SO_4)_3$ 和 60%的 $KAl(SO_4)_2\cdot12H_2O$，若用沉淀重量法使之生成 $Al_2O_3\cdot xH_2O$，灼烧后欲得 0.15g Al_2O_3，应取试样多少克？

(0.89g)

12. 称取含磷化肥 0.2620g，将磷转化为 PO_4^{3-} 后，在硝酸介质中与钼酸盐喹啉等作用后得到磷钼酸喹啉 $[(C_9H_7N)_3H_3(PO_4\cdot12MoO_3)\cdot H_2O]$ 称量形式 1.008g，计算磷肥中 P_2O_5%。

(12.24%)

13. 今有含硫约 36%的黄铁矿，若用沉淀重量法测其中硫含量，欲得 0.5g 称量形式 $BaSO_4$，应取试样多少克？

(0.19g)

14. 称取风干（空气干燥）的中药石膏试样 1.2030g，经烘干后得吸附水分 0.0208g。再经灼烧又得结晶水 0.2424g，计算石膏试样换算成干燥物质时的 $CaSO_4\cdot2H_2O$ 百分含量。

(97.96%)

15. 重量法测 Al^{3+}，可用氨水作沉淀剂，最后灼烧成 Al_2O_3 称量；也可用 8-羟基喹啉作沉淀剂，沉淀为 8-羟基喹啉铝 $(C_9H_6NO)_3Al$，干燥后称量。若 0.1000g 铝可得到 0.1888g Al_2O_3 或 1.704g $(C_9H_6NO)_3Al$。分析天平的称量误差一般为±0.2mg。对于以上两种称量形式的称量结果，引起的相对误差分别为多少？

（±0.1%，±0.01%）

第五章
滴定分析概论

扫一扫，查阅本章数字资源，含PPT、音视频、图片等

滴定分析法（titrimetric analysis）又称容量分析（volumetric analysis），是化学分析的重要方法。该方法利用已知的物质与待测物质之间发生化学反应，根据其计量关系实现定量分析。通常将一种已知准确浓度的试剂溶液即标准溶液（standard solution）逐滴滴加到待测物质溶液中，直到标准溶液与待测组分按一定化学反应式反应完全，根据标准溶液的浓度和体积，以及反应的化学计量关系计量被测组分含量的一类分析方法称为滴定分析法。

第一节　滴定基本概念与相关术语

滴定分析中所使用的标准溶液称为滴定剂（titrimetric agent），滴加溶液的操作过程称为滴定（titration）。当标准溶液与待测组分按反应式的化学计量关系恰好反应完全时，反应即到达了化学计量点（stoichiometric point，sp）。化学计量点时，会发生某些性质的突然变化，但大多数反应不能直接观察到，因此，必须借助仪器方法（如电位、电导、电流、光度等方法）或化学方法去判断化学计量点。例如，常用的化学方法是在待滴定溶液中加入指示剂（indicator），利用指示剂颜色突变来指示计量点的到达。应注意，在滴定过程中，指示剂颜色或仪器测得的电位、电导、电流、光度等发生突变之点不能等同于计量点，称为滴定终点（end-point of the titration，ep）。在实际分析中，由于滴定终点与理论上的计量点不一定恰好符合，它们之间往往存在着很小的差别，由此而引起的误差称为终点误差（end point error）或滴定误差（titration error，TE）。终点误差的大小受到分析方法、试剂、仪器、操作者等方面的影响，终点误差一般要求在±0.2%以内。

一、滴定分析的特点和分类

滴定分析法测定结果准确度高，相对误差一般在±0.2%以内，操作简便、测定快速、仪器设备简单、应用广泛，可适用于各种化学反应类型的测定。在生产和科研中具有重要的实用价值，是分析化学中很重要的一类定量分析方法。

滴定分析法按化学反应类型的不同，通常分为四类：酸碱滴定法、配位滴定法、氧化还原滴定法和沉淀滴定法，将分别在第六、七、八、九章中讨论。本章讨论滴定分析法的共性问题。

二、滴定分析对滴定反应的要求

各种类型的化学反应虽然很多，但不一定都能直接用于滴定分析。凡适用于滴定分析的化学反应必须满足以下三个基本要求：

（一）反应必须定量完成

要求待测物质与滴定剂之间的反应要按确定的计量关系定量进行，副反应控制在一定范围。反应完成程度一般应在99.9%以上，这是滴定分析定量计算的基础。

（二）反应速度要快

要求滴定剂与待测物质间的反应在瞬间完成。对于速度较慢的反应，应采取加热、加催化剂等适当措施提高反应速度。

（三）有简便可靠的方法确定滴定终点

要求滴定剂与待测物质间的反应必须有适宜的指示剂或其他简便可靠的方法确定滴定终点。

当使用NaOH标准溶液滴定HCl时，当用酚酞指示剂指示滴定终点，滴定终点时酚酞从无色变为微红色；用EDTA标准溶液滴定Zn^{2+}时，当用铬黑T指示剂指示终点，滴定终点时铬黑T从红色变为蓝色。同样是指示剂变色，但其变色原理不同，酸碱指示剂是由于溶液酸度的变化导致指示剂结构变化而变色，而金属离子指示剂是由于指示剂络合物被EDTA置换导致指示剂被释放而变色。这类现象告诉我们，某些事物表面上看光鲜亮丽，或某些言论表面上看无懈可击，但他们的本质与表面可能大相径庭，因此，任何时候都不能流于表面，更要透过现象看本质，具体问题具体分析。

三、滴定方式

滴定分析法的滴定方式可分为以下几种：

（一）直接滴定法

凡能满足上述三个基本要求的化学反应都可用滴定剂直接滴定待测物质，称为直接滴定法。直接滴定法（direct titration）是滴定分析中最常用和最基本的滴定方法。该法简便、快速，可能引入误差的因素较少。当滴定反应不能完全满足上述三个基本要求时，可选择下述方式进行滴定。

（二）返滴定法

返滴定法（back titration）也称回滴定法或剩余滴定法。有时滴定剂与待测物质之间的反应速度较慢或缺乏检测终点的合适方法，此时不能采用直接滴定法滴定，可以采用返滴定法。即先在待测物质溶液中准确定量加入过量的标准溶液，定量反应完全后，再用另一种滴定剂滴定剩余的标准溶液，根据两个标准溶液的体积和浓度计算待测物质的含量。例如，碳酸钙的含量测定，不宜用盐酸标准溶液直接滴定试样（不溶于水的固体，且难找到合适的指示终点方法），可先准确加入定量过量的HCl标准溶液，加热使$CaCO_3$完全反应，冷却后再用NaOH标准溶液作滴定剂滴定剩余的HCl。又如，用EDTA滴定剂滴定Al^{3+}时，因Al^{3+}与EDTA配合反应速度较慢，且对指示剂有封闭现象，不能采用直接滴定法，可于Al^{3+}溶液中准确加入定量过量的EDTA标

准溶液并加热促使反应加速完成，冷却后再用 Zn^{2+} 滴定剂滴定剩余的 EDTA。

（三）置换滴定法

有时滴定剂与待测物质不按一定反应式进行（如伴有副反应）反应，先用适当的试剂与待测物质反应，定量置换出一种能被直接滴定的物质，然后再用适当的滴定剂滴定，此法称为置换滴定法（replacement titration）。例如，硫代硫酸钠不能直接滴定 $K_2Cr_2O_7$ 及其他强氧化剂成分，因为在酸性溶液中强氧化剂与 $S_2O_3^{2-}$ 反应方向复杂，导致两者的化学计量关系不确定，无法准确计算出结果。此时可采用置换滴定方法，即在 $K_2Cr_2O_7$ 酸性溶液中加入过量的 KI，定量置换出 I_2，再用 $Na_2S_2O_3$ 标准溶液滴定 I_2，最后利用它们的计量关系，准确计算结果。反应式如下：

$$Cr_2O_7^{2-}+6I^-+14H^+ \rightleftharpoons 3I_2+2Cr^{3+}+7H_2O$$

$$I_2+2S_2O_3^{2-} \rightleftharpoons S_4O_6^{2-}+2I^-$$

（四）间接滴定法

对于不能与滴定剂直接起化学反应的物质，可以通过另一种化学反应，用滴定分析法间接进行测定，此法称为间接滴定法（indirect titration）。例如，用 $KMnO_4$ 滴定剂不能直接滴定 Ca^{2+}，可将溶液中 Ca^{2+} 定量沉淀为 CaC_2O_4，将沉淀过滤、洗涤后溶解于 H_2SO_4 中，再用 $KMnO_4$ 滴定剂滴定与 Ca^{2+} 结合的 $C_2O_4^{2-}$，从而间接测定 Ca^{2+} 的含量。置换滴定也是一种特殊的间接滴定方法。

后三种方式的应用，大大扩展了滴定分析法的应用范围。

第二节　基准物质与标准溶液

滴定分析要通过标准溶液的浓度和体积，来计算待测物质的含量。因此，正确地配制，准确地标定，妥善地保管标准溶液，对提高滴定分析结果的准确度有着十分重要的意义。

一、基准物质

（一）基准物质的条件

能用于直接配制标准溶液或标定标准溶液的物质必须是基准物质（primary standard substance）。不是所有的化学试剂都可以作为基准物质使用，基准物质必须具备下列条件：

（1）具有足够的纯度，即杂质含量应小于滴定分析所允许的误差限度，纯度一般在 99.95%～100.05%之间，为基准试剂或优级纯试剂。

（2）组成与化学式完全符合，均匀性好，若含结晶水，其结晶水的含量也应与化学式相符。

（3）性质稳定，加热干燥时不分解，称量时不吸湿，不吸收 CO_2，不被空气氧化等；液体对容器内壁不腐蚀，不吸附等。

（4）最好有较大的摩尔质量，以减少称量误差。

（二）常用的基准物质

表 5-1 列出了常用的基准物质及其干燥条件和应用范围。

表 5-1　常用基准物质的干燥条件和应用范围

基准物质	干燥后的组成	干燥温度（℃）	标定对象
Na_2CO_3	Na_2CO_3	270～300	酸
$Na_2B_4O_7 \cdot 10H_2O$	$Na_2B_4O_7 \cdot 10H_2O$	放在装有 NaCl 和蔗糖饱和溶液的干燥器中	酸
NaCl	NaCl	110	$AgNO_3$
$KBrO_3$	$KBrO_3$	150	还原剂
KIO_3	KIO_3	105	还原剂
$K_2Cr_2O_7$	$K_2Cr_2O_7$	120	还原剂
对氨基苯磺酸	$C_6H_7O_3NS$	120	$NaNO_2$
As_2O_3	As_2O_3	室温（干燥器中保存）	氧化剂
$Na_2C_2O_4$	$Na_2C_2O_4$	110	$KMnO_4$
邻苯二甲酸氢钾	C_6H_4（COOH）COOK	105～110	或 $HClO_4$
$H_2C_2O_4 \cdot 2H_2O$	$H_2C_2O_4 \cdot 2H_2O$	室温（空气干燥）	或 $KMnO_4$
$CaCO_3$	$CaCO_3$	110	EDTA
Zn	Zn	室温（干燥器中保存）	EDTA
ZnO	ZnO	800	EDTA

二、标准溶液的配制

（一）直接配制法

称取一定量的基准物质，溶解后定量转移到容量瓶中，稀释至刻度，根据所称取基准物质的质量和容量瓶的体积，即可计算出该标准溶液的准确浓度。

直接配制法的优点是简便，一经配好即可使用，无需标定，但仅适用于基准物质。

（二）间接配制法

许多物质由于达不到基准物质的要求，只能采用间接法配制（也称标定法），即先粗略称取一定量物质配制成接近于所需浓度的溶液，再用基准物质或另一种已知准确浓度的标准溶液来测定其准确浓度。这种利用基准物质或已知准确浓度的标准溶液来测定待标液浓度的操作过程称为标定（standardization），大多数标准溶液是采用间接法（标定法）配制的。

（三）标准溶液的浓度

一般的常量分析中，标准溶液的浓度为 0.01～1.000mol/L 之间。通常根据待测组分的含量而定。

三、标准溶液的标定

（一）用基准物质标定

准确称取一定量的基准物质，溶解后用待标液滴定，根据所称取基准物质的质量和待标液的体积，即可计算出待标液的准确浓度。这种用基准物质测定待标液准确浓度的方法称为标定法。大多数标准溶液通过用基准物质标定来确定其准确浓度，例如，NaOH 标准溶液常用邻苯二甲酸氢钾、草酸等基准物质标定。

（二）比较法标定

准确吸取一定量的待标液，用已知准确浓度的另一种标准溶液滴定；或准确吸取一定量标准溶液，用待标液滴定，根据两种溶液的体积和标准溶液的浓度计算待标液浓度。这种用另一种标准溶液测定待标液准确浓度的方法称为比较法。

（三）标定及保管标准溶液时的注意事项

（1）标定时一般需要做3～5次平行试验，标定的精密度和准确度要求比测定要高，即相对偏差和相对误差均小于0.1%，必要时要校正所有的仪器。

（2）基准物质的称量误差要小。称样量不低于0.2g。

（3）滴定时滴定剂等的体积要在20mL以上，以减少测量误差。

（4）尽量用直接滴定方式标定。

（5）标准溶液要科学保存和使用。如由于溶剂可能挥发到容器壁上，标准溶液使用前要摇匀，一些不稳定的标准溶液要定期标定等。

四、标准溶液浓度的表示方法

（一）物质的量浓度

1. 物质的量浓度

物质的量浓度（amount-of-substance concentration）是指单位体积溶液中所含溶质的物质的量。即

$$C=\frac{n}{V} \tag{5-1}$$

式中，V为溶液的体积（L或mL）；n为溶液中溶质的物质的量（mol或mmol）；C为溶质的物质的量浓度（mol/L或mmol/mL），简称浓度。

2. 物质的量与质量的关系

设物质的质量为m(g)，摩尔质量为M(g/mol)，则溶质的物质的量n与质量m的关系为：

$$n=\frac{m}{M} \tag{5-2}$$

根据式（5-1）、式（5-2）得溶质的质量为：

$$m=C\cdot V\cdot M \tag{5-3}$$

式（5-3）表明了溶液中溶质的质量、物质的量浓度、摩尔质量、溶液体积之间的关系。

例5-1　已知浓硫酸的相对密度为1.840g/mL，其中H_2SO_4含量为98.0%，计算每升浓硫酸中所含的$n_{H_2SO_4}$及$C_{H_2SO_4}$。($M_{H_2SO_4}=98.07g/mol$)

解：根据式（5-2）得：

$$n_{H_2SO_4}=\frac{m_{H_2SO_4}}{M_{H_2SO_4}}=\frac{1.840g/mL\times1000mL\times0.980g/g}{98.07g/mol}=18.39(mol)$$

由式（5-1）得：

$$C_{H_2SO_4}=\frac{n_{H_2SO_4}}{1L}=18.39(mol/L)$$

例5-2　欲配制0.01000mol/L的$K_2Cr_2O_7$标准溶液500.0mL，应称取基准$K_2Cr_2O_7$多少

克？（$M_{K_2Cr_2O_7}=294.18g/mol$）

解：由式（5-3）得：

$$m_{K_2Cr_2O_7}=C\cdot V\cdot M_{K_2Cr_2O_7}=0.01000\times\frac{500.0}{1000}\times294.18=1.471(g)$$

（二）滴定度

滴定度（titer）是指每毫升标准溶液（滴定剂）相当于待测物质的质量，用 $T_{T/A}$ 表示。其下标 T 表示滴定剂的化学式，A 表示待测物质的化学式，常用单位为 g/mL、mg/mL。例如，$T_{K_2Cr_2O_7/Fe^{2+}}=0.005000g/mL$，表示每 1mL $K_2Cr_2O_7$ 滴定剂相当于 0.005000g 亚铁离子。在生产单位的例行分析中，使用滴定度较为方便，可直接用滴定度计算待测物质的质量和百分含量。

例如，用上述滴定度的 $K_2Cr_2O_7$ 滴定剂测定试样中铁含量，如果消耗 $K_2Cr_2O_7$ 滴定剂 25.00mL，则试样中铁的质量为 0.00500×25.00=0.1250（g）。若滴定时所称取的固体试样的质量一定，则可直接计算出试样中待测物质的百分含量，对生产单位经常需要滴定分析同类试样中的某成分可以简化计算。

第三节　滴定分析的计算

滴定分析中涉及一系列的计算，如标准溶液的配制和浓度的标定，标准溶液和待测物质之间的计量关系及分析结果的计算等。

一、滴定分析的计算基础

在滴定分析中，当滴定剂与待测物质反应完全到达计量点时，两者物质的量之间的关系应符合其化学反应式的化学计量关系，这是滴定分析计算的依据。根据滴定剂的浓度、用量及计量关系计算待测物质的量及其含量。

滴定剂 T 与待测物质 A 的滴定反应可表示为：

$$tT+aA\rightleftharpoons bB+cC$$

当滴定到达化学计量点时，t mol T 恰好与 a mol A 反应完全，即：

$$n_T:n_A=t:a$$

则

$$n_T=\frac{t}{a}n_A \text{或} n_A=\frac{a}{t}n_T \tag{5-4}$$

式（5-4）为滴定剂与待测物质之间化学计量的基本关系式。

二、计算公式及应用举例

1. 滴定剂浓度与待测溶液浓度间的关系

若待测溶液体积为 V_A，浓度为 C_A，滴定反应到达化学计量点时，用去浓度为 C_T 的滴定剂体积为 V_T。

由式（5-1）及式（5-4）可得到：

$$C_A\cdot V_A=\frac{a}{t}C_T\cdot V_T \tag{5-5}$$

式（5-5）是两种溶液相互滴定达到化学计量点时溶液浓度的计算式，可用于比较法中待标定溶液浓度，或溶液稀释或增浓后浓度的计算（这时 $a/t=1$）。

例 5-3　取浓度约为 0.1mol/L H_2SO_4 溶液 20.00 mL，用 0.2000mol/L NaOH 标准溶液滴定至终点时，消耗 NaOH 标准溶液 20.10 mL，计算该 H_2SO_4 溶液物质的量浓度。

解：NaOH 与 H_2SO_4 的化学反应为：$2NaOH + H_2SO_4 \rightleftharpoons Na_2SO_4 + 2H_2O$

则：

$$n_{H_2SO_4} : n_{NaOH} = 1 : 2$$

由式（5-5）得：$C_{H_2SO_4} \cdot V_{H_2SO_4} = \frac{1}{2} C_{NaOH} \cdot V_{NaOH}$

$$C_{H_2SO_4} = \frac{1 \times C_{NaOH} \cdot V_{NaOH}}{2 \times V_{H_2SO_4}} = \frac{0.2000 \times 20.10}{2 \times 20.00} = 0.1005(\text{mol/L})$$

例 5-4　浓 H_2SO_4 的浓度 18mol/L，若配制 0.1000mol/L 的 H_2SO_4 待标液 1000mL，应取浓 H_2SO_4 多少毫升？

解：当溶液稀释或增浓时，溶液中溶质的物质的量没有改变，只是浓度和体积发生了变化，即

$$C_{浓} \cdot V_{浓} = C_{稀} \cdot V_{稀} \tag{5-6}$$

根据式（5-6）得：

$$V_{浓} = \frac{C_{稀} \cdot V_{稀}}{C_{浓}} = \frac{0.1000 \times 1000}{18} \approx 5.6(\text{mL})$$

2. 滴定剂浓度与待测物质的质量关系

若待测物质 A 是固体，溶解后滴定，到达计量点时，用去浓度为 C_T 的滴定剂体积为 V_T，由式（5-1）、式（5-2）和式（5-4）可得：

$$m_A = \frac{a}{t} \cdot C_T \cdot V_T \cdot M_A \tag{5-7a}$$

式（5-7a）中，m_A 的单位为 g，M_A 的单位为 g/mol，V 的单位为 L，C 的单位为 mol/L。在滴定分析中，体积常以毫升（mL）计量。此时，式（5-7a）可写为：

$$m_A = \frac{a}{t} \cdot C_T \cdot V_T \cdot \frac{M_A}{1000} \tag{5-7b}$$

式（5-7a）适用于用基准物质标定待标液浓度，或计算待测组分在试样中的质量分数，还可用于估计称取试样范围。

例 5-5　以基准物质硼砂标定 HCl 溶液的浓度，称取基准物质硼砂（$Na_2B_4O_7 \cdot 10H_2O$）0.4709g，用 HCl 溶液滴定至终点时，消耗 HCl 25.20mL，试计算 HCl 溶液的浓度。（$M_{Na_2B_4O_7 \cdot 10H_2O} = 381.37$g/mol）

解：硼砂与盐酸的滴定反应为：$Na_2B_4O_7 + 2HCl + 5H_2O \rightleftharpoons 4H_3BO_3 + 2NaCl$

则：

$$n_{HCl} : n_{Na_2B_4O_7} = 2 : 1$$

根据式（5-7b）得：

$$C_{HCl} \cdot V_{HCl} = \frac{2}{1} \times \frac{m_{Na_2B_4O_7 \cdot 10H_2O}}{M_{Na_2B_4O_7 \cdot 10H_2O}} \times 1000$$

$$C_{HCl} = \frac{2}{1} \times \frac{0.4709}{25.20 \times 381.37} \times 1000 = 0.09800(\text{mol/L})$$

例 5-6　用基准物质草酸（$H_2C_2O_4 \cdot 2H_2O$）标定约 0.2mol/L NaoH 溶液的浓度，欲消耗 NaOH 溶液的体积为 20～25mL，应称取基准物质草酸多少克？（$M_{H_2C_2O_4 \cdot 2H_2O} = 126.07$g/mol）

解：草酸与氢氧化钠的反应为：$2NaOH+H_2C_2O_4 \rightleftharpoons Na_2C_2O_4+2H_2O$

则：

$$n_{H_2C_2O_4} : n_{NaOH} = 1:2$$

根据式（5-7b）得：

$$m_{H_2C_2O_4 \cdot 2H_2O}=\frac{1}{2} \cdot C_{NaOH} \cdot V_{NaOH} \cdot \frac{M_{H_2C_2O_4 \cdot 2H_2O}}{1000}$$

$$m_{H_2C_2O_4 \cdot 2H_2O}=\frac{1}{2} \times 0.2 \times 20 \times \frac{126.07}{1000}=0.25(g)$$

$$m_{H_2C_2O_4 \cdot 2H_2O}=\frac{1}{2} \times 0.2 \times 25 \times \frac{126.07}{1000}=0.32(g)$$

故应称取基准物质草酸0.25～0.32g。

3. 物质的量浓度与滴定度之间的关系

由于滴定度（$T_{T/A}$）是1mL滴定剂（T）相当于待测物（A）的克数，因此，滴定度为V_T=1mL时待测物的质量m_A，将V_T=1mL，$T_{T/A}=m_A$代入式（5-7b）得：

$$T_{T/A}=\frac{a}{t} \cdot C_T \cdot \frac{M_A}{1000} \tag{5-8}$$

式（5-8）为滴定度与物质的量浓度之间的计算式。

例5-7 试计算0.1000mol/L HCl滴定剂对$CaCO_3$的滴定度（M_{CaCO_3}=100.1g/mol）。

解：HCl与$CaCO_3$的滴定反应为：$2HCl+CaCO_3 \rightleftharpoons CaCl_2+H_2CO_3$

则：

$$n_{CaCO_3} : n_{HCl}=1:2$$

由式（5-8）得：

$$T_{HCl/CaCO_3}=\frac{1}{2} \cdot C_{HCl} \cdot \frac{M_{CaCO_3}}{1000}=\frac{1}{2} \times 0.01000 \times \frac{100.1}{1000}=5.005 \times 10^{-3}(g/mL)$$

4. 待测物含量的计算

假设称取试样的质量为S，测得待测物的质量为m_A，待测物的百分含量（$A\%$）为：

$$A\%=\frac{m_A}{S} \times 100\%=\frac{a}{t} \cdot \frac{C_T \cdot V_T \cdot M_A}{S \times 1000} \times 100\% \tag{5-9}$$

式（5-9）为滴定分析中计算待测物质百分含量的一般通式。

用滴定度计算待测物质的百分含量较为方便，计算公式为：

$$A\%=\frac{T_{T/A} \cdot V_T}{S} \times 100\% \tag{5-10}$$

若采用返滴定法，待测物质百分含量的计算公式为：

$$A\%=\frac{\left(C_{T_1} \cdot V_{T_1}-\frac{t_1}{t_2}C_{T_2}V_{T_2}\right)\frac{a}{t_1}M_A}{S \times 1000} \times 100\% \tag{5-11}$$

T_1为第一种标准溶液，T_2为返滴定所用标准溶液。

例5-8 测定药用Na_2CO_3的含量时，称取试样0.2500g，用0.2000mol/L HCl标准溶液滴定，用去HCl标准溶液23.00mL，试计算纯碱中Na_2CO_3的百分含量。（$M_{Na_2CO_3}$=105.99g/mol）

解：HCl与Na_2CO_3的滴定反应为：$2HCl+Na_2CO_3 \rightleftharpoons 2NaCl+H_2CO_3$

则：

$$n_{HCl} : n_{NaCO_3}=2:1$$

根据式（5-9）得：

$$Na_2CO_3\%=\frac{1}{2} \cdot \frac{C_{HCl} \cdot V_{HCl} \cdot M_{Na_2CO_3}}{S \times 1000} \times 100\%=\frac{1}{2} \times \frac{0.2000 \times 23.00 \times 105.99}{0.2500 \times 1000} \times 100\%=97.51\%$$

例 5-9　称取 0.1000g 含硫试样，用 0.1050 mol/L I_2标准溶液滴定，消耗 I_2液 23.60 mL，计算试样中硫的百分含量。(1mL 0.1000mol/L I_2液≈0.003200g 硫)

解：由于滴定度为标示量，首先应根据实际配制标准溶液的情况计算校正值，然后再计算含量。

$$F=\frac{C_{实际}}{C_{标示}}=\frac{0.1050}{0.1000}=1.050$$

根据式 (5-10) 得：

$$S\%=\frac{T_{I_2/S}\cdot F\cdot V_{I_2}}{S}\times100\%=\frac{0.003200\times1.050\times23.60}{0.1000}\times100\%=79.30\%$$

例 5-10　取碳酸钙试样 0.1983g，溶于 40.00mL 的 0.2010mol/L HCl 溶液中，过量的 HCl 用 0.2000mol/L NaOH 溶液回滴定，消耗 20.50mL，计算碳酸钙的含量。

解：滴定反应为：$2HCl+CaCO_3 \rightleftharpoons CaCl_2+H_2O+CO_2\uparrow$

$NaOH+HCl \rightleftharpoons NaCl+H_2O$

则：　$n_{CaCO_3}:n_{HCl}=1:2$　　　$n_{NaOH}:n_{HCl}=1:1$

根据式 (5-11) 得：

$$CaCO_3\%=\frac{[0.2010\times40.00-0.2000\times20.50]}{0.1983\times1000}\times\frac{1}{2}\times100.1\times100\%=99.4\%$$

习　题

1. 名词解释：物质的量的浓度、滴定度、置换滴定法、滴定剂、滴定、化学计量点、滴定终点、终点误差。

2. 什么是基准物质？基准物质应具备哪些条件？

3. 滴定分析对滴定反应有什么要求？

4. 标准溶液的配制方法有哪些，各有什么要求？

5. 计算下列各物质的物质的量浓度

(1) 用 0.630g $H_2C_2O_4\cdot2H_2O$ 配制成 100.0mL 溶液。

(2) 用 98.0mg H_2SO_4配制成 20.00mL 溶液。

(3) 用 3.00g NaOH 配制成 0.1000L 溶液。

(4) 用 69.0g $BaCl_2$配制成 2.000L 溶液。

(0.04997mol/L；0.04996mol/L；0.7500mol/L；0.1657mol/L)

6. 已知浓盐酸的相对密度为 1.190 g/mL，其中含 HCl 为 37.00%，计算其物质的量浓度。如欲配制 0.1000mol/L 的 HCl 溶液 1.000L，应取这种浓盐酸多少毫升？

(12.08 mol/L；8.28mL)

7. 用 98.00%的 H_2SO_4溶液（比重为 1.840 g/mL）配制下列溶液，需要此 H_2SO_4溶液各约多少升？

(1) 25.00%的稀 H_2SO_4溶液（比重为 1.18 g/mL）500mL；

(2) 6.000mol/L 的 H_2SO_4溶液 500mL。　　(81.80mL；163.2mL)

8. 有某 HCl 溶液，其浓度为 0.1332mol/L，现取该溶液 500.0mL，需加多少水才能配成 0.1000mol/L 的溶液？

(166.0mL)

9. 现有 0.0968mol/L HCl 溶液 1000mL，欲配成 0.100mol/L HCl 溶液 2000mL，需加入盐酸溶液多少毫升？

(8.54mL)

10. 用 20.00mL $KMnO_4$溶液恰好能氧化一定量的 $KHC_2O_4 \cdot H_2O$，同样量的 $KHC_2O_4 \cdot H_2O$ 能被 0.1000mol/L NaOH 溶液 22.10mL 反应完全，计算 $KMnO_4$溶液的浓度。

(0.04420mol/L)

第六章
酸碱滴定法

酸碱滴定法（acid-base titrations）是以酸碱反应为基础的滴定分析方法，是滴定分析中最重要的方法之一。该方法简便、快速，广泛用于测定各种酸、碱以及能与酸、碱直接或间接发生质子转移反应的物质，在中药、化学合成药及生物样品分析中应用很普遍。

通常酸碱反应在化学计量点时无外观变化，需要用指示剂或仪器方法指示滴定终点的到达。借助于指示剂的颜色改变确定滴定终点的方法简单而方便，在实践中应用广泛。酸碱滴定的关键是判断待测物能否被准确滴定以及选择合适的指示剂指示滴定终点，这些都取决于滴定过程中溶液 pH 的变化。为此，讨论酸碱滴定时，必须了解滴定过程中溶液 pH 的变化规律，了解指示剂的变色原理、变色范围及选择指示剂的原则。

掌握酸碱滴定，首先必须了解酸碱反应的实质，了解溶液中酸碱平衡的理论。本章采用酸碱质子理论处理有关酸碱平衡问题，将水溶液和非水溶液中的酸碱平衡统一起来。从溶液 H^+ 浓度的计算入手，讨论水溶液中的酸碱平衡，以及平衡体系中有关组分浓度的计算，酸碱滴定法的理论和实际应用。

第一节 溶液中的酸碱平衡

一、酸碱质子理论

（一）质子理论的酸碱概念

根据酸碱质子理论，凡能给出质子（H^+）的物质是酸；凡能接受质子（H^+）的物质是碱。酸碱的关系可用下式表示：

$$\underset{\text{酸}}{HA} \rightleftharpoons \underset{\text{碱}}{A^-} + H^+ \quad \text{(共轭)} \tag{6-1}$$

式（6-1）称为酸碱半反应。酸（HA）给出质子后，所余部分即是该酸的共轭碱（A^-）；而碱（A^-）接受质子后，即形成该碱的共轭酸（HA）。HA 和 A^- 称为共轭酸碱对。共轭酸碱对彼此仅相差一个质子。例如：

$$\text{酸} \rightleftharpoons \text{质子} + \text{碱}$$

$$HAc \rightleftharpoons H^+ + Ac^-$$

$$NH_4^+ \rightleftharpoons H^+ + NH_3$$

$$HS^- \rightleftharpoons H^+ + S^{2-}$$

$$^{+}H_3N—R—NH_3^+ \rightleftharpoons H^+ + ^{+}H_3N—R—NH_2$$

酸碱可以是中性分子，也可以是阳离子或阴离子，不受是否带有电荷的限制。质子理论的酸碱概念具有相对性，同一物质（如 HS^-）随具体反应的不同，可以作为酸，或作为碱。

（二）溶剂合质子概念

由于质子（H^+）的半径很小，电荷密度高，游离质子不能在溶液中单独存在，常与极性溶剂结合成溶剂合质子。例如，盐酸在水中离解时：

$$\underset{酸_1}{HCl} + \underset{碱_2}{H_2O} = \underset{酸_2}{H_3O^+} + \underset{碱_1}{Cl^-}$$

（酸₁与碱₁共轭；碱₂与酸₂共轭）

盐酸离解出的 H^+ 与溶剂水形成水合质子，溶剂水起碱的作用，质子从盐酸转移到溶剂水中。形成水合质子的过程，是 HCl-Cl^-、H_3O^+-H_2O 二个共轭酸碱对共同作用的结果。为书写方便，通常将水合质子 H_3O^+ 简写成 H^+，但这并不表示 H^+ 能单独存在。

溶质酸 HA 在溶剂 HS 中离解出的 H^+，与溶剂 HS 形成溶剂合质子 H_2S^+：

$$HA + HS \rightleftharpoons H_2S^+ + A^-$$

例如，高氯酸在冰醋酸中形成醋酸合质子（H_2Ac^+），在硫酸中形成硫酸合质子（$H_3SO_4^+$），在乙醇中形成乙醇合质子（$C_2H_5OH_2^+$）。

可见，酸的离解是一个形成溶剂合质子的过程，其实质是质子的转移过程，是两共轭酸碱对共同作用的结果。在酸的离解反应中，溶剂起碱的作用。

同理，碱在溶剂中离解时，溶剂也参加反应。例如，氨在水中离解时：

$$\underset{碱_1}{NH_3} + \underset{酸_2}{H_2O} \rightleftharpoons \underset{碱_2}{OH^-} + \underset{酸_1}{NH_4^+}$$

（碱₁与酸₁共轭；酸₂与碱₂共轭）

氨接受溶剂水给出的质子，形成其共轭酸 NH_4^+。所以，氨的离解反应也是质子转移过程，此时溶剂水起酸的作用。因此，酸碱是相对的，物质是酸还是碱，取决于它对质子亲和力的相对大小。

根据质子理论，酸碱反应的实质是通过溶剂合质子而实现的质子转移。例如，盐酸与氨在水溶液中的反应为：

$$\underset{酸_1}{HCl} + \underset{碱_2}{NH_3} \rightleftharpoons \underset{酸_2}{NH_4^+} + \underset{碱_1}{Cl^-}$$

（酸₁与碱₁共轭；碱₂与酸₂共轭）

质子从 HCl 转移到 NH_3，通过水合质子而实现。

在质子性溶剂 HS 中，酸碱反应可表示为：

$$HA + B \rightleftharpoons BH^+ + A^-$$

酸 HA 失去质子，成为其共轭碱 A^-；碱 B 得到质子，成为其共轭酸 BH^+。生成的酸、碱与原来的碱、酸是共轭的，质子通过溶剂合质子 H_2S^+ 实现由酸 HA 转移到碱 B。

综上所述，酸的离解、碱的离解、酸碱中和反应都是质子转移的酸碱反应，是两个共轭酸碱对共同作用的结果。酸碱反应总是由较强酸、碱向生成较弱碱、酸的方向进行。按照酸碱质子理

论，不存在“盐”的概念，酸碱中和反应所生成的盐实质上是酸、碱或两性物质。同样，所谓盐的水解，其实质也是质子转移反应。例如：

$$NH_4Cl\text{ 的水解}\quad NH_4^+ + H_2O \rightleftharpoons H_3O^+ + NH_3$$

$$Na_2CO_3\text{ 的水解}\quad CO_3^{2-} + H_2O \rightleftharpoons OH^- + HCO_3^-$$

（三）溶剂的质子自递常数

在水溶液的酸碱反应中，作为溶剂的水既能给出质子，起酸的作用；又能接受质子，起碱的作用，因此，水是一种两性物质，水分子之间也可以发生酸碱反应，即一个水分子作为碱接受另一个水分子给出的质子，形成自身的共轭酸 H_3O^+ 和共轭碱 OH^-：

$$\underset{\text{酸}_1}{H_2O} + \underset{\text{碱}_2}{H_2O} \rightleftharpoons \underset{\text{酸}_2}{H_3O^+} + \underset{\text{碱}_1}{OH^-}$$

（碱$_2$—酸$_2$ 共轭；酸$_1$—碱$_1$ 共轭）

这种在溶剂分子之间发生的质子转移反应，称为溶剂的质子自递反应（autoprotolysis reaction），反应的平衡常数称为溶剂的质子自递常数（autoprotolysis constant），以 $K_S^{H_2O}$ 表示。水的质子自递常数又称为水的离子积 K_w，即：

$$K_S^{H_2O} = K_w = [H_3O^+][OH^-] \tag{6-2}$$

25℃时

$$K_S^{H_2O} = K_w = 1.0\times10^{-14}$$

$$pK_S^{H_2O} = pK_w = pH + pOH = 14.00$$

（四）共轭酸碱对离解常数的关系

酸碱的强弱取决于其给出或接受质子能力的强弱，在水溶液中通常用离解常数的大小来衡量。酸、碱的离解常数越大表示该酸或碱的强度越大。

共轭酸碱对的离解常数 K_a 和 K_b 之间存在着一定的关系。以 HA-A$^-$ 为例说明。

$$HA \rightleftharpoons H^+ + A^- \qquad K_{a(HA)} = \frac{[H^+][A^-]}{[HA]}$$

$$A^- + H_2O \rightleftharpoons OH^- + HA \qquad K_{b(A^-)} = \frac{[HA][OH^-]}{[A^-]}$$

$$K_{a(HA)}\cdot K_{b(A^-)} = \frac{[H^+][A^-]}{[HA]}\cdot\frac{[HA][OH^-]}{[A^-]} = [H^+][OH^-] = K_S^{H_2O}$$

$$K_{a(HA)}\cdot K_{b(A^-)} = K_S^{H_2O} = K_w \tag{6-3}$$

$$pK_{a(HA)} + pK_{b(A^-)} = pK_S^{H_2O} = pK_w$$

可见，酸的强度与其共轭碱的强度呈反比关系，即酸越强（pK_a 越小），其共轭碱越弱（pK_b 越大）；反之碱越强，其共轭酸越弱。只要已知某酸或碱的离解常数，就可以计算出其共轭碱或共轭酸的离解常数。例如，25℃时 HAc 在水中的离解常数 K_a 为 1.8×10^{-5}，其共轭碱 Ac^- 的离解常数 K_b 可由式（6-3）计算：

$$K_{b(Ac^-)} = \frac{K_S^{H_2O}}{K_{a(HAc)}} = \frac{1.0\times10^{-14}}{1.8\times10^{-5}} = 5.6\times10^{-10}$$

因此，可以统一地用 pK_a 值表示酸碱的强度，许多化学书籍和文献中通常只给出 pK_a 值。

二、酸碱溶液中各组分的分布

（一）酸的浓度、酸度和平衡浓度

酸的浓度（即酸的分析浓度）是指单位体积溶液中所含某种酸的物质的量（包括已离解的和

未离解的酸的浓度），通常用C表示。酸度是指溶液中氢离子的活度，常用pH表示，它的大小与酸的种类及浓度有关。因此，酸的浓度和酸度在概念上是不同的。同样，碱的浓度和碱度在概念上也是不同的，碱度常用pOH表示。

在弱酸水溶液中，酸离解不完全，多元酸还将分步离解。此时，溶液中的酸以多种形式存在。平衡时各组分的浓度称为平衡浓度，用$[\ ]_i$表示。溶液中各组分平衡浓度之和即为该物质的总浓度（分析浓度）。例如，在0.1000mol/L HAc水溶液中，只有0.001340mol/L的HAc离解成Ac^-，其Ac^-和HAc两组分的平衡浓度计算如下：

$$HA \rightleftharpoons H^+ + Ac^-$$

$$C_{HAc} = [HAc] + [Ac^-]$$

$$[Ac^-] = 0.001340\text{mol/L}$$

$$[HAc] = C_{HAc} - [Ac^-] = 0.1000 - 0.001340 = 0.09866(\text{mol/L})$$

（二）酸碱溶液中各组分的分布

在酸碱平衡体系中，通常同时存在着多种酸碱组分。溶液中某组分的平衡浓度占其总浓度的分数称为“分布系数”，用δ_i表示。分布系数取决于该酸碱物质的性质和溶液的酸度，与其总浓度无关。根据分布系数可计算溶液中各酸碱组分的平衡浓度，定量说明溶液中各酸碱组分的分布情况。

1. 一元弱酸溶液

以HAc为例，它在水溶液中以HAc和Ac^-两种形式存在。离解平衡为

$$HAc \rightleftharpoons H^+ + Ac^- \qquad K_a = \frac{[H^+][Ac^-]}{[HAc]}$$

$$C_{HAc} = [HAc] + [Ac^-]$$

HAc和Ac^-的分布系数δ_{HAc}、δ_{Ac^-}计算如下：

$$\delta_{HAc} = \frac{[HAc]}{C_{HAc}} = \frac{[HAc]}{[HAc]+[Ac^-]} = \frac{1}{1+[Ac^-]/[HAc]} = \frac{1}{1+K_a/[H^+]} = \frac{[H^+]}{[H^+]+K_a}$$

$$\therefore \qquad \delta_{HAc} = \frac{[H^+]}{[H^+]+K_a} \tag{6-4}$$

同理得：

$$\delta_{AC^-} = \frac{[Ac^-]}{C_{HAc}} = \frac{K_a}{[H^+]+K_a} \tag{6-5}$$

$$\delta_{HAc} + \delta_{Ac^-} = 1$$

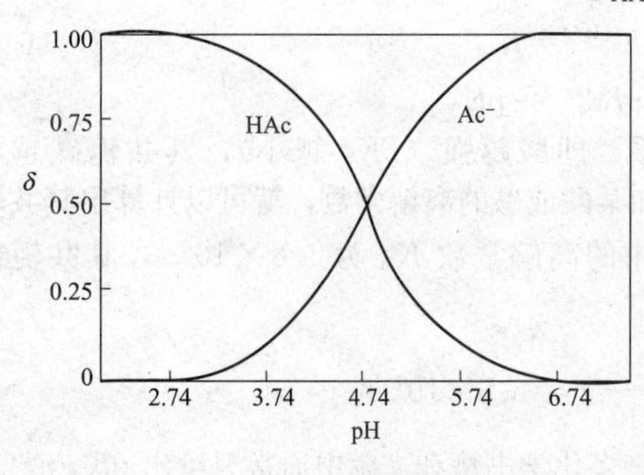

图6-1　HAc的δ-pH曲线图

从式（6-4）、式（6-5）可知，由于一定温度下某种酸的K_a值是一定的，所以各组分的分布系数是$[H^+]$的函数。各酸碱组分的分布系数与溶液pH之间的关系曲线，称为分布曲线（δ-pH曲线）。利用分布曲线可以了解酸碱滴定过程中各组分的变化情况和分步滴定的可能性，这在分析化学中十分重要。

分别计算不同pH时HAc水溶液的δ_{HAc}、δ_{Ac^-}值，以溶液的pH为横坐标，HAc、Ac^-的分布系数为纵坐标做图，得到图6-1的HAc分布曲线。

由图可见，δ_{HAc}随pH的增高而减小，δ_{Ac^-}则随pH的增高而增大。当$pH = pK_a(4.74)$时，两曲线相交于$\delta_{HAc} = \delta_{Ac^-} = 0.50$，溶液中HAc和$Ac^-$各占一半；当$pH < pK_a$时，$\delta_{HAc} > \delta_{Ac^-}$，HAc为主要存在形式；反之，当$pH > pK_a$时，$\delta_{HAc} < \delta_{Ac^-}$，$Ac^-$为主要存在形式。这种根据

pK_a 值估计溶液中各种酸碱组分在不同 pH 时的分布情况，可应用于其他一元弱酸、弱碱。

由于各组分的分布系数只是 $[H^+]$ 的函数，因此，已知溶液的 pH，即可计算出溶液中各组分的分布系数，然后再根据分析浓度进而计算溶液中存在的各酸碱组分的平衡浓度。

例 6-1 计算 pH=5.00 时，0.1000mol/L HAc 溶液的 δ_{HAc}、δ_{Ac^-}、[HAc] 和 $[Ac^-]$。

解： $K_{a(HAc)}=1.8\times10^{-5}$

$$pH=5.00 \qquad [H^+]=1.0\times10^{-5}\text{mol/L}$$

则
$$\delta_{HAc}=\frac{[H^+]}{[H^+]+K_a}=\frac{1.0\times10^{-5}}{1.0\times10^{-5}+1.8\times10^{-5}}=0.36$$

$$\delta_{Ac^-}=1-\delta_{HAc}=1-0.36=0.64$$

$$[HAc]=\delta_{HAc}\cdot C_{HAc}=0.36\times0.1000=3.6\times10^{-2}\ (\text{mol/L})$$

$$[Ac^-]=\delta_{Ac^-}\cdot C_{HAc}=0.64\times0.1000=6.4\times10^{-2}\ (\text{mol/L})$$

对于一元弱碱，可按同样处理方法计算溶液中各组分的分布系数，绘制相应的分布曲线。

2. 多元酸溶液

以二元弱酸 H_2A 为例，在水溶液中以 H_2A、HA^- 和 A^{2-} 三种形式存在，其总浓度：

$$C=[H_2A]+[HA^-]+[A^{2-}]$$

分别将其离解常数 K_{a1}、K_{a2} 代入分布系数的表达式，则

$$\delta_{H_2A}=\frac{[H_2A]}{C_{H_2A}}=\frac{[H_2A]}{[H_2A]+[HA^-]+[A^{2-}]}$$

$$=\frac{1}{1+\frac{[HA^-]}{[H_2A]}+\frac{[A^{2-}]}{[H_2A]}}=\frac{1}{1+\frac{K_{a1}}{[H^+]}+\frac{K_{a1}K_{a2}}{[H^+]^2}}$$

$$=\frac{[H^+]^2}{[H^+]^2+K_{a1}[H^+]+K_{a1}K_{a2}} \tag{6-6}$$

同理可得：
$$\delta_{HA^-}=\frac{K_{a1}[H^+]}{[H^+]^2+K_{a1}[H^+]+K_{a1}K_{a2}} \tag{6-7}$$

$$\delta_{A^{2-}}=\frac{K_{a1}K_{a2}}{[H^+]^2+K_{a1}[H^+]+K_{a1}K_{a2}} \tag{6-8}$$

$$\delta_{H_2A}+\delta_{HA^-}+\delta_{A^{2-}}=1$$

由式（6-6）、式（6-7）、式（6-8）可以看出，二元酸三种存在形式 H_2A、HA^- 和 A^{2-} 的分布系数也是 $[H^+]$ 的函数，即 δ 值的大小取决于溶液的酸度。因此，计算不同 pH 时的 δ 值，可得到二元酸的分布曲线。图 6-2 为草酸溶液三种存在形式的分布曲线，情况较一元酸复杂些。

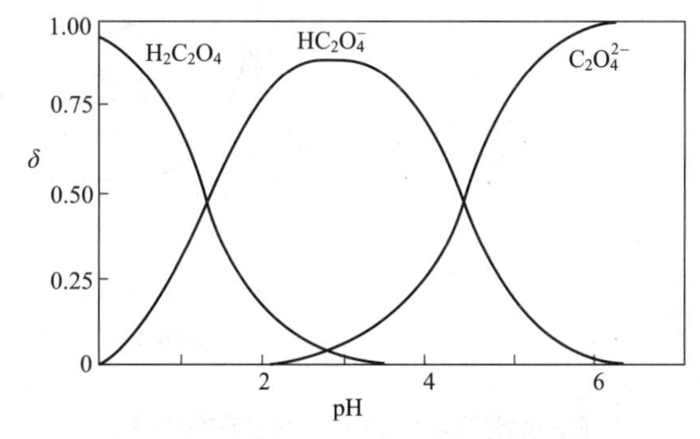

图 6-2 $H_2C_2O_4$ 的 δ-pH 曲线图

由图中可以看出，当 $pH=pK_{a1}$（1.23）时，$\delta_{H_2C_2O_4}=\delta_{HC_2O_4^-}$；当 $pH=pK_{a2}$（4.29）时，$\delta_{HC_2O_4^-}=\delta_{C_2O_4^{2-}}$。在 $pH<pK_{a1}$ 时，$H_2C_2O_4$ 为主要存在形式；当 $pK_{a1}<pH<pK_{a2}$ 时，$HC_2O_4^-$ 为主要存在形式；当 $pH>pK_{a2}$ 时，$C_2O_4^{2-}$ 为主要存在形式。了解酸度对溶液中酸、碱各种存在形式分布的影响规律，对掌握反应的条件具有指导意义。例如用 $C_2O_4^{2-}$ 沉淀 Ca^{2+}，为

使沉淀完全，应选择 $\delta_{C_2O_4^{2-}}$ 值较大的 pH 条件（使 $C_2O_4^{2-}$ 成为主要存在形式）。

例 6-2 计算 pH＝5.00 时，0.10mol/L 草酸溶液中各种存在形式的平衡浓度。

解： $K_{a1}=5.9\times10^{-2}$，$K_{a2}=6.4\times10^{-5}$，

$$\delta_{C_2O_4^{2-}}=\frac{K_{a1}K_{a2}}{[H^+]^2+K_{a1}[H^+]+K_{a1}K_{a2}}$$

$$=\frac{5.9\times10^{-2}\times6.4\times10^{-5}}{(1.0\times10^{-5})^2+5.9\times10^{-2}\times1.0\times10^{-5}+5.9\times10^{-2}\times6.4\times10^{-5}}$$

$$=0.86$$

$$[C_2O_4^{2-}]=\delta_{C_2O_4^{2-}}\cdot C_{H_2C_2O_4}=0.86\times0.10=8.6\times10^{-2}\ (mol/L)$$

同理：$\delta_{HC_2O_4^-}=0.14$

$$[HC_2O_4^-]=\delta_{HC_2O_4^-}\cdot C_{H_2C_2O_4}=0.14\times0.10=1.4\times10^{-2}\ (mol/L)$$

$$\delta_{H_2C_2O_4}=2.3\times10^{-5}$$

$$[H_2C_2O_4]=\delta_{H_2C_2O_4}\cdot C_{H_2C_2O_4}=2.3\times10^{-5}\times0.10=2.3\times10^{-6}\ (mol/L)$$

由此可见，在 pH＝5.00 的 0.10mol/L 草酸溶液中，草酸主要以 $C_2O_4^{2-}$ 形式存在，占 86%，而 $H_2C_2O_4$ 仅占 2.3×10^{-3}%。

对于三元酸，如 H_3PO_4，可用同样方法推得各组分的分布系数分别为：

$$\delta_{H_3PO_4}=\frac{[H_3PO_4]}{C}=\frac{[H^+]^3}{[H^+]^3+K_{a1}[H^+]^2+K_{a1}K_{a2}[H^+]+K_{a1}K_{a2}K_{a3}} \tag{6-9}$$

$$\delta_{H_2PO_4^-}=\frac{[H_2PO_4^-]}{C}=\frac{K_{a1}[H^+]^2}{[H^+]^3+K_{a1}[H^+]^2+K_{a1}K_{a2}[H^+]+K_{a1}K_{a2}K_{a3}} \tag{6-10}$$

$$\delta_{HPO_4^{2-}}=\frac{[HPO_4^{2-}]}{C}=\frac{K_{a1}K_{a2}[H^+]}{[H^+]^3+K_{a1}[H^+]^2+K_{a1}K_{a2}[H^+]+K_{a1}K_{a2}K_{a3}} \tag{6-11}$$

$$\delta_{PO_4^{3-}}=\frac{[PO_4^{3-}]}{C}=\frac{K_{a1}K_{a2}K_{a3}}{[H^+]^3+K_{a1}[H^+]^2+K_{a1}K_{a2}[H^+]+K_{a1}K_{a2}K_{a3}} \tag{6-12}$$

其他多元酸、多元碱依此类推。

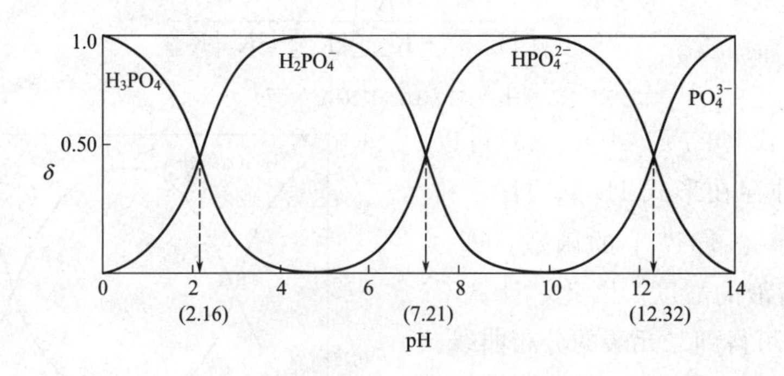

图 6-3 H_3PO_4 的 δ-pH 曲线图

三、酸碱水溶液中 H^+ 浓度的计算

根据质子理论，酸碱反应就是质子的传递反应，且多数情况下溶剂分子也参与了这种传递，因此，在处理溶液中酸碱反应的平衡问题时，应把溶剂也考虑进去。讨论酸碱水溶液中的化学平衡，应综合溶质和溶剂，从质量平衡、电荷平衡和质子平衡等方面考虑，这是研究溶液平衡的基本依据。

质量平衡（物料平衡）指在一个化学平衡体系中，某一给定组分的总浓度应等于各有关组分

平衡浓度之和。这种等衡关系称为质量平衡，其数学表达式称为质量平衡式［mass（material）balance equation］。例如，浓度为Cmol/L的HAc水溶液的质量平衡式为：

$$C_{HAc}=[HAc]+[Ac^-]$$

浓度为Cmol/L的Na_2CO_3水溶液的质量平衡式为：

$$C=[CO_3^{2-}]+[HCO_3^-]+[H_2CO_3] \qquad C=[Na^+]/2$$

由上可见，质量平衡式表明了平衡浓度与分析浓度的关系。

电荷平衡指在一个化学平衡体系中，溶液中正离子的总电荷数必定等于负离子的总电荷数，包括溶剂水本身离解产生的H^+和OH^-，即溶液总是电中性的。这种等衡关系称为电荷平衡，其数学表达式称为电荷平衡式［charge balance equation］。根据电中性的原则，由各离子的电荷和浓度，列出电荷平衡式。例如：浓度为Cmol/L的HCN水溶液的电荷平衡式为：

$$[H^+]=[CN^-]+[OH^-]$$

浓度为Cmol/L的NaH_2PO_4水溶液的电荷平衡式为：

$$[Na^+]+[H^+]=[H_2PO_4^-]+2[HPO_4^{2-}]+3[PO_4^{3-}]+[OH^-]$$

式中［HPO_4^{2-}］前面的系数2表示每个HPO_4^{2-}带有两个负电荷，3[PO_4^{3-}]也类似。显然，中性分子不参与电荷平衡式。

质子平衡指酸碱反应达到平衡时，酸失去的质子总数必定等于碱得到的质子总数。即得质子产物得到质子的总数与失质子产物失去质子的总数应该相等。酸碱之间质子转移的这种等衡关系称为质子平衡或质子条件，其数学表达式称为质子平衡式或质子条件式（proton balance equation）。根据质子条件式，可得到溶液中H^+浓度与有关组分浓度的关系式，是处理酸碱平衡计算问题的基本关系式。

通常选择溶液中大量存在，并参加质子转移的物质（初始溶质及溶剂）作为零水准（质子参考基准），判断得失质子的产物和得失质子数，根据得、失质子总数相等的原则列出质子条件式。

例如：HAc水溶液选择HAc和H_2O作为零水准，其质子转移反应为：

$$HAc \rightleftharpoons H^+ + Ac^-$$

$$H_2O \rightleftharpoons H^+ + OH^-$$

H^+（或H_3O^+）为得质子产物，OH^-、Ac^-为失质子产物。

质子条件式为：$[H^+]=[Ac^-]+[OH^-]$

例6-3　写出Na_2HPO_4水溶液的质子条件式。

解：选择HPO_4^{2-}、H_2O作为零水准，其质子转移反应为：

$$HPO_4^{2-} \rightleftharpoons H^+ + PO_4^{3-}$$

$$HPO_4^{2-} + H_2O \rightleftharpoons H_2PO_4^- + OH^-$$

$$H_2PO_4^- + H_2O \rightleftharpoons H_3PO_4 + OH^-$$

$$H_2O \rightleftharpoons H^+ + OH^-$$

由上述平衡可知，PO_4^{3-}、OH^-为失质子产物，H^+、$H_2PO_4^-$、H_3PO_4为得质子产物，但应注意，H_3PO_4是HPO_4^{2-}得到2个质子后的产物，其浓度前应乘以系数2，以使得失质子的数目相等。Na_2HPO_4水溶液的质子条件式为：

$$[H^+]+[H_2PO_4^-]+2[H_3PO_4]=[PO_4^{3-}]+[OH^-]$$

上述质子条件式既考虑了溶质的离解作用，又考虑了溶剂的离解作用，可见，质子条件式反映了酸碱平衡体系中严密的数量关系。

酸碱平衡体系的质子条件式也可通过电荷平衡式和质量平衡式导出。例如：浓度为Cmol/L的 $NaHCO_3$ 水溶液：

质量平衡式：$C=[H_2CO_3]+[HCO_3^-]+[CO_3^{2-}]$　(a)

电荷平衡式：$[Na^+]+[H^+]=[HCO_3^-]+2[CO_3^{2-}]+[OH^-]$

由于$[Na^+]=C$,故

$$[H^+]+C=[HCO_3^-]+2[CO_3^{2-}]+[OH^-] \quad \text{(b)}$$

联立（a）、（b）两式，得：

$$[H^+]=[CO_3^{2-}]+[OH^-]-[H_2CO_3] \quad \text{(c)}$$

式（c）即为 $NaHCO_3$ 水溶液的质子平衡式。

（一）一元酸（碱）溶液 H^+ 浓度的计算

1. 一元强酸（强碱）溶液 H^+ 浓度的计算

强酸、强碱在溶液中全部离解，故在一般情况下，酸度的计算比较简单。在浓度为Cmol/L的强酸HA水溶液中，存在下列离解平衡：

$$HA \longrightarrow H^+ + A^-$$

$$H_2O \rightleftharpoons H^+ + OH^- \qquad K_S^{H_2O}=[H^+][OH^-]$$

质子条件式为：$[H^+]=[A^-]+[OH^-]$

由于强酸在溶液中完全离解，则$[A^-]=C$，代入质子条件式得：$[H^+]=C+[OH^-]$

当$C \geqslant 10^{-6}$mol/L时，水的离解可忽略

故

$$[H^+]=[A^-]=C \quad (6\text{-}13)$$

例如，0.1mol/L的HCl的水溶液$[H^+]=0.1$mol/L

对强碱溶液，可用同样方法处理，$[OH^-]=C$。如0.1mol/L的NaOH水溶液$[OH^-]=$0.1mol/L。

2. 一元弱酸（弱碱）溶液 H^+ 浓度的计算

在浓度为Cmol/L的一元弱酸HA水溶液中，存在着下列离解平衡：

$$HA \rightleftharpoons H^+ + A^- \qquad K_a=\frac{[H^+][A^-]}{[HA]}$$

$$H_2O \rightleftharpoons H^+ + OH^- \qquad K_S^{H_2O}=[H^+][OH^-]$$

质子条件式为：$[H^+]=[A^-]+[OH^-]$

将离解常数 K_a、$K_S^{H_2O}$ 表达式代入，得：

$$[H^+]=\frac{K_a[HA]}{[H^+]}+\frac{K_S^{H_2O}}{[H^+]}$$

$$[H^+]=\sqrt{K_a[HA]+K_S^{H_2O}} \quad (6\text{-}14a)$$

上式中，$[HA]=\delta_{HA}\cdot C_{HA}=\frac{[H^+]}{[H^+]+K_a}\cdot C_{HA}$

式（6-14a）是计算一元弱酸溶液$[H^+]$的精确式。实际工作中，根据计算酸度时的允许误差，可进行近似计算。当 $K_a\cdot C\geqslant 20K_S^{H_2O}$ 时，水的离解可忽略；且 $C/K_a\geqslant 500$ 时，酸较弱，其离解的$[H^+]$对总浓度的影响可忽略，即$[HA]=C-[H^+]\approx C$，式（6-14a）可简化为：

$$[H^+]=\sqrt{K_a\cdot C} \quad (6\text{-}14b)$$

式（6-14b）是计算一元弱酸溶液 H^+ 浓度的最简式。

对于一元弱碱，也可用同样方法推得，当 $K_b \cdot C \geqslant 20K_S^{H_2O}$，$C/K_b \geqslant 500$ 时，

$$[OH^-]=\sqrt{K_b \cdot C} \tag{6-15}$$

例 6-4　计算 0.10mol/L HAc 水溶液的 pH。

解：$K_a=1.8\times10^{-5}$，$C=0.10$mol/L

由于 $K_aC>20K_S^{H_2O}$，$C/K_a>500$，故按最简式计算

$$[H^+]=\sqrt{K_aC}=\sqrt{1.8\times10^{-5}\times0.10}=1.3\times10^{-3}\ (mol/L)$$

$$pH=-lg[H^+]=2.89$$

（二）多元酸（碱）溶液 H^+ 浓度的计算

多元酸在溶液中分步离解，是一种复杂的酸碱平衡体系。如浓度为 Cmol/L 的二元酸 H_2A 水溶液，质子条件式为：$[H^+]=[HA^-]+2[A^{2-}]+[OH^-]$

将 K_{a1}、K_{a2}、$K_S^{H_2O}$ 的表达式代入上式，得：

$$[H^+]=\frac{[H_2A]K_{a1}}{[H^+]}+2\frac{[H_2A]K_{a1}K_{a2}}{[H^+]^2}+\frac{K_S^{H_2O}}{[H^+]}$$

整理后得：

$$[H^+]=\sqrt{[H_2A]K_{a1}\left(1+\frac{2K_{a2}}{[H^+]}\right)+K_S^{H_2O}} \tag{6-16a}$$

上式中，$[H_2A]=\delta_{H_2A}\cdot C=\frac{[H^+]^2}{[H^+]^2+[H^+]K_{a1}+K_{a1}K_{a2}}\cdot C$

式（6-16a）是计算二元弱酸溶液 $[H^+]$ 的精确式。

通常，二元酸 $K_{a1}\gg K_{a2}\gg K_S^{H_2O}$，即当 $K_{a1}\cdot C\geqslant 20K_S^{H_2O}$ 时，水的离解可忽略；又当 $\frac{2K_{a2}}{[H^+]}\approx\frac{2K_{a2}}{\sqrt{K_{a1}\cdot C}}\leqslant 0.05$ 时，其第二级离解也可忽略，则此二元酸可简化为一元弱酸处理，只需考虑其第一步离解，$[H_2A]=C-[H^+]$；且当 $C/K_{a1}\geqslant 500$ 时，该二元酸的离解很小，此时二元酸的平衡浓度可视为等于其初始浓度 C，即：$[H_2A]=C-[H^+]\approx C$，式（6-16a）简化为：

$$[H^+]=\sqrt{K_{a1}\cdot C} \tag{6-16b}$$

式（6-16b）是计算二元酸溶液 $[H^+]$ 的最简式。其他多元酸可依此处理。

多元碱水溶液中 $[OH^-]$ 的计算与多元酸相同。多元碱在溶液中也是分步离解的，一般规律是 $K_{b1}\gg K_{b2}\gg\cdots\gg K_S^{H_2O}$，即当 $K_{b1}\cdot C\geqslant 20K_S^{H_2O}$，$\frac{2K_{b2}}{\sqrt{K_{b1}\cdot C}}\leqslant 0.05$ 时，多元碱只需考虑其第一步的离解，将其简化为一元弱碱处理；又当 $C/K_{b1}\geqslant 500$ 时，得最简式：

$$[OH^-]=\sqrt{K_{b1}\cdot C} \tag{6-17}$$

例 6-5　计算室温下 H_2CO_3 饱和水溶液（$C=0.040$mol/L）的 pH。

解：$K_{a1}=4.2\times10^{-7}$，$K_{a2}=5.6\times10^{-11}$，$C=0.040$mol/L

∵　$K_{a1}\cdot C/K_S^{H_2O}>20$，$\frac{2K_{a2}}{\sqrt{K_{a1}\cdot C}}<0.05$，$C/K_{a1}>500$

∴　可用最简式计算：

$$[H^+]=\sqrt{K_{a1}\cdot C}=\sqrt{4.2\times10^{-7}\times0.040}=1.3\times10^{-4}\ (mol/L)$$

$$pH=3.89$$

例 6-6 计算 0.10mol/L Na_2CO_3 水溶液的 pH。

解： $K_{b1}=\frac{K_S^{H_2O}}{K_{a2}}=1.8\times10^{-4}$，$K_{b2}=\frac{K_S^{H_2O}}{K_{a1}}=2.4\times10^{-8}$

∵ $K_{b1}\cdot C/K_S^{H_2O}>20$，$\frac{2K_{b2}}{\sqrt{K_{b1}\cdot C}}<0.05$，$C/K_{b1}>500$

∴ 可用最简式计算，得：

$$[OH^-]=\sqrt{K_{b1}\cdot C}=\sqrt{1.8\times10^{-4}\times0.10}=4.2\times10^{-3}\ (mol/L)$$

$$pOH=2.38\qquad pH=11.62$$

（三）两性物质溶液 H^+ 浓度的计算

在溶液中既起酸的作用又起碱的作用的物质称为两性物质，如 HCO_3^-、$H_2PO_4^-$、HPO_4^{2-}、NH_4Ac 等均为两性物质。对于两性物质溶液中 $[H^+]$ 的计算，同样根据溶液中的酸碱平衡，列出质子条件式，再由具体情况，考虑主要平衡，进行近似计算。

以浓度为 C 的 NaHA 水溶液为例，说明两性物质溶液 $[H^+]$ 的计算，

质子条件式为： $[H^+]+[H_2A]=[OH^-]+[A^{2-}]$

将各离解常数表达式代入，得：

$$[H^+]+\frac{[H^+][HA^-]}{K_{a1}}=\frac{K_S^{H_2O}}{[H^+]}+\frac{K_{a2}[HA^-]}{[H^+]}$$

整理得：

$$[H^+]=\sqrt{\frac{K_{a1}(K_{a2}[HA^-]+K_S^{H_2O})}{K_{a1}+[HA^-]}} \tag{6-18a}$$

式（6-18a）为计算两性物质 HA^- 溶液 $[H^+]$ 的精确式。一般情况下，HA^- 给出质子和接受质子的能力都比较弱，即 $[HA^-]\approx C$；当 $K_{a2}\cdot C\geqslant 20K_S^{H_2O}$ 时，水的离解可忽略；又若 $C\geqslant 20K_{a1}$，则 $K_{a1}+C\approx C$，式（6-18a）简化为：

$$[H^+]=\sqrt{K_{a1}\cdot K_{a2}} \tag{6-18b}$$

式（6-18b）是计算两性物质 HA^- 溶液 $[H^+]$ 的最简式。对于其他两性物质溶液，可依此类推。

如 $H_2PO_4^-$ 两性物质溶液的最简式为：

$$[H^+]=\sqrt{K_{a1}\cdot K_{a2}}$$

HPO_4^{2-} 两性物质溶液的最简式为：

$$[H^+]=\sqrt{K_{a2}\cdot K_{a3}}$$

例 6-7 计算 0.10mol/L $NaHCO_3$ 水溶液的 pH。

解： $C=0.10mol/L$，$K_{a1}=4.2\times10^{-7}$，$K_{a2}=5.6\times10^{-11}$

∵ $K_{a2}\cdot C>20K_S^{H_2O}$，　$C/K_{a1}>20$，

∴ 可采用最简式计算：

$$[H^+]=\sqrt{K_{a1}\cdot K_{a2}}=\sqrt{4.2\times10^{-7}\times5.6\times10^{-11}}=4.8\times10^{-9}\ (mol/L)$$

$$pH=8.32$$

（四）缓冲溶液 H^+ 浓度的计算

缓冲溶液是一种对溶液的酸度起稳定作用的溶液。当缓冲溶液中加入少量的酸或碱，或因化

学反应产生少量的酸或碱，或将溶液稍加稀释，溶液的酸度基本不变或变化很小。

缓冲溶液一般由浓度较大的弱酸及其共轭碱或弱碱及其共轭酸组成，如 HAc-NaAc，NH_4Cl-NH_3。现以一元弱酸 HA 及其共轭碱 NaA 组成的缓冲溶液为例，说明 H^+ 浓度的计算。设弱酸 HA 的浓度为 C_{HA}，共轭碱 NaA 的浓度为 C_{A^-}。由于溶液中同时有大量 HA、A^- 存在，质子参考基准较难确定，一般由质量平衡式和电荷平衡式来导出质子平衡式。

质量平衡式：$[HA]+[A^-]=C_{HA}+C_{A^-}$　　$[Na^+]=C_{A^-}$

电荷平衡式：$[H^+]+[Na^+]=[OH^-]+[A^-]$

整理得：

$$[HA]=C_{HA}-[H^+]+[OH^-]$$

$$[A^-]=C_{A^-}+[H^+]-[OH^-]$$

由 HA 离解平衡式可得：$[H^+]=K_a\dfrac{[HA]}{[A^-]}$

再将 [HA]、[A^-] 表达式代入 HA 离解常数表达式，得：

$$[H^+]=K_a\frac{C_{HA}-[H^+]+[OH^-]}{C_{A^-}+[H^+]-[OH^-]}$$

上式即为计算缓冲溶液 H^+ 浓度的精确式。通常 C_{HA}、$C_{A^-}\gg[H^+]$、$[OH^-]$，则 $[H^+]$ 和 $[OH^-]$ 可忽略，上式简化为：

$$[H^+]=K_a\frac{C_{HA}}{C_{A^-}} \tag{6-19}$$

$$pH=pK_a+\lg\frac{C_{A^-}}{C_{HA}}$$

式（6-19）是计算一元弱酸及其共轭碱所组成的缓冲溶液 $[H^+]$ 的最简式。一般作为控制酸度的缓冲溶液，由于缓冲剂本身的浓度较大，对计算结果也不要求十分准确，可采用最简式进行计算。

例 6-8　0.20mol/L NH_3-0.30mol/L NH_4Cl 溶液，往 200mL 该缓冲溶液中（1）加入 50mL 0.10mol/L NaOH 溶液，（2）加入 50mL 0.10mol/L HCl 溶液，溶液的 pH 各改变了多少？（NH_4^+ 的 $pK_a=9.26$）

解：按最简式计算 0.20mol/L NH_3-0.30mol/L NH_4Cl 缓冲溶液的 pH：

$$pH=pK_a+\lg\frac{C_{NH_3}}{C_{NH_4^+}}=9.26+\lg\frac{0.20}{0.30}=9.08$$

此时 $[H^+]=10^{-9.08}$mol/L，由于 C_{NH_3}、$C_{NH_4^+}\gg[H^+]$、$[OH^-]$，故采用最简式计算是合理的。

（1）加入 50mL 0.10mol/L NaOH 溶液：

$$C_{NH_3}=\frac{200\times0.20+50\times0.10}{200+50}=0.18\ (mol/L)$$

$$C_{NH_4^+}=\frac{200\times0.30-50\times0.10}{200+50}=0.22\ (mol/L)$$

由于 C_{NH_3} 和 $C_{NH_4^+}$ 都较大，故采用最简式计算：

$$pH=9.26+\lg\frac{0.18}{0.22}=9.17$$

溶液的 pH 值增大了 9.17－9.08＝0.09pH 单位。

（2）加入 50mL 0.10mol/L HCl 溶液：

$$C_{NH_3}=\frac{200\times0.20-50\times0.10}{200+50}=0.14\ (mol/L)$$

$$C_{NH_4^+}=\frac{200\times0.30+50\times0.10}{200+50}=0.26\ (mol/L)$$

同理
$$pH=9.26+\lg\frac{0.14}{0.26}=8.99$$

溶液的 pH 值减小了 9.08－8.99＝0.09 单位。

第二节 酸碱指示剂

一、酸碱指示剂的变色原理

酸碱指示剂（acid-base indicator）一般是有机弱酸或有机弱碱，它们的共轭酸式和共轭碱式由于具有不同的结构而呈现不同的颜色。当溶液的 pH 改变时，指示剂失去质子，由酸式转变为共轭碱式；或得到质子，由碱式转变为共轭酸式，由于结构的改变，从而引起溶液颜色的变化。

例如，酚酞是有机弱酸指示剂（$K_a=6.0\times10^{-10}$），在水溶液中的离解平衡可表示为：

OH OH — C—OH — COO⁻ $\xrightleftharpoons{pK_a=9.1}$ O O⁻ — C — COO⁻ $+H_2O$

酸式（无色）　　碱式（红色）

在酸性溶液中，酚酞主要以酸式结构存在，呈无色；当在溶液中加入碱时，平衡向右移动，酚酞由酸式结构逐渐转变为其共轭碱醌式结构，当 pH≥10 时，酚酞主要以碱式结构存在，溶液即显红色。反之，加入酸时，酚酞由红色转变为无色。

以 HIn 表示弱酸指示剂，其离解平衡可表示为：

$$HIn \rightleftharpoons In^- + H^+$$

又如，甲基橙是一种有机弱碱指示剂，在碱性溶液中主要以碱式（偶氮）结构存在，呈黄色；加入酸时，平衡向右移动，甲基橙由碱式结构逐渐转变为其共轭酸式（醌式双极离子）结构，当 pH≤3.1 时，甲基橙主要以酸式结构存在而使溶液呈红色。

N=N — SO_3^- — $N(CH_3)_2$ $+H^+$ $\xrightleftharpoons{pK_a=3.45}$ HN — SO_3^- — N= — $=N^+(CH_3)_2$

碱式（黄色）　　酸式（红色）

以 InOH 表示弱碱指示剂，其离解平衡可表示为：

$$InOH \rightleftharpoons In^+ + OH^-$$

由此可见，酸碱指示剂的变色与溶液的 pH 有关。

二、酸碱指示剂的变色范围及其影响因素

（一）酸碱指示剂的变色范围

对于酸碱滴定，重要的是要了解指示剂在什么 pH 条件下颜色发生改变，以指示滴定终点。

因此，必须了解指示剂的变色与溶液 pH 之间量的关系。现以弱酸指示剂 HIn 为例，讨论其在溶液中的离解平衡。

$$HIn \rightleftharpoons H^+ + In^-$$

平衡时：

$$K_{In}=\frac{[H^+][In^-]}{[HIn]} \quad (6\text{-}20)$$

K_{In}为指示剂的离解平衡常数，又称指示剂常数（indicator constant），在一定温度下为常数。上式可改写为：

$$\frac{[In^-]}{[HIn]}=\frac{K_{In}}{[H^+]}$$

HIn 和 In^- 具有不同的颜色，HIn 是酸，它的颜色称为酸式色；In^- 是碱，它的颜色称为碱式色。[HIn]、$[In^-]$ 不仅表示指示剂酸式、碱式的浓度，也表示它们所代表的颜色的浓度，所以其比值$\frac{[In^-]}{[HIn]}$决定了溶液的颜色，而此比值的大小由指示剂常数 K_{In}和溶液的 pH 决定。对某一指示剂在一定温度下 K_{In}是常数，因此，指示剂在溶液中的颜色取决于溶液的 pH，即在一定的 pH 条件下，溶液有一定的颜色，当 pH 改变时，$\frac{[In^-]}{[HIn]}$随之改变，溶液的颜色也就相应发生变化。

事实上，溶液中指示剂 HIn、In^-两种形式同时存在，溶液的颜色应是两种不同颜色的混合色。但由于人的眼睛辨别颜色的能力有一定限度，通常，当两种颜色的浓度之比在 10 倍或 10 倍以上时，只能看到浓度较大的那种颜色，而另一种颜色就辨别不出来。即：

当$\frac{[In^-]}{[HIn]}\geqslant 10$ 时，$pH\geqslant pK_{In}+1$，看到的是 In^- 碱式色。

当$\frac{[In^-]}{[HIn]}\leqslant \frac{1}{10}$时，$pH\leqslant pK_{In}-1$，看到的是 HIn 酸式色。

因此，我们只能在一定浓度比范围内看到指示剂的颜色变化。这一范围为$\frac{[In^-]}{[HIn]}=\frac{1}{10}\sim 10$，pH 由 $pK_{In}-1$ 变到 $pK_{In}+1$。即指示剂并不是从一种颜色突变为另一种颜色，而是通过变色范围逐渐改变。指示剂的理论变色范围（colour change interval）为：

$$pH=pK_{In}\pm 1 \quad (6\text{-}21)$$

不同的指示剂，有不同的 K_{In}值，所以指示剂的变色范围也各不相同。当 $[HIn]=[In^-]$ 时，$pH=pK_{In}$，溶液中酸式色、碱式色各占一半。是指示剂变色的最灵敏点，称为指示剂的“理论变色点”。

根据上述推算，指示剂的变色范围应是 2 个 pH 单位，但由于人眼对不同颜色的敏感度不同，实际观察到的指示剂变色范围常小于 2 个 pH 单位（见表 6-1）。

如：甲基红为有机弱酸，其 $pK_{In}=5.1$，理论变色范围应为 pH 值 4.1～6.1，而实际测得其变色范围为 pH 值 4.4～6.2。这说明甲基红由红色变为黄色，其碱式色的浓度 $[In^-]$ 应是酸式色浓度 [HIn] 的 12.5 倍（pH＝6.2 时，$\frac{[In^-]}{[HIn]}=\frac{K_{In}}{[H^+]}=12.5$），才能看到碱式色（黄色）；而酸式色的浓度只要达到碱式色浓度的 5 倍$\left(pH=4.4\text{ 时，}\frac{[In^-]}{[HIn]}=\frac{K_{In}}{[H^+]}=\frac{1}{5}\right)$，就能观察到酸式色（红色）。产生这种差异的原因，是由于人眼对红色（深色）较之对黄色（浅色）更为敏感的缘故，所以甲基红的变色范围在 pH 小的一端就短一些。

虽然指示剂的变色范围都是由实验测得的，但式（6-21）对粗略估计指示剂的变色范围仍有一

定的指导意义。指示剂的变色范围越窄越好，这样在计量点附近，溶液的 pH 稍有改变，指示剂就可立即由一种颜色变为另一种颜色，即指示剂变色敏锐，有利于提高测定结果的准确度。

常用的酸碱指示剂及其变色范围见表 6-1。

表 6-1 几种常用的酸碱指示剂

指示剂	变色范围 pH	颜色变化	pK_{In}	浓 度	用量（滴/10mL 试液）
甲基橙	3.1～4.4	红～黄	3.45	0.05％的水溶液	1
溴酚蓝	3.0～4.6	黄～紫	4.1	0.1％的 20％乙醇溶液或其钠盐水溶液	1
溴甲酚绿	3.8～5.4	黄～蓝	4.9	0.1％的 20％乙醇溶液或其钠盐水溶液	1～3
甲基红	4.4～6.2	红～黄	5.0	0.1％的 60％乙醇溶液或其钠盐水溶液	1
酚酞	8.0～10.0	无～红	9.1	0.5％的 90％乙醇溶液	1～3

（二）影响酸碱指示剂变色范围的因素

影响指示剂变色范围的因素主要有两方面：一方面是影响指示剂常数 K_{In} 的数值，从而使指示剂变色范围的区间发生移动，如温度、电解质、溶剂等，以温度的影响较大。另一方面就是对变色范围宽度的影响，如指示剂用量、滴定程序等。现讨论如下：

1. 温度

指示剂的变色范围与 K_{In} 有关，而 K_{In} 是温度的函数，因此，温度的变化会引起指示剂常数 K_{In} 的变化，从而使指示剂的变色范围也随之改变。例如：18℃时甲基橙的变色范围为 3.1～4.4，而 100℃时，则变为 2.5～3.7。因此，一般滴定应在室温下进行。

2. 溶剂

指示剂在不同溶剂中其 pK_{In} 值不同（$HIn + HS = H_2S^+ + In^-$），例如，甲基橙在水溶液中 $pK_{In}=3.4$，在甲醇中 $pK_{In}=3.8$。因此，指示剂在不同溶剂中具有不同的变色范围。

3. 离子强度

溶液中中性电解质的存在增加了溶液的离子强度，使指示剂的表观离解常数发生变化，从而使其变色范围发生区间移动。如弱酸指示剂 HIn，其理论变色点为：$pH = pK_a^0 - 0.5Z^2I^{1/2}$，增加离子强度，指示剂的理论变色点 pH 变小。此外，某些电解质还具有吸收不同波长光波的性质，会引起指示剂颜色深度和色调的改变，影响指示剂变色的敏锐性，所以滴定溶液中不宜有大量中性电解质存在。

4. 指示剂用量

对于双色指示剂（如甲基橙、甲基红等），溶液颜色取决于 $[In^-]/[HIn]$ 的比值，指示剂用量的多少不会影响指示剂的变色范围。但若指示剂用量过多（或浓度过高），会使色调变化不明显，且指示剂本身也要消耗一定量的滴定剂而引入误差，因此，在不影响指示剂变色灵敏度的条件下，一般以用量少一些为佳。

对于单色指示剂（如酚酞、百里酚酞等），指示剂的用量对变色范围有较大的影响。以酚酞为例，酸式 HIn 无色，碱式 In^- 红色，溶液颜色仅取决于 $[In^-]$，则：

$$[In^-]=\delta_{In^-}\cdot C_{HIn}=\frac{K_a}{[H^+]+K_a}\cdot C_{HIn}$$

由于人眼观察到酚酞红色 In^- 的最低浓度 $[In^-]$ 为一固定值，故当指示剂浓度 C_{HIn} 增大时，$[H^+]$ 会相应增大，指示剂酚酞将在较低 pH 变色。例如在 50～100mL 溶液中加入 2～3 滴

0.1%酚酞，pH=9 时出现微红色；而在相同条件下加入 10～15 滴酚酞，则在 pH=8 时出现微红色。因此对单色指示剂须严格控制指示剂的用量。

5. 滴定程序

由于深色较浅色明显，所以滴定程序宜由浅色到深色，以利于观察终点颜色的变化。例如，用酚酞作指示剂，滴定程序一般为用碱滴定酸，终点由无色变为红色容易辨别。而用甲基橙作指示剂，一般用酸滴定碱，终点由黄色变为红色便于辨别。

三、混合酸碱指示剂

某些酸碱滴定的 pH 突跃范围很窄，一般的酸碱指示剂难以判断终点，此时可采用混合指示剂（mixed indicator）。混合指示剂主要是利用颜色的互补作用，使指示剂的变色范围变窄且变色敏锐。

混合指示剂主要有两类。一类混合指示剂是在某种指示剂中加入一种惰性染料，利用颜色的互补作用提高变色的敏锐性。例如，甲基橙中加入可溶靛蓝组成混合指示剂，靛蓝颜色不随溶液 pH 的改变而变化，只作为甲基橙变色的蓝色背景，在 pH≥4.4 的溶液中，混合指示剂显绿色（黄与蓝配合）；在 pH=4.0 溶液中，混合指示剂显浅灰色；在 pH≤3.1 的溶液中，混合指示剂显紫色（红与蓝配合），终点变色十分敏锐。

另一类混合指示剂是两种或两种以上的指示剂按一定比例混合而成，利用颜色的互补作用使变色范围变窄、变色敏锐。例如，溴甲酚绿（$pK_{In}=4.9$）变色范围为 pH 值3.8～5.4，甲基红（$pK_{In}=5.0$）变色范围为 pH 值 4.4～6.2，当溴甲酚绿与甲基红按 3∶1 混合后，由于颜色的加和作用，在 pH 值 5.1 处发生突变，指示剂由酒红色（酸式色）⟶浅灰色⟶绿色（碱式色），变色十分敏锐。混合指示剂的颜色变化是否显著，主要决定于指示剂和染料的性质，也与配制比例有关。表 6-2 列出了几种常用的酸碱混合指示剂。

表 6-2　几种常用的酸碱混合指示剂

指示剂溶液的组成	变色时 pH 值	颜色		备　注
		酸色	碱色	
一份 0.1%甲基黄乙醇溶液 一份 0.1%次甲基蓝乙醇溶液	3.25	蓝紫	绿	pH 值 3.4 绿色，pH 值 3.2 蓝紫色
一份 0.1%甲基橙水溶液 一份 0.25%靛蓝二磺酸钠水溶液	4.1	紫	黄绿	pH 值 4.1 灰色
三份 0.1%溴甲酚绿乙醇溶液 一份 0.2%甲基红乙醇溶液	5.1	酒红	绿	
一份 0.1%中性红乙醇溶液 一份 0.1%次甲基蓝乙醇溶液	7.0	蓝紫	绿	pH 值 7.0 紫蓝色
一份 0.1%甲酚红钠盐水溶液 三份 0.1%百里酚蓝钠盐水溶液	8.3	黄	紫	pH 值 8.2 玫瑰红，pH 值 8.4 清晰的紫色

第三节　酸碱滴定曲线及指示剂的选择

在酸碱滴定中，最重要的是要判断被测物质能否被准确滴定（即滴定的可行性）；若能滴定，如何选择合适的指示剂确定滴定终点？而这些都与滴定过程中溶液 pH 的变化，尤其是计量点附

近的 pH 变化有关。为了解决酸碱滴定的这两个基本问题，首先讨论各种类型的酸碱在滴定过程中溶液 pH 随滴定剂加入的变化情况（即滴定曲线），然后再根据滴定曲线讨论滴定可行性的判断及指示剂的选择。

一、强酸（强碱）滴定

强酸、强碱在溶液中完全离解，滴定的基本反应为：

$$H^{+}+OH^{-}=H_2O$$

现以 0.1000mol/L NaOH 溶液滴定 20.00mL、0.1000mol/L HCl 溶液为例，通过计算滴定过程中溶液 pH 的变化，讨论强碱滴定强酸的滴定曲线和指示剂的选择。

（一）滴定曲线

设 C_1、V_1 分别为被滴 HCl 溶液的浓度和体积，C_2、V_2 分别为滴入 NaOH 溶液的浓度和体积。

1. 滴定前

由于 HCl 是强酸，在溶液中完全离解，故溶液中 $[H^{+}]$ 等于 HCl 的初始浓度。

$$[H^{+}]=C_1=0.1000\text{mol/L} \qquad pH=1.00$$

2. 滴定开始至计量点前

随着 NaOH 的不断加入，溶液中 $[H^{+}]$ 不断减小，此时溶液中 $[H^{+}]$ 决定于剩余 HCl 的量，则

$$[H^{+}]=\frac{C_1V_1-C_2V_2}{V_1+V_2}=\frac{C_1(V_1-V_2)}{V_1+V_2}$$

例如，当滴入 19.98mL NaOH 标准溶液，即 $\frac{19.98}{20.00}\times100\%=99.9\%$ HCl 被滴定（−0.1% 相对误差）时，

$$[H^{+}]=\frac{0.1000\times(20.00-19.98)}{20.00+19.98}=\frac{0.1000\times0.02}{39.98}=5\times10^{-5}\ (\text{mol/L})$$

$$pH=4.3$$

3. 计量点时

NaOH 与 HCl 恰好反应完全，溶液中 $[H^{+}]$ 由溶剂 H_2O 的离解决定。

$$[H^{+}]=[OH^{-}]=\sqrt{K_S^{H_2O}}=1.0\times10^{-7}\text{mol/L}$$

$$pH=7.00$$

4. 计量点后

溶液中 $[OH^{-}]$ 由过量 NaOH 的量决定。

$$[OH^{-}]=\frac{C_2V_2-C_1V_1}{V_2+V_1}=\frac{C_1(V_2-V_1)}{V_2+V_1}$$

例如，当滴入 20.02mL NaOH 标准溶液，即过量 $\frac{20.02-20.00}{20.00}\times100\%=0.1\%$ NaOH（+0.1% 相对误差）时，

$$[OH^{-}]=\frac{0.1000\times(20.02-20.00)}{20.02+20.00}\approx5\times10^{-5}\ (\text{mol/L})$$

$$pOH=4.3 \qquad pH=9.7$$

用上述方法可以计算滴定过程中各点的 pH，其数据列于表 6-3 中，以加入 NaOH 溶液的体

积(或滴定百分率 a%）为横坐标，以相应溶液的 pH 为纵坐标绘制的曲线，称为强碱滴定强酸的滴定曲线（pH-V/a%），见图 6-4。

表 6-3　用 0.1000mol/L NaOH 滴定 20.00mL、0.1000mol/L HCl 溶液的 pH 变化（室温下）

加入的NaOH		剩余的HCl		[H⁺] mol/L	pH
%	mL	%	mL		
0	0	100	20.00	1.00×10^{-1}	1.00
90.0	18.00	10	2.00	5.26×10^{-3}	2.28
99.0	19.80	1	0.20	5.02×10^{-4}	3.30
99.0	19.98	0.1	0.02	5.00×10^{-5}	4.30（突跃范围起）
100.0	20.00	0	0	1.00×10^{-7}	计量点7.00（突跃范围）
		过量的NaOH		[OH⁻]	
100.1	20.02	0.1	0.02	5.00×10^{-5}	9.70（突跃范围止）
101.0	20.20	1.0	0.20	5.00×10^{-4}	10.70

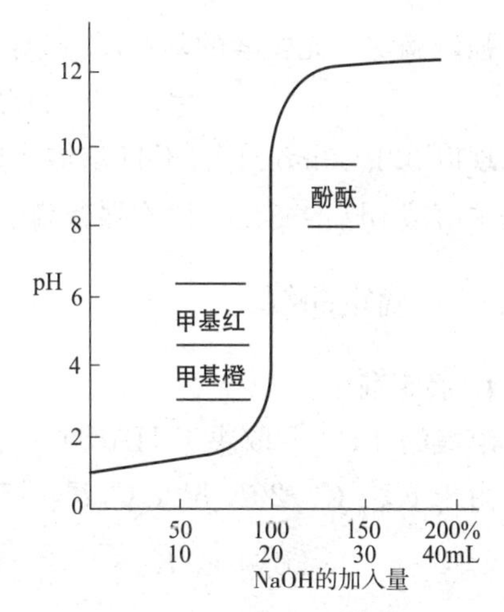

图 6-4　0.1000mol/L NaOH 溶液滴定 20.00mL 0.1000mol/L HCl 溶液的滴定曲线

从表 6-3 及图 6-4 可以看出，从滴定开始到加入 19.98mL NaOH 溶液，溶液的 pH 只改变了 3.3 个 pH 单位，pH 变化缓慢；而在计量点附近，当加入的 NaOH 溶液从 19.98mL 到 20.02mL（计量点前后各 0.1%），仅加入 0.04mL NaOH，溶液的 pH 值却由 4.3 突变到 9.7，增加了 5.4 个 pH 单位，溶液由酸性突变为碱性，产生突跃；此后，继续加入 NaOH 溶液，溶液 pH 的变化逐渐减小，曲线又趋于平坦。

这种滴定过程中溶液 pH 的突变称为滴定突跃（pH 突跃），突跃所在的 pH 范围称为滴定突跃范围（pH 突跃范围），即：计量点前后±0.1%相对误差范围内溶液 pH 的变化。滴定突跃有重要的实际意义，它是衡量酸碱滴定是否可行的依据；在用指示剂方法检测终点时，是选择指示剂的依据。

（二）指示剂的选择

最理想的指示剂应是恰好在计量点变色的指示剂，但实际上这样的指示剂几乎是没有的。从滴定曲线可见，凡是在滴定突跃范围内变色的指示剂，滴定误差均小于±0.1%，可保证测定的准确度。因此，凡指示剂变色终端 pH 在滴定突跃范围之内均可用于指示滴定终点。例如，0.1000mol/L NaOH 溶液滴定 0.1000mol/L HCl 溶液，其滴定突跃范围为 4.3～9.7，溴百里酚蓝（pH 值 6.2～7.6）、苯酚红（pH 值 6.8～8.4）、甲基红（pH 值 4.4～6.2）及甲基橙（pH 值 3.1～4.4）、酚酞（pH 值 8.0～10.0）等均可用于指示滴定终点。

（三）影响滴定突跃范围的因素——溶液浓度

由于强酸、强碱在溶液中完全离解，因此，对强酸、强碱滴定而言，滴定突跃范围的大小仅取决于酸、碱溶液的浓度。浓度增大 10 倍，滴定突跃增大 2 个 pH 单位。图 6-5 是不同浓度的 NaOH 溶液对不同浓度 HCl 溶液的 pH 滴定曲线，从图可知，酸、碱浓度越大，滴定曲线的 pH

突跃范围就越大，指示剂的选择就越方便（可供选择的指示剂就越多）；浓度越小，滴定突跃范围越小，指示剂的选择就受到限制。如用 0.01mol/L NaOH 溶液滴定 0.01mol/L HCl 时，由于滴定突跃范围减小，pH 值为 5.3～8.7，此时，甲基橙就不能作为该滴定的指示剂。对于太稀的溶液（$C<10^{-4}$ mol/L），由于其突跃范围太窄或突跃不明显，找不到合适的指示剂而无法滴定。因而在一般滴定中，不使用浓度太小的标准溶液，试样也不制成太稀的溶液，就是这个道理。

强酸滴定强碱，情况与强碱滴定强酸类似，但滴定曲线与强酸的滴定曲线对称，pH 变化方向相反。

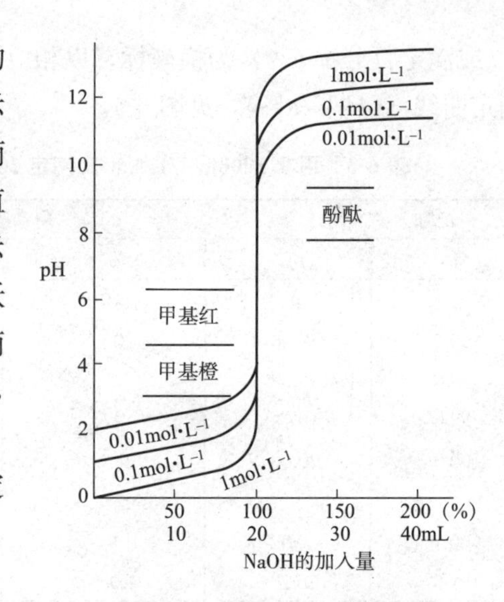

图 6-5 不同浓度的 NaOH 溶液对不同浓度 HCl 溶液的滴定曲线

二、一元弱酸（碱）的滴定

强碱滴定一元弱酸的基本反应为：

$$HA+OH^- \rightleftharpoons H_2O+A^-$$

现以 0.1000mol/L NaOH 溶液滴定 20.00mL、0.1000mol/L HAc 溶液为例，通过计算滴定过程中溶液 pH 的变化，讨论强碱滴定一元弱酸的滴定曲线和指示剂的选择。

（一）滴定曲线

1. 滴定前

溶液的 $[H^+]$ 取决于 HAc 在水中的离解：

由于 $K_a \cdot C>20K_S^{H_2O}$，$C/K_a>500$，因而可按式（5-14b）最简式计算

$$[H^+]=\sqrt{K_a \cdot C}=\sqrt{1.8\times10^{-5}\times0.1000}=1.3\times10^{-3}\ (mol/L)$$

$$pH=2.89$$

2. 滴定开始至计量点前

溶液中未反应的 HAc 和生成的 Ac^- 同时存在，组成 $HAc\text{-}Ac^-$ 缓冲体系，溶液的 pH 可按缓冲溶液 pH 计算公式计算。

例如，当加入 19.98mL NaOH 溶液，即 99.9%的 HAc 被滴定（−0.1%相对误差）时：

$$C_{HAc}=\frac{0.1000\times(20.00-19.98)}{20.00+19.98}=5.0\times10^{-5}\ (mol/L)$$

$$C_{Ac^-}=\frac{0.1000\times19.98}{20.00+19.98}=5.0\times10^{-2}\ (mol/L)$$

$$pH=pK_a+\lg\frac{C_{Ac^-}}{C_{HAc}}=-\lg1.8\times10^{-5}+\lg\frac{5.0\times10^{-2}}{5.0\times10^{-5}}=7.74$$

3. 计量点时

HAc 全部与 NaOH 反应生成 NaAc，溶液的 pH 由 Ac^- 的离解计算：

$$K_{b(Ac^-)}=\frac{K_S^{H_2O}}{K_{a(HAC)}}=5.6\times10^{-10}$$

由于 $K_b \cdot C>20K_S^{H_2O}$，$C/K_b>500$，因而可按式(6-15)最简式计算：

$$[OH^-]=\sqrt{K_b \cdot C}=\sqrt{5.6\times10^{-10}\times\frac{0.1000}{2}}=5.3\times10^{-6}\ (mol/L)$$

$$pOH=5.27 \qquad pH=8.73$$

4. 计量点后

溶液中过量的 NaOH 抑制了 Ac^- 的离解，故溶液的 pH 值主要由过量 NaOH 的量决定，其计算方法与强碱滴定强酸相同。

例如，当滴入 20.02mL NaOH 溶液，即过量 0.1%NaOH(+0.1%相对误差）时：

$$[OH^-]=\frac{0.1000\times(20.02-20.00)}{20.02+20.00}=5.0\times10^{-5}\ (mol/L)$$

$$pOH=4.30 \qquad pH=9.70$$

如此逐一计算，将结果列于表 6-4，并根据计算结果绘制强碱滴定弱酸的滴定曲线（pH-V）（图 6-6）。

表 6-4　0.1000mol/L NaOH 溶液滴定 20.00mL、0.1000mol/L HAc 溶液 pH 的变化（室温下）

加入的NaOH		剩余的HAc		算　式	pH	
%	体积（mL）	%	体积（mL）			
0	0	100	20.00	$[H^+]=\sqrt{K_a\times C_{HAc}}$	2.89	
50	10.00	50	10.00	$[H^+]=K_a\frac{[HAc]}{[Ac^-]}$	4.75	
90	18.00	10	2.00		5.71	
99	19.80	1	0.20		6.75	
99.9	19.98	0.1	0.02	$[OH^-]=\sqrt{\frac{K_S^{H_2O}}{K_a}\times C}$	7.74	突跃范围
100	20.00	0	0		计量点8.73	
		过量的NaOH				
100.1	20.02	0.1	0.02	$[OH^-]=10^{-4.3}$　$[H^+]=10^{-9.7}$	9.7	
101	20.20	1	0.20	$[OH^-]=10^{-3.3}$　$[H^+]=10^{-10.7}$	10.7	

将图 6-6 和表 6-4 相比较，可以看出 NaOH 滴定 HAc 的滴定曲线具有以下特点：

（1）*滴定曲线的起点高*　由于 HAc 是弱酸，仅部分离解，故 NaOH-HAc 滴定曲线的起点在 pH 值 2.89 处，比 NaOH-HCl 滴定曲线的起点（在 pH 值 1.00 处）高约 2 个 pH 单位。

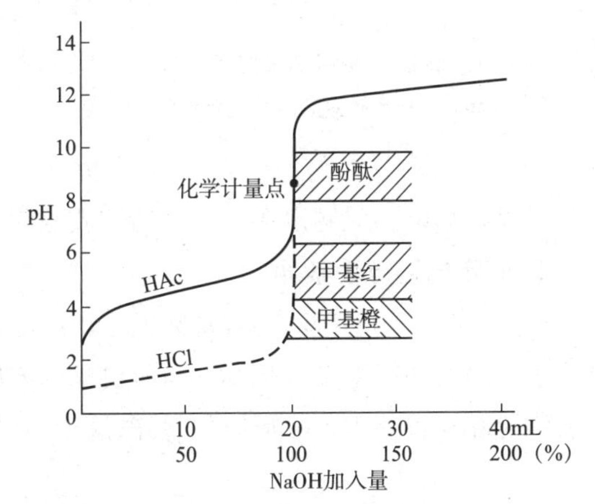

图 6-6　0.1000mol/L NaOH 溶液滴定 20.00mL、0.1000mol/L HAc 溶液的滴定曲线

（2）*从滴定开始至计量点的 pH 变化情况不同于强酸*　开始时 pH 变化较快，其后变化稍慢，接近计量点时又加快，这是由滴定的不同阶段的反应情况决定的。滴定开始后即有 Ac^- 生成，由于 Ac^- 的同离子效应抑制了 HAc 的离解，因而 $[H^+]$ 迅速降低，pH 很快增大，这段曲线的斜率较大。随着滴定的进行，由于 $[Ac^-]$ 增大，Ac^- 与溶液中未滴定的 HAc 构成了酸碱缓冲体系，使溶液的 pH 增加缓慢，这段曲线较为平坦。接近计量点时，由于溶液中 HAc 已很少，缓冲作用大大减弱，Ac^- 的离解作用增大，pH 增加较快，曲线斜率又迅速增大。

（3）*滴定突跃范围小*　由于上述原因，在计量点前后出现一较窄的 pH 突跃，较 NaOH-HCl 要小得多。由于生成的 Ac^- 是 HAc 的共轭碱，故计量点的 pH>7（pH=8.73），滴定突跃范围也处于碱性区域（pH 值 7.74～9.70）。

（二）指示剂的选择

由于计量点产物 Ac^- 为碱，滴定突跃范围（pH 值 7.74～9.70）处于碱性区域，因此，对于 NaOH-HAc 滴定，应选择在碱性区域内变色的指示剂，如用酚酞（pH 值 8.0～10.0）、百里酚蓝（pH 值 8.0～9.6）指示滴定终点，而在酸性区域变色的指示剂，如甲基橙、甲基红等则不能用，否则将引起很大的滴定误差。

（三）滴定可行性的判断

1. 影响滴定突跃范围的因素

由于一元弱酸在溶液中部分离解，因此，弱酸滴定 pH 突跃范围的大小取决于被滴酸的强度 K_a 和溶液的浓度 C。

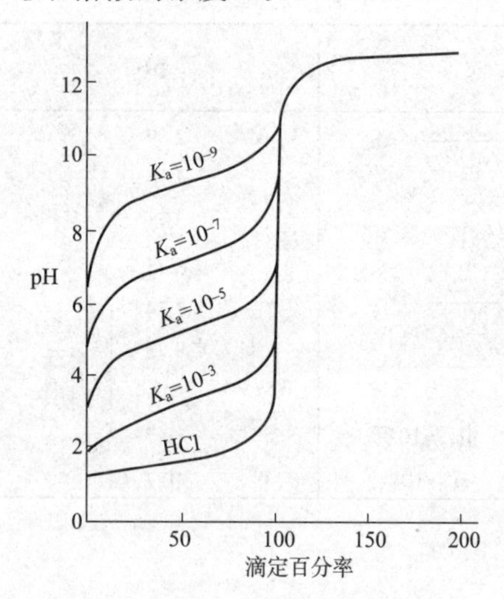

图 6-7　0.1mol/L NaOH 溶液滴定不同强度 0.1mol/L 一元弱酸溶液的滴定曲线

（1）*酸的强度*　图 6-7 为用 0.1mol/L NaOH 溶液滴定 0.1mol/L 不同强度一元弱酸的滴定曲线，从图中可以看出，当酸的浓度 C 一定时，K_a 值越大，滴定突跃范围越大；K_a 值越小，滴定突跃范围越小。当 $K_a \leqslant 10^{-9}$ 时，计量点附近已无明显的 pH 突跃，在水溶液中无法用一般的酸碱指示剂指示滴定终点，即不能直接进行准确滴定。若要测定这些极弱的酸，需采用电位滴定、非水滴定等方法，或利用某些化学反应使弱酸强化后再进行滴定。

（2）*溶液浓度*　强碱滴定弱酸滴定突跃范围的大小不仅取决于酸的 K_a 值，还与溶液的浓度有关。其影响与强碱滴定强酸相似。当 K_a 值一定时，溶液浓度越大，pH 突跃范围也愈大，终点较明显；但对于 $K_a \leqslant 10^{-9}$ 的弱酸，即使溶液浓度为 1mol/L 也没有明显的突跃，难以直接进行滴定。

可见，影响弱酸滴定突跃大小的本质因素是 K_a，外界因素是溶液浓度 C。

2. 滴定的可行性条件

综上所述，如果酸的离解常数很小，或溶液的浓度很低，达到一定限度时，就不能准确进行滴定了。这个限度是多少呢？这与所要求的准确度及检测终点的方法有关。表 6-5 列出了计量点前后滴定相对误差为±0.1%时，强碱滴定不同强度弱酸的 pH 突跃范围。

表 6-5　强碱滴定弱酸的 pH 突跃范围

离解常数 K_a	pH 突跃范围											
	1mol/L				0.1mol/L				0.01mol/L			
	−0.1%	计量点	+0.1%	ΔpH	−0.1%	计量点	+0.1%	ΔpH	−0.1%	计量点	+0.1%	ΔpH
10^{-5}	8.00	9.35	10.70	2.70								
10^{-6}	9.00	9.85	10.70	1.70	9.00	9.35	9.77	0.77	8.70	8.85	9.00	0.30
10^{-7}	10.00	10.35	10.77	0.77	9.70	9.85	10.00	0.30	9.30	9.35	9.40	0.10
10^{-8}	10.70	10.85	11.00	0.30	10.30	10.35	10.40	0.10				
10^{-9}	11.30	11.35	11.40	0.10	10.83	10.85	10.87	0.04				

由表 6-5 可知，K_a 值一定时浓度越大，或浓度一定 K_a 值越大，滴定突跃范围（ΔpH）就越大。即 $C \cdot K_a$ 的乘积越大，滴定突跃范围越大。人眼借助于指示剂的变色准确判断滴定终点，pH 滴定突跃（ΔpH）必须在 0.3 pH 单位以上，才能保证滴定误差小于 0.1%。由表 6-5 中的 ΔpH 可知，只有弱酸的 $C \cdot K_a \geqslant 10^{-8}$ 才能满足滴定准确度的要求，可以用指示剂法准确滴定。因此，通常以 $K_a \cdot C \geqslant 10^{-8}$，作为判断弱酸能否被准确滴定的依据。

对强酸滴定弱碱，如 HCl 滴定 NH_3，其滴定曲线与 NaOH 滴定 HAc 相似，但 pH 的变化方向相反。由于滴定产物是被滴弱碱的共轭酸，计量点时溶液 pH<7，滴定突跃范围也处于酸性区域，故应选择在酸性区域变色的指示剂，如甲基红、甲基橙等指示滴定终点。与强碱滴定弱酸的可行性条件相同，只有当弱碱的 $K_b \cdot C \geqslant 10^{-8}$ 时，才能直接用强酸进行准确滴定。

根据上述讨论，不同类型的酸碱滴定及指示剂的选择小结如下：

① 酸碱滴定中，计量点的 pH 由所生成的产物而定，可以 pH<7，=7 或>7。

② 在计量点附近形成滴定突跃，滴定突跃的大小与酸（碱）的强度及溶液的浓度有关。酸（碱）越强，突跃越大；溶液越浓，突跃越大。只有当酸（碱）的 $K \cdot C \geqslant 10^{-8}$ 时，才能直接进行准确滴定。

③ 选择指示剂的原则是：指示剂的变色终端落在计量点附近的 pH 突跃范围内。

三、多元酸（碱）的滴定

（一）多元酸的滴定

多元酸在水溶液中分步离解。如 H_2A：

$$H_2A \rightleftharpoons H^+ + HA^- \qquad K_{a1} = \frac{[H^+][HA^-]}{[H_2A]}$$

$$HA^- \rightleftharpoons H^+ + A^{2-} \qquad K_{a2} = \frac{[H^+][A^{2-}]}{[HA^-]}$$

强碱滴定多元酸时，主要需解决三个问题：首先多元酸在各计量点附近有无明显的滴定突跃，即每一步离解的 H^+ 能否被准确滴定？其次，多元酸相邻的两个 pH 突跃能否彼此分开，即能否进行分步滴定？若多元酸能分步滴定，每一步离解的 H^+ 也可被准确滴定，应如何选择合适的指示剂指示滴定终点？判断如下：

1. 当 $K_{a1} \cdot C_1 \geqslant 10^{-8}$ 时，这一计量点附近有明显 pH 突跃，即这一步离解的 H^+ 可以被准确滴定。

2. 当 $K_{a1}/K_{a2} \geqslant 10^4$ 时，即相邻的两个 K_a 之比在 10^4 以上，这两个计量点附近形成的 pH 突跃能彼此分开，可以分步滴定这两步离解出的 H^+。

当 $K_{a1}/K_{a2} < 10^4$ 时，相邻两计量点附近形成的 pH 突跃分不开，不能进行分步滴定。

3. 多元酸的滴定曲线计算比较复杂，通常用 pH 电位计记录滴定过程中 pH 的变化，直接测定其滴定曲线。在实际工作中，为便于指示剂选择，通常只计算计量点产物的 pH，选择在此 pH 附近变色的指示剂来指示滴定终点。由于对多元酸滴定指示剂的准确度要求不是很高，常用最简式计算。

例如，用 0.1000mol/L NaOH 标准溶液滴定 0.1000mol/L $H_2C_2O_4$ 溶液时：

$$K_{a1} \cdot C_1 = 5.9 \times 10^{-2} \times 0.1000 > 10^{-8} \quad K_{a2} \cdot C_2 = 6.4 \times 10^{-5} \times \frac{0.1000}{2} > 10^{-8}$$

草酸第一、第二计量点附近都有明显的 pH 突跃，可以准确滴定草酸第一、第二步离解出的 H^+。但 $K_{a1}/K_{a2} = \frac{5.9 \times 10^{-2}}{6.4 \times 10^{-5}} < 10^4$，滴定时两个 pH 突跃彼此分不开，不能分步滴定草酸两步

离解出的 H^+，测得的为草酸的总量。

计量点时，反应产物为 $C_2O_4^{2-}$，溶液的 pH 由二元碱的离解决定

$$[OH^-]=\sqrt{K_{b1}\cdot C}=\sqrt{1.6\times10^{-10}\times\frac{0.10}{3}}=2.3\times10^{-6}\ (mol/L)$$

$$pOH=5.64\qquad pH=8.36$$

应选择在计量点附近变色的酚酞作为指示剂。

再如，用 0.1000mol/L NaOH 标准溶液滴定 0.1000mol/L H_3PO_4 溶液时

$$K_{a1}\cdot C_1=7.6\times10^{-3}\times0.1000>10^{-8}$$

$$K_{a2}\cdot C_2=6.3\times10^{-8}\times\frac{0.1000}{2}\approx10^{-8}$$

$$K_{a3}\cdot C_3=4.4\times10^{-13}\times\frac{0.1000}{3}<10^{-8}$$

说明第一、第二计量点附近均有明显的 pH 突跃，可以准确滴定，而第三计量点附近的 pH 突跃不明显，不能直接滴定。

又 $\frac{K_{a1}}{K_{a2}}=\frac{7.6\times10^{-3}}{6.3\times10^{-8}}>10^4\qquad\frac{K_{a2}}{K_{a3}}=\frac{6.3\times10^{-8}}{4.4\times10^{-13}}>10^4$

说明第一、第二计量点附近的两个 pH 突跃能彼此分开，第三步离解的 H^+ 不影响第二步离解的 H^+ 的滴定，因此，可以用 NaOH 分步准确滴定 H_3PO_4 第一、二步离解的 H^+。

NaOH 滴定 H_3PO_4 至第一、第二计量点时，其产物 $H_2PO_4^-$、HPO_4^{2-} 均为两性物质，可按两性物质溶液 pH 计算公式计算溶液的 $[H^+]$。

第一计量点时，反应产物为 $H_2PO_4^-$

$$[H^+]=\sqrt{K_{a1}\cdot K_{a2}}$$

$$pH=\frac{1}{2}(pK_{a1}+pK_{a2})=4.66$$

可选用甲基红、溴甲酚绿为指示剂。

第二计量点时，反应产物为 HPO_4^{2-}

$$[H^+]=\sqrt{K_{a2}\cdot K_{a3}}$$

$$pH=\frac{1}{2}(pK_{a2}+pK_{a3})=9.78$$

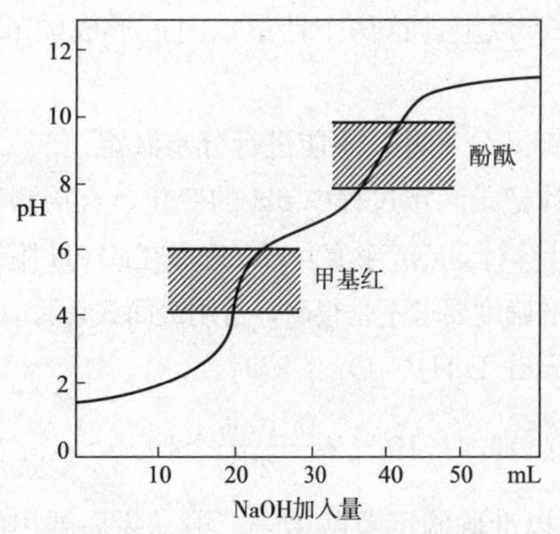

图 6-8 0.1000mol/L NaOH 溶液滴定 0.1000mol/L H_3PO_4 溶液的滴定曲线

可选用酚酞、百里酚酞作为指示剂。由于计量点附近滴定突跃较小，指示剂终点变色不明显，滴定误差较大。可分别改用溴甲酚绿-甲基橙，酚酞-百里酚酞混合指示剂，则终点变色较单一指示剂敏锐。由于第二计量点反应产物 HPO_4^{2-} 酸性很弱（$K_{a3}<10^{-7}$），因此，不能用 NaOH 标准溶液直接滴定 H_3PO_4 第三步离解的 H^+。NaOH 滴定 H_3PO_4 的滴定曲线见图 6-8。

从上述讨论可以看出，分步离解常数相差较大的多元酸的滴定，实际上可以看作是不同强度一元酸混合物的滴定。

混合酸的滴定与多元酸的滴定相似，当两种酸浓度

相同时，若 $K_a \cdot C \geqslant 10^{-8}$，$K_a' \cdot C \geqslant 10^{-8}$，则两种酸都可被准确滴定；当 $K_a/K_a' \geqslant 10^4$ 时，可以分别滴定，即滴定第一种酸而第二种酸不干扰。如果两者浓度不同，则要求 $K_a \cdot C/K_a' \cdot C' \geqslant 10^4$，才能进行分别滴定。

（二）多元碱的滴定

与多元酸一样，多元碱在水溶液中也是分步离解，其能否分步滴定？每一步能否准确滴定？可参照多元酸的滴定进行判断，并选择在计量点 pH 值附近变色的指示剂来确定滴定终点。

例如，Na_2CO_3 是二元碱，在溶液中分两步离解，$K_{b1}=1.8\times10^{-4}$，$K_{b2}=2.4\times10^{-8}$，当用 0.1000mol/L HCl 标准溶液滴定约 0.1000mol/L Na_2CO_3 溶液时

$K_{b1} \cdot C_1 > 10^{-8}$　$K_{b2} \cdot C_2 \approx 10^{-8}$，第一、二计量点附近均有较明显的 pH 突跃，可被 HCl 准确滴定。

又 $\dfrac{K_{b1}}{K_{b2}} \approx 10^4$，第一、第二计量点附近的 pH 突跃能彼此分开，可以分步滴定第一、二步离解的 OH^-。

第一计量点时，溶液的 pH 值由生成的两性物质 HCO_3^- 的离解决定。

$$[H^+]=\sqrt{K_{a1} \cdot K_{a2}}=\sqrt{4.2\times10^{-7}\times5.6\times10^{-11}}=4.8\times10^{-9}\ (\text{mol/L})$$

$$pH=8.31$$

可用酚酞、百里酚蓝作指示剂。由于 $K_{b1}/K_{b2} \approx 10^4$，差别不够大，$HCO_3^-$ 有较大的缓冲作用，因而第一计量点附近 pH 突跃较小，酚酞变色不明显，通常用 $NaHCO_3$ 溶液作参比，或使用甲酚红-百里酚蓝混合指示剂，其变色范围为 8.2（粉红色）～8.4（紫色），可获得较为准确的测定结果。

第二计量点时，溶液的 pH 由滴定产物 H_2CO_3 的离解决定。

$$[H^+]=\sqrt{K_{a1} \cdot C}=\sqrt{4.2\times10^{-7}\times0.03}$$

$$=1.1\times10^{-4}\ (\text{mol/L})$$

$$pH=3.96$$

可选用甲基橙、溴酚蓝作为指示剂。由于 K_{b2} 较小，计量点的 pH 突跃较小，终点时指示剂的变色不太明显。为防止形成 CO_2 过饱和溶液使终点提前且变色不明显，在滴定近终点时，应剧烈摇动溶液或加热至沸，促使 H_2CO_3 分解成 CO_2 逸出，冷却后再继续滴定至终点。HCl 溶液滴定 Na_2CO_3 溶液的滴定曲线见图 6-9。

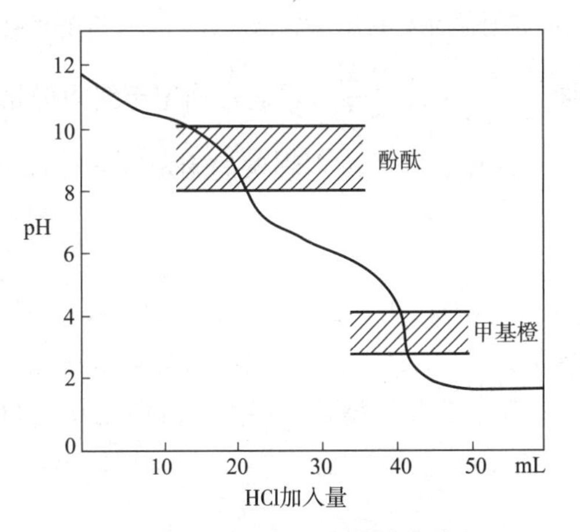

图 6-9　0.1000mol/L HCl 溶液滴定 0.1000mol/L Na_2CO_3 溶液的滴定曲线

四、滴定误差（终点误差）

在酸碱滴定中，通常利用指示剂的变色来确定滴定终点，指示反应计量点的到达。但是，滴定终点往往是接近计量点，而不恰好在计量点，滴定终点与化学计量点不一致时所引起的相对误差，称为滴定误差或终点误差（titration error）。滴定误差是一种方法误差，其大小由被滴溶液中剩余酸（或碱）或多加碱（或酸）滴定剂的量所决

定，滴定误差通常用 $TE\%$表示，可表示为：

$$TE\%=\frac{\text{滴定剂过量或不足的物质的量}}{\text{被测物质的物质的量}}\times 100\% \tag{6-22}$$

（一）强酸（碱）的滴定误差

设被滴物质的初始浓度 C_0，体积为 V_0，滴定至终点时消耗滴定剂的体积为 V。

强碱滴定强酸的化学计量点 pH＝7，若滴定终点与化学计量点一致，则 $[OH^-]_{ep}=[H^+]_{ep}$，$TE\%=0$。

若滴定终点在计量点之前（溶液 pH<7），指示剂在化学计量点之前变色，则有少量酸未被滴定，滴定剂 NaOH 不足，溶液中 $[OH^-]_{ep}<[H^+]_{ep}$，$TE(\%)<0$，存在负误差。终点时溶液中的 H^+来自未被滴定的强酸 HA 离解产生的 H^+及溶剂 H_2O 离解产生的 H^+，因此，溶液中剩余强酸 HA 的浓度应为：

$$[H^+]_{剩余}=[H^+]-[OH^-]$$

$$TE\%=\frac{[H^+]_{剩余}}{C_{ep}}\times 100\%=\frac{[OH^-]-[H^+]}{C_{ep}}\times 100\%$$

同理，若滴定终点在计量点之后（溶液 pH>7），则有少量的滴定剂 NaOH 过量，溶液中 $[OH^-]_{ep}>[H^+]_{ep}$，$TE\%>0$，存在正误差。终点时溶液中的 OH^-来自过量滴定剂 NaOH 离解产生的 OH^-及溶剂 H_2O 离解产生的 OH^-，因此，溶液中过量 NaOH 的浓度应为：

$$[OH^-]_{过量}=[OH^-]-[HA]$$

$$TE\%=\frac{[OH^+]_{过量}}{C_{ep}}\times 100\%=\frac{[OH^-]-[H^+]}{C_{ep}}\times 100\%$$

故根据化学计量点时溶液的质子条件式及滴定误差的定义式，导出强碱滴定强酸滴定误差的计算公式为：

$$TE\%=\frac{[OH^-]_{ep}-[H^+]_{ep}}{C_{ep}}\times 100\% \tag{6-23a}$$

$[OH^-]_{ep}$、$[H^+]_{ep}$分别为滴定终点时溶液中 OH^-、H^+的浓度，主要由过量的滴定剂或剩余的被滴物质的离解产生，溶剂水离解产生的 H^+和 OH^-往往忽略不计。C_{ep}为被滴物的终点浓度（$C_{ep}=\frac{C_0V_0}{V_0+V}$），通常滴定至终点时溶液体积增加一倍，故 $C_{ep}=\frac{1}{2}C_0$。

同理，强酸滴定强碱的滴定误差计算公式为：

$$TE\%=\frac{[H^+]_{ep}-[OH^-]_{ep}}{C_{ep}}\times 100\% \tag{6-23b}$$

例 6-9 用 0.1000 mol/L 的 NaOH 溶液滴定 20.00mL 0.1000mol/L HCl 溶液时，用甲基橙指示终点（pH＝4.0）或用酚酞指示终点（pH＝9.0），滴定误差各为多少？

解：以甲基橙指示终点，pH＝4.0，$[H^+]=1.0\times 10^{-4}$mol/L，$[OH^-]=1.0\times 10^{-10}$mol/L，$C=0.1000/2$mol/L，代入式（6-23a）得：

$$TE\%=\frac{1.0\times 10^{-10}-1.0\times 10^{-4}}{0.05000}\times 100\%=-0.2\%$$

以酚酞指示终点，pH＝9.0，pOH＝5.0，$[H^+]=1.0\times 10^{-9}$mol/L，$[OH^-]=1.0\times 10^{-5}$mol/L，$C=0.1000/2$mol/L

$$TE\%=\frac{1.0\times 10^{-5}-1.0\times 10^{-9}}{0.05000}\times 100\%=0.02\%$$

用酚酞作指示剂滴定误差是用甲基橙作指示剂的 1/10，对 0.1000mol/L 强酸滴定都能符合滴定分析要求。

（二）弱酸（碱）的滴定误差

对于强碱滴定弱酸，同样由滴定误差的定义，根据化学计量点时溶液的质子条件式，分别分析终点在计量点前、计量点后的溶液情况，得出滴定剂过量的量或滴定剂不足的量（即被测物剩余的量），代入滴定误差的定义式（式 6-22），导出弱酸滴定误差的计算公式为：

$$TE\%=\frac{[OH^+]_{ep}-([HA]_{ep}+[H^+]_{ep})}{C_{ep}}\times 100\% \tag{6-24a}$$

$[HA]_{ep}$、$[OH^-]_{ep}$、$[H^+]_{ep}$分别为滴定终点时溶液中 HA、OH^- 和 H^+ 的浓度，C_{ep}为被滴物的终点浓度（$C_{ep}=\frac{C_0V_0}{V_0+V}$）。由于强碱滴定弱酸，滴定终点时溶液呈碱性，溶液中［H^+］往往可忽略，则上式简化为：

$$TE\%=\frac{[OH^+]_{ep}-[HA]_{ep}}{C_{ep}}\times 100\% \tag{6-24b}$$

而［HA］$=\delta_{HA}\cdot C_{ep}=\frac{[H^+]}{[H^+]+K_a}\cdot C_{ep}$，代入上式，得：

$$TE\%=\frac{[OH^+]_{ep}}{C_{ep}}-\frac{[H^+]_{ep}}{[H^+]_{ep}+K_a}\times 100\% \tag{6-24c}$$

同理，可推得强酸滴定一元弱碱的滴定误差公式为：

$$TE\%=\frac{[H^+]_{ep}-[B]_{ep}+[OH^-]_{ep}}{C_{ep}}\times 100\% \tag{6-25a}$$

强酸滴定一元弱碱，滴定终点时溶液呈酸性，溶液中［OH^-］往往可忽略，则上式简化为：

$$TE\%=\frac{[H^+]_{ep}-[B]_{ep}}{C_{ep}}\times 100\% \tag{6-25b}$$

而［B］$=\delta_B\cdot C_{ep}=\frac{[OH^-]}{[OH^-]+K_b}\cdot C_{ep}$，代入上式，得：

$$TE\%=\left(\frac{[H^+]_{ep}}{C_{ep}}-\frac{[OH^-]_{ep}}{[OH^-]_{ep}+K_b}\right)\times 100\% \tag{6-25c}$$

例 6-10　用 0.1000mol/L 的 NaOH 溶液滴定 20.00mL 0.1000mol/L 的 HAc 溶液，用酚酞作指示剂，滴至：（1）pH=8.0 为终点；（2）pH=9.0 为终点，计算滴定误差。

解：（1）滴到 pH=8.0 时，未到计量点，为负误差。

$[OH^-]=1.0\times10^{-6}$mol/L，$K_a=1.8\times10^{-5}$，又 $C_{ep}=\frac{0.1000}{2}$mol/L，代入式（6-24c）得：

$$TE\%=\left(\frac{1.0\times10^{-6}}{0.1000/2}-\frac{1.0\times10^{-8}}{1.0\times10^{-8}+1.8\times10^{-5}}\right)\times 100\%=-0.054\%$$

（2）滴到 pH=9.0 时，超过了计量点，为正误差，

$[OH^-]=1.0\times10^{-5}$mol/L，代入式（6-24c）得：

$$TE\%=\left(\frac{1.0\times10^{-5}}{0.1000/2}-\frac{1.0\times10^{-9}}{1.0\times10^{-9}+1.8\times10^{-5}}\right)\times 100\%=0.014\%$$

第四节　酸碱标准溶液的配制与标定

酸碱滴定中常用的标准溶液都是由强酸、强碱配制而成的，其中使用最多的是盐酸和氢氧化

钠。酸碱标准溶液的浓度一般配成0.1mol/L，有时也配成1mol/L或0.01mol/L，采用间接法配制。

一、酸标准溶液的配制与标定

酸标准溶液通常是用盐酸或硫酸来配制，其中应用得最多的是盐酸标准溶液。由于浓盐酸易挥发，故不能用直接法配制，要采用间接配制法，即先配成近似于所需浓度的溶液，然后再用适当的基准物质或用其他碱标准溶液标定其准确浓度。

（一）0.1mol/L HCl溶液的配制

市售浓HCl比重为1.19，浓度约为12mol/L，若配制1000mL 0.1mol/L的稀HCl溶液，应量取浓HCl的体积可按下式计算：

$$V_{浓}=\frac{C_{稀}\cdot V_{稀}}{C_{浓}}=\frac{0.1\times1000}{12}\approx8.3(\mathrm{mL})$$

为使配制的HCl标准溶液的浓度不小于0.1mol/L，故实际取量应比计算量略多一点，取9mL，稀释至1000mL，然后再用基准物质进行标定。

（二）0.1mol/L HCl溶液的标定

常用于标定酸标准溶液的基准物质有无水碳酸钠和硼砂。

无水碳酸钠易获得纯品，一般可用市售基准试剂Na_2CO_3作基准物。由于碳酸钠易吸收空气中的水分，使用前应在270～300℃干燥至恒重，然后密封于瓶内，保存在干燥器中备用。称量Na_2CO_3时速度要快，以免吸收空气中水分而引入误差。其标定反应为：

$$Na_2CO_3+2HCl = 2NaCl+H_2O+CO_2\uparrow$$

计量点产物为H_2CO_3（pH=3.9），通常选用甲基红-溴甲酚绿混合指示剂，也可用甲基橙作指示剂确定终点，根据所消耗HCl溶液的体积计算HCl溶液的浓度。

$$C_{HCl}=\frac{m_{Na_2CO_3}}{V_{HCl}\cdot M_{Na_2CO_3}}\times2000$$

Na_2CO_3基准物的缺点是易吸水，摩尔质量小，终点时指示剂变色不太敏锐。

硼砂（$Na_2B_4O_7\cdot10H_2O$）容易制得纯品，不易吸水，摩尔质量较大。但当空气中相对湿度低于39%时，易失去结晶水，因此，应将硼砂基准物保存在相对湿度为60%的密闭容器（如装有食盐及蔗糖饱和溶液的干燥器）中。用硼砂标定HCl的反应为：

$$Na_2B_4O_7+2HCl+5H_2O \rightleftharpoons 4H_3BO_3+2NaCl$$

计量点时，生成极弱的H_3BO_3（$K_a=5.8\times10^{-10}$），溶液的pH值为5.1，可选择甲基红作指示剂，终点时指示剂变色明显。

$$C_{HCl}=\frac{m_{Na_2B_4O_7\cdot10H_2O}}{V_{HCl}\cdot M_{Na_2B_4O_7\cdot10H_2O}}\times2000$$

此外，也可用已知准确浓度的NaOH溶液标定HCl溶液的浓度，用酚酞指示剂指示终点。

二、碱标准溶液的配制与标定

碱标准溶液通常是用氢氧化钠、氢氧化钾来配制，氢氧化钠标准溶液应用较普遍。由于NaOH易吸潮，易吸收空气中CO_2形成Na_2CO_3而影响其纯度，另外NaOH中还可能含有硫酸

盐、硅酸盐、氯化物等杂质，因此只能用间接法配制。

（一）0.1mol/L NaOH 溶液的配制

为了配制不含 CO_3^{2-} 的 NaOH 标准溶液，通常先将 NaOH 配成饱和溶液（比重为 1.56，浓度为 52%），浓度约为 20mol/L，贮于塑料瓶中，使不溶的 Na_2CO_3 沉于底部，再取上层清液稀释至所需配制的浓度。稀释时应使用不含 CO_2 新煮沸的冷蒸馏水。

配制 1000mL 0.1mol/L NaOH 溶液，应量取 NaOH 饱和溶液 5.0mL，为保证其浓度略大于 0.1mol/L，故一般实际量取 5.6mL NaOH 饱和溶液稀释。

（二）0.1mol/L NaOH 溶液的标定

标定碱标准溶液的基准物质有邻苯二甲酸氢钾（KHP）、草酸（$H_2C_2O_4 \cdot 2H_2O$）等，也可以用已知准确浓度的 HCl 标准溶液标定 NaOH。

邻苯二甲酸氢钾易于用重结晶法制得纯品，具有不含结晶水，不吸潮，容易保存，摩尔质量大等优点，因而是标定 NaOH 溶液最常用的基准物质。使用前应在 105～110℃下干燥至恒重，保存于干燥器中。其标定反应为：

$$C_6H_4(COOH)(COOK) + NaOH \rightleftharpoons C_6H_4(COONa)(COOK) + H_2O$$

邻苯二甲酸钾钠的 $K_{a2}=3.9\times10^{-6}$，计量点时溶液的 pH=9.1，可选酚酞作指示剂。根据消耗 NaOH 溶液的体积计算其浓度。

$$C_{NaOH}=\frac{m_{KHP}}{V_{NaOH}\cdot M_{KHP}}\times1000$$

草酸基准物相当稳定，相对湿度在 5%～95%时不会风化而失水，因此，可保存在密闭容器内备用。其标定反应为：

$$H_2C_2O_4+2NaOH \rightleftharpoons Na_2C_2O_4+2H_2O$$

草酸的 $K_{a2}=6.4\times10^{-5}$，计量点时溶液的 pH=8.4，可选酚酞作指示剂。由消耗 NaOH 溶液的体积计算其浓度。

$$C_{NaOH}=\frac{m_{H_2C_2O_4\cdot2H_2O}}{V_{NaOH}\cdot M_{H_2C_2O_4\cdot2H_2O}}\times2000$$

第五节　应用实例

水溶液中的酸碱滴定是最基本的滴定分析方法，可用来测定酸、碱以及能直接或间接与酸碱起反应的物质。中药、化学合成药、生物样品等所含无机碱、生物碱、矿酸、有机酸（各级脂肪酸与芳香酸等）、内酯类等酸、碱组分均可用酸碱滴定法测定其含量。

一、直接滴定

对于 $K\cdot C\geqslant10^{-8}$ 的一元酸、碱组分，$K\cdot C\geqslant10^{-8}$ 和 $\frac{K_{a1}}{K_{a2}}\geqslant10^4$ 的多元酸碱、混合酸碱都可用标准溶液直接滴定或分别滴定。

（一）乌头中总生物碱含量测定

乌头中的乌头碱、次乌头碱、美沙乌头碱等生物碱是乌头的药效成分，其总生物碱含量可用

酸碱滴定法直接测定。

操作步骤：取约 50mg 乌头总生物碱的提取物，精密称定，加入中性乙醇（对甲基红指示液呈中性）5mL，微热使其溶解后，加入新煮沸的冷蒸馏水 30mL 及 0.1%甲基红指示液 4 滴，用 0.0200mol/L 盐酸标准溶液滴定至红色即为终点。根据消耗 HCl 标准溶液的体积及称取试样的质量，计算总生物碱的含量（总生物碱以乌头碱计，每 1mL 0.0200mol/L HCl 相当于 0.0129g 乌头碱）。

$$总生物碱\%=\frac{T_{T/A}}{S}V_T\times100\%$$

式中，$T_{T/A}$为 HCl 标准溶液对乌头碱的滴定度，V_T 为消耗的 HCl 标准溶液的体积，S 为称取生物碱提取物的质量。

（二）混合碱的定量分析——双指示剂（滴定）法

例如烧碱中 NaOH、Na_2CO_3 的含量测定。烧碱（氢氧化钠）在生产和储存过程中，因吸收空气中的 CO_2 而成为 NaOH 和 Na_2CO_3 的混合物。由于滴定 Na_2CO_3 时有两个计量点，可采用双指示剂滴定法（double indicator titration），分别测定 NaOH 和 Na_2CO_3 的含量。

在被测溶液中先加入酚酞指示剂，用 HCl 标准溶液进行滴定，至酚酞红色刚褪去时为终点，指示第一计量点的到达。此时，NaOH 全部被滴定，而 Na_2CO_3 只被滴定成 $NaHCO_3$，即恰好滴定了一半，滴定反应为：

$$NaOH+HCl = NaCl+H_2O \qquad (pH=7.0)$$

$$Na_2CO_3+HCl = NaHCO_3+H_2O \qquad (pH=8.3)$$

此时消耗 HCl 标准溶液的体积为 V_1mL。然后再加入甲基橙指示剂，用 HCl 标准溶液继续滴定至甲基橙由黄色变为橙红色时，指示第二个计量点的到达，$NaHCO_3$ 全部生成 H_2CO_3，滴定反应为：

$$NaHCO_3+HCl = NaCl+H_2CO_3$$

$$\hookrightarrow H_2O+CO_2\uparrow \qquad (pH=3.9)$$

此时消耗 HCl 标准溶液的体积为 V_2 mL。则 Na_2CO_3 所消耗 HCl 的体积为 $2V_2$ mL，NaOH 所消耗 HCl 体积应为（V_1-V_2）mL，NaOH 和 Na_2CO_3 含量分别按下列两式计算：

$$NaOH\%=\frac{C_{HCl}(V_1-V_2)\cdot M_{NaOH}}{S\times1000}\times100\%$$

$$Na_2CO_3\%=\frac{C_{HCl}\cdot 2V_2\cdot M_{Na_2CO_3}}{S\times2000}\times100\%$$

式中 S 为称取试样的质量，M_{NaOH}、$M_{Na_2CO_3}$ 分别为 NaOH 和 Na_2CO_3 的摩尔质量。

双指示剂法不仅用于混合碱的定量分析，还可用于未知碱试样的定性分析。设 V_1 为滴定试液至酚酞变色所需要的标准酸的体积，V_2 为继续滴定试液至甲基橙变色所需增加的标准酸的体积。根据 V_1 和 V_2 的大小，可判断试样的化学组成。现以 A、B、C 分别代表 NaOH、Na_2CO_3 和 $NaHCO_3$ 为例说明如下：

依　据	试样的组成	依　据	试样的组成
$V_1\neq0$　$V_2=0$	A	$V_1>V_2>0$	A+B
$V_1=0$　$V_2\neq0$	C	$V_2>V_1>0$	B+C
$V_1=V_2\neq0$	B		

根据 V_1 和 V_2 值可以计算样品中各组分的含量。

二、间接滴定

对于 $K \cdot C < 10^{-8}$ 的很弱有机酸、生物碱（中药制剂中大多数有机酸、碱的 $K = 10^{-6} \sim 10^{-9}$），或水中溶解度很小的酸碱，不能直接滴定，但它们可与酸或碱作用，或通过一些反应产生一定量的酸或碱，或增强其酸性或碱性后，就能采用返滴定法、间接滴定或非水滴定法测定其含量。如多元醇存在下 H_3BO_3 的含量测定，含氮化合物中氮的测定等。

（一）硼酸含量的测定

硼酸是很弱的酸，$K_a = 5.8 \times 10^{-10}$，在水溶液中不能用碱标准溶液直接滴定。可于硼酸溶液中加入一些甘油或甘露醇等多元醇，使其与硼酸根形成稳定的配合物，从而增加硼酸在水溶液中的离解，使硼酸转变为中强酸。如 H_3BO_3 与丙三醇生成的配合酸 $K_{a1} = 3.0 \times 10^{-7}$，与甘露醇生成的配合酸 $K_{a1} = 1.0 \times 10^{-4}$，可用 NaOH 标准溶液直接进行滴定。$H_3BO_3$ 与丙三醇的配合反应及配合酸的滴定反应为：

$$2\begin{matrix} H_2C-OH \\ | \\ HC-OH \\ | \\ H_2C-OH \end{matrix} + H_3BO_3 \rightleftharpoons \left[\begin{matrix} H_2C-O & & O-CH_2 \\ & B & \\ HC-O & & O-CH \\ H_2C-OH & & HO-CH_2 \end{matrix}\right]^- + H^+ + 3H_2O$$

$$\left[\begin{matrix} H_2C-O & & O-CH_2 \\ & B & \\ HC-O & & O-CH \\ H_2C-OH & & HO-CH_2 \end{matrix}\right]^- + H^+ + NaOH \rightleftharpoons \left[\begin{matrix} H_2C-O & & O-CH_2 \\ & B & \\ HC-O & & O-CH \\ H_2C-OH & & HO-CH_2 \end{matrix}\right]^- + Na^+ + H_2O$$

操作步骤：精密称取硼酸约 0.2g（预先置硫酸干燥器中干燥），加蒸馏水一份与丙三醇两份的混合液（对酚酞指示剂显中性）30mL，微热使溶解，迅速放冷至室温，加入酚酞指示剂 3 滴，用 0.1mol/L NaOH 标准溶液滴定至显粉红色，即为终点。按下式计算 H_3BO_3 的百分含量。

$$H_3BO_3\% = \frac{C_{NaOH} \cdot V_{NaOH} \cdot M_{H_3BO_3}}{S \times 1000} \times 100\%$$

对于一些极弱的酸（碱），除利用生成稳定的配合物使弱酸强化，还可利用沉淀反应、氧化还原反应使弱酸强化后，进行准确滴定。

（二）有机化合物中氮含量的测定—凯氏（Kjeldahl）定氮法

蛋白质、氨基酸、生物碱等有机化合物中氮含量常用凯氏定氮法测定。该法是将含氮有机物与浓硫酸加热煮沸，使其消化分解，有机化合物被氧化为 CO_2 和 H_2O，样品中所含氮定量转变为 NH_4^+，常加入 $CuSO_4$ 或汞盐作催化剂。于反应液中加入 NaOH 至溶液呈强碱性，析出的 NH_3 随水蒸气蒸馏出来，导入饱和硼酸溶液吸收液中，再用硫酸标准溶液直接滴定所产生的硼酸盐，从而计算试样的含氮量。干酵母主要成分为含甘氨酸的蛋白质，药典规定其蛋白质不得少于 40%。干酵母中蛋白质的含量可用凯氏定氮法定量测定，先求出干酵母中的含氮量，然后换算成蛋白质的含量。其主要反应式如下：

消化　　有机含氮化合物＋浓 $H_2SO_4 \xrightarrow[\triangle]{CuSO_4\ 催化} NH_4^+ + CO_2\uparrow + H_2O$

蒸馏　　$NH_4^+ \xrightarrow{NaOH} NH_3$

吸收　　$H_3BO_3 + NH_3 \rightleftharpoons NH_4^+ + H_2BO_3^-$

滴定 $$2H_2BO_3^- + H_2SO_4 \rightleftharpoons 2H_3BO_3 + SO_4^{2-}$$

操作步骤：精密称取干酵母0.2g置滤纸上，并连同滤纸投入干燥的500mL凯氏烧瓶中；依次加入无水硫酸钠（或硫酸钾）5g，无水硫酸铜0.3g，再沿瓶壁缓缓加入浓硫酸10mL；在凯氏烧瓶口放一小漏斗并使烧瓶成45°倾斜，用直火缓缓加热，使溶液温度保持在沸点以下，等泡沸停止，强热至沸腾，俟溶液成澄明的绿色后继续加热30分钟，放冷。沿瓶壁缓缓加水125mL，振摇使混合，放冷后，加40%氢氧化钠溶液60mL，注意使沿瓶壁流至瓶底自成一液层。加锌粒数粒，用氮气球将凯氏瓶与冷凝管连接；另取2%硼酸溶液50mL置500mL锥形瓶中，加甲基红-溴甲酚绿混合指示剂4滴；将冷凝管的下端插入硼酸溶液的液面下，轻轻摆动凯氏烧瓶，使溶液混合均匀，加热蒸馏，至接受液的总体积为250mL时将冷凝管尖端提出液面，使蒸气冲洗约1分钟，用水淋洗尖端后停止蒸馏；馏出液用0.05mol/L硫酸液滴定至溶液由蓝绿色变为灰紫色，并将滴定结果用空白试验校正。每1mL的0.05mol/L硫酸液相当于1.401mg的N。

$$N\% = \frac{2C_{H_2SO_4} \cdot V_{H_2SO_4} \cdot M_N}{S \times 1000} \times 100\%$$

$$\left(或\ N\% = \frac{T_{H_2SO_4/N} \cdot V_{H_2SO_4}}{S} \times 100\%\right)$$

$$蛋白质\% = \frac{V_{H_2SO_4} \cdot \dfrac{C_{H_2SO_4}}{0.05} \times 1.401 \times 6.25}{S \times 1000} \times 100\%$$

不同蛋白质中氮的含量基本相同，将氮的质量换算为蛋白质的换算因数为6.25（即蛋白质中含16%的氮），若蛋白质的组成大部分为白蛋白，则换算因数为6.27。对于含硝基、亚硝基或偶氮基等有机化合物，须在消化前用还原剂处理，再按上述方法消化，使氮定量转化为铵离子。常用的还原剂有亚铁盐、硫代硫酸盐和葡萄糖等。

第六节　非水溶液中酸碱滴定

滴定分析一般都在水溶液中进行，水对许多物质的溶解能力强、价廉、安全、挥发小、易于纯化。但对一些很弱的酸、碱，由于它们的离解常数小于10^{-7}，在水溶液中进行滴定时，没有明显的滴定突跃，不能准确滴定；许多有机试样难溶于水，也不能在水溶液中直接滴定；某些混合酸、碱在水中无法实现分别滴定。为了解决这些问题，可采用非水溶剂（包括有机溶剂与不含水的无机溶剂）作为滴定介质，从而扩大了滴定分析的应用范围。

在水以外的溶剂中进行滴定的方法称为非水滴定法（nonaqueous titration）。非水滴定法除溶剂较为特殊外，具有一切滴定分析所具有的准确、快速、不需要特殊设备等优点，因而，已被各国药典和其他常规分析所采用，成为滴定分析的一个重要方法。

非水滴定法可用于酸碱滴定、沉淀滴定、配位滴定和氧化还原滴定等，在药物分析中，以非水酸碱滴定应用最广。近年来，对非水酸碱滴定的理论和应用的大量研究，为这一方法奠定了良好的基础。

一、溶剂的性质与作用

通常，任何一种溶质溶于给定的溶剂中，其酸碱性都将受到溶剂的离解性、溶剂的酸碱性及溶剂的极性等因素的影响。了解溶剂的这些性质与酸碱平衡的关系，将有助于选择适宜的溶剂，达到提高溶质的酸碱强度或区分溶质酸碱强度，增大酸碱滴定突跃的目的。

（一）溶剂的离解性

常用的非水溶剂，有些能离解，有些不能离解。能离解的溶剂称为离解性溶剂，如甲醇、乙醇、冰醋酸等；不能离解的溶剂称为非离解性溶剂，如苯、三氯甲烷、甲基异丁酮等。在离解性溶剂中，存在下列平衡：

$$HS \rightleftharpoons H^+ + S^- \qquad K_a^{HS}=\frac{[H^+][S^-]}{[HS]} \tag{6-26}$$

$$HS + H^+ \rightleftharpoons H_2S^+ \qquad K_b^{HS}=\frac{[H_2S^+]}{[H^+][HS]} \tag{6-27}$$

K_a^{HS} 为溶剂的固有酸度常数（intrinsic acidity constant），是 HS 给出质子能力的量度；K_b^{HS} 为溶剂的固有碱度常数（intrinsic basicity constant），是 HS 接受质子能力的量度。

合并式（6-26）与式（6-27）两式，即得溶剂的质子自递反应：

$$2HS \rightleftharpoons H_2S^+ + S^- \tag{6-28}$$

因此，在离解性溶剂中，实际上同时存在上述两个平衡，其中一分子溶剂起酸的作用，另一分子溶剂起碱的作用，由于自身质子转移的结果，形成了溶剂合质子（H_2S^+）和溶剂阴离子（S^-）。质子自递反应的平衡常数为：

$$K=\frac{[H_2S^+][S^-]}{[HS]^2}=K_a^{HS}K_b^{HS}$$

由于溶剂自身离解很弱，[HS] 可看作定值，故定义：

$$K_S^{HS}=[H_2S^+][S^-]=K_a^{HS}K_b^{HS}[HS]^2 \tag{6-29}$$

K_S^{HS} 称为溶剂的质子自递常数（或自身离解常数），在一定温度下为常数。溶剂水的质子自递常数 $K_S^{H_2O}$ 即为水的离子积 K_w：

$$K_w=[H_3O^+][OH^-]=1.0\times10^{-14}\quad(25℃)$$

其他离解性溶剂与水相似，如乙醇的质子自递反应为：

$$2C_2H_5OH \rightleftharpoons C_2H_5OH_2{}^+ + C_2H_5O^-$$

其质子自递常数 $K_S^{C_2H_5OH}=[C_2H_5OH_2^+][C_2H_5O^-]=7.9\times10^{-20}\quad(25℃)$

在一定温度下，不同溶剂因离解程度不同而有不同的质子自递常数。常见溶剂的 K_S^{HS} 值列于表 6-6。

表 6-6　常见离解性溶剂的质子自递反应及其常数（25℃）

溶　剂	质子自递反应	K_s^{HS}
水	$2H_2O \rightleftharpoons H_3O^+ + OH^-$	1×10^{-14}
甲醇	$2CH_3OH \rightleftharpoons CH_3OH_2^+ + CH_3O^-$	2×10^{-17}
乙醇	$2C_2H_5OH \rightleftharpoons C_2H_5OH_2^+ + C_2H_5O^-$	7.9×10^{-20}
甲酸	$2HCOOH \rightleftharpoons HCOOH_2^+ + HCOO^-$	6×10^{-7}
冰醋酸	$2HAc \rightleftharpoons H_2Ac^+ + Ac^-$	3.6×10^{-15}
醋酐	$2(CH_3CO)_2O \rightleftharpoons (CH_3CO)_3O^+ + CH_3COO^-$	3×10^{-15}
乙二胺	$2NH_2CH_2CH_2NH_2 \rightleftharpoons NH_2CH_2CH_2NH_3^+ + NH_2CH_2CH_2NH^-$	5×10^{-16}
乙腈	$2CH_2{=}C{=}NH \rightleftharpoons CH_2{=}C{=}NH_2^+ + CH_2{=}C{=}N^-$	3×10^{-27}

同一酸碱反应完全程度与所在溶剂的离解性有密切关系，在质子自递常数小的溶剂中进行酸碱反应比在质子自递常数大的溶剂中反应更完全。现以水和乙醇两种溶剂中强酸、强碱反应的平衡常数进行比较。

在水溶液中，强酸与强碱的反应是溶剂 H_2O 质子自递反应的逆反应：

$$H_3O^+ + OH^- \rightleftharpoons 2H_2O \quad K_t^{H_2O} = \frac{1}{K_S^{H_2O}} = 1.0 \times 10^{14} \quad (25℃)$$

在乙醇中，强酸与强碱的反应也是溶剂 C_2H_5OH 质子自递反应的逆反应：

酸（H^+）在乙醇中： $H^+ + C_2H_5OH \rightleftharpoons C_2H_5OH_2^+$

碱（OH^-）在乙醇中： $OH^- + C_2H_5OH \rightleftharpoons C_2H_5O^- + H_2O$

酸碱反应： $C_2H_5OH_2^+ + C_2H_5O^- \rightleftharpoons 2C_2H_5OH$

$$K_t^{C_2H_5OH} = \frac{1}{K_S^{C_2H_5OH}} = 1.2 \times 10^{19} \quad (25℃)$$

$K_t^{H_2O}$、$K_t^{C_2H_5OH}$ 分别为强酸、强碱在水、乙醇溶剂中反应的平衡常数。

可以看出，强酸与强碱在乙醇中反应的平衡常数远比在水中的大，反应进行得更完全。因此，同一酸碱滴定反应在质子自递常数小的溶剂中比在质子自递常数大的溶剂中进行得更完全，滴定突跃范围也更大（表 6-7）。

表 6-7 在水中和乙醇中强碱滴定强酸（0.1mol/L）的滴定突跃范围

溶剂	pK_S	计量点前(−0.1%)	计量点后(+0.1%)	突跃范围
H_2O	14.00	pH=4.3	pH=14.00—4.3=9.7	4.3～9.7
C_2H_5OH	19.10	$pC_2H_5OH_2$=4.3	$pC_2H_5OH_2$=19.1—4.3=14.8	4.3～14.8

从表 6-7 可知，pK_S 越大（K_S 越小），计量点后（+0.1%）的 pH^*（pH^* 表示溶剂化质子浓度的负对数）也越大，因此滴定突跃范围也就越大，滴定终点越敏锐。对于在 K_S 大的溶剂中突跃小、反应不完全的酸碱滴定，在 K_S 小的溶剂中有可能进行完全并有明显的滴定突跃。例如，在水中不能被准确滴定的酸、碱，在 K_S 较小的乙醇中就有可能被准确滴定。可见，离解性溶剂的质子自递反应是影响溶液中酸碱滴定反应的重要因素。

有些溶剂，虽然能产生离解，但无溶剂化质子产生。例如，醋酐有以下离解平衡：

$$2(CH_3CO)_2O \rightleftharpoons (CH_3CO)_3O^+ + CH_3COO^-$$

在醋酐中的醋酐合乙酰阳离子 $(CH_3CO)_3O^+$ 具有比醋酸合质子 $CH_3COOH_2^+$ 更强的酸性，因此，在冰醋酸中显极弱碱性的化合物在醋酐中仍可能被准确滴定。

（二）溶剂的酸碱性

溶剂的酸碱性强弱可用相应的酸度常数 K_a 和碱度常数 K_b 来衡量。以 HA 代表酸，B 代表碱，根据酸碱质子理论存在以下平衡：

$$HA \rightleftharpoons H^+ + A^- \quad K_a^{HA} = \frac{[H^+][A^-]}{[HA]} \quad (K_a^{HA} \text{为酸 HA 的固有酸度常数}) \tag{6-30}$$

$$B + H^+ \rightleftharpoons BH^+ \quad K_b^B = \frac{[HB^+]}{[H^+][B]} \quad (K_b^B \text{为碱 B 的固有碱度常数}) \tag{6-31}$$

若酸 HA 溶于质子性溶剂 HS 中，则发生下列质子转移反应：

$$HA \rightleftharpoons H^+ + A^-$$

$$HS+H^+ \rightleftharpoons H_2S^+$$

总反应：

$$HA+HS \rightleftharpoons H_2S^+ +A^-$$

反应的平衡常数：

$$K_{a(HA)}=\frac{[H_2S^+][A^-]}{[HA][HS]}=K_a^{HA}K_b^{HS} \tag{6-32}$$

式（6-32）表明，酸 HA 在溶剂 HS 中的酸强度取决于 HA 的固有酸度和溶剂 HS 的固有碱度，即决定于溶质酸给出质子的能力和溶剂接受质子的能力。

同理，碱 B 在质子性溶剂 HS 中的平衡为：

$$B+HS \rightleftharpoons BH^+ +S^-$$

反应的平衡常数为：

$$K_{b(B)}=\frac{[BH^+][S^-]}{[HS][B]}=K_b^{B}K_a^{HS} \tag{6-33}$$

因此，碱 B 在溶剂 HS 中的碱强度取决于 B 的固有碱度和溶剂 HS 的固有酸度，即决定于溶质碱接受质子的能力和溶剂给出质子的能力。

例如，某酸 HA 的固有酸度常数 $K_a^{HA}=1.0\times10^{-3}$，在介电常数相同而固有碱度常数不同的两种溶剂 HS（$K_b^{HS}=1.0\times10^{-3}$）和 HS*（$K_b^{HS^*}=1.0\times10^{3}$）中，其酸强度分别为：

在 HS 中，$K_{a(HA)}=K_a^{HA}\cdot K_b^{HS}=1.0\times10^{-3}\times10^{-3}=1.0\times10^{-6}$

在 HS* 中，$K_{a(HA)}=K_a^{HA}\cdot K_b^{HS^*}=1.0\times10^{-3}\times10^{3}=1.0$

酸 HA 在固有碱度小的溶剂 HS 中显较弱的酸性，而在固有碱度大的溶剂 HS* 中则显较强的酸性。

由此可见，酸碱的强度不仅与自身的酸碱性有关，而且也与溶剂的酸碱性有关。水溶液中的弱酸溶于碱性溶剂中，可增强其酸性；水溶液中的弱碱溶于酸性溶剂中，可增强其碱性。

（三）溶剂的极性

电解质在溶剂中的离解通常分电离和离解两个步骤：

$$HA+HS \underset{}{\overset{\text{电离}}{\rightleftharpoons}} \underset{\text{离子对}}{(A^- \cdot H_2S^+)} \overset{\text{离解}}{\rightleftharpoons} H_2S^+ +A^-$$

在电离中，HA 将质子转移给溶剂分子形成离子对，在溶剂分子的进一步作用下，发生离解形成溶剂合质子及溶剂阴离子，离子对中离子间静电作用服从库仑及波尔兹曼定律，Bjerrum 用下式表示离子对间势能的近似关系：

$$E=\frac{Z_+ \cdot Z_- \cdot e^2}{Dr} \tag{6-34}$$

式（6-34）中 r 是两电荷中心之间的距离，D 代表溶剂的介电常数，Z_+ 和 Z_- 分别是正负离子的价数，e 为单位离子电荷数。可见，溶剂中带相反电荷离子间静电相互作用的势能与溶剂的介电常数成反比。极性强的溶剂介电常数大（如水，$D=78.5$），极性弱的溶剂介电常数小（如苯，$D=2.285$），溶质在介电常数较大的溶剂中较易离解；而在介电常数较小的溶剂中较难离解，多以离子对的形式存在。常见溶剂的介电常数（D）见表 6-8。

表 6-8 常见溶剂的介电常数（*D*）

溶 剂	*D*	温度(℃)	溶 剂	*D*	温度(℃)
环己烷	2.03	15	甲基乙基酮	18.975	15
二氧六环	2.235	20	正丁醇	19.2	30
苯	2.285	20	醋酐	20.5	20
丙酸	3.44	40	丙酮	20.70	20
乙醚	4.24	20	乙醇	24.30	25
三氯甲烷	4.81	20	甲醇	32.63	25
醋酸	6.15	20	乙腈	36	20
吡啶	12.01	20	乙醇胺	37.7	20
甲基异丁酮	13.11	20	二甲基甲酰胺	38.3	20
乙二胺	16.0	18	甲酸	58.5	15

同一溶质，在其他性质相同而介电常数不同的溶剂中，由于离解的难易不同而表现出不同的酸碱强度。如醋酸分别溶于水和乙醇这两种酸碱性相近的溶剂时，在高介电常数的水中，部分醋酸分子电离并离解，形成溶剂合质子（H_3O^+）和醋酸根离子（Ac^-），而在低介电常数的乙醇（$D=24.30$）中，则只有很少一部分醋酸分子离解成离子，多数以离子对的形式存在。因此醋酸在水中的酸度比在乙醇中的大。

溶剂的介电常数对带不同电荷的酸或碱的离解作用具有不同的影响。电中性分子的酸或碱，阴离子酸及一价阳离子碱等，在离解时伴随正负电荷的分离，其离解作用随溶剂的 *D* 增大而增强。二价和三价阳离子酸，以及二价和三价阴离子碱在离解时存在相同电荷之间的分离，相同电荷之间的斥力只有在溶剂的 *D* 减小时才能增强，故它们的离解常数随溶剂的 *D* 减小而增大。一价阳离子酸和一价阴离子碱的离解作用不存在不同电荷离子的分离，故对溶剂的 *D* 值变化并不敏感。例如，NH_4^+、Ac^- 的离解过程中，并无离子对形成：

$$NH_4^+ + HS \xrightleftharpoons{\text{电离}} (NH_3 \cdot H_2S^+) \xrightleftharpoons{\text{离解}} NH_3 + H_2S^+$$

$$Ac^- + HS \xrightleftharpoons{\text{电离}} (HAc \cdot S^-) \xrightleftharpoons{\text{离解}} HAc + S^-$$

在酸碱滴定中，常常利用溶剂介电常数对某些酸（或碱）强度影响程度不同的性质来消除共存离子的干扰，以提高选择性。例如，H_3BO_3 与 NH_4^+ 在水溶液中是两种酸强度相差不大的弱酸，故在 H_3BO_3 存在时，不能在水溶液中用酸碱滴定法准确滴定 NH_4^+。如果选用介电常数较水低的乙醇，H_3BO_3 的离解度减小约 10^6 倍，NH_4^+ 在乙醇中的离解度与在水中相近，加之乙醇的质子自递常数较水小，在乙醇中的酸碱反应比在水中进行得更完全。因此，能在 H_3BO_3 存在的乙醇溶液中准确滴定 NH_4^+。

在非水滴定法中，为了使试样易于溶解和得到明显的滴定突跃，常使用介电常数合适的混合溶剂以达到滴定分析的要求。混合溶剂的介电常数，可近似地由下式计算：

$$D_{混} = S_1\% \times D_1 + S_2\% \times D_2 + \cdots + S_n\% \times D_n \tag{6-35}$$

式（6-35）中，$D_{混}$ 代表混合溶剂的近似介电常数；$S_1\%$、$S_2\%$、…、$S_n\%$ 分别代表各溶剂的体积百分率；D_1、D_2、…、D_n 分别代表各溶剂的介电常数。

例 6-11　计算由 20mL 苯与 10mL 醋酐所组成的混合溶剂的介电常数。

解：已知苯的 $D=2.285$，醋酐的 $D=20.5$，则：

$$D_{混}=\frac{20}{30}\times100\%\times2.285+\frac{10}{30}\times100\%\times20.5=8.35$$

（四）溶剂的拉平效应与区分效应

$HClO_4$、H_2SO_4、HCl 和 HNO_3 四种矿酸，在水中都是强酸，存在以下酸碱反应：

$$HClO_4+H_2O \rightleftharpoons H_3O^++ClO_4^-$$

$$H_2SO_4+H_2O \rightleftharpoons H_3O^++HSO_4^-$$

$$HCl+H_2O \rightleftharpoons H_3O^++Cl^-$$

$$HNO_3+H_2O \rightleftharpoons H_3O^++NO_3^-$$

按酸碱质子理论，上述反应中溶剂水为碱，水接受它们给出的质子生成相应的共轭酸——H_3O^+，这些强酸给出质子后成为其共轭碱——ClO_4^-、HSO_4^-、Cl^-、NO_3^-。这些酸碱反应向右进行得十分完全，即不论上述矿酸的固有酸度常数有多大区别，但溶于水后，其固有酸强度的差异已不能表现出来，都被拉到 H_3O^+ 的强度水平，结果使它们的酸强度相等。溶剂的这种将各种不同强度的酸（或碱）拉平到溶剂化质子（或溶剂阴离子）水平的作用称为拉平效应（leveling effect），具有拉平效应的溶剂称为拉平性溶剂（leveling solvent）。水是上述矿酸的拉平性溶剂。

若将上述矿酸溶于醋酸，由于 HAc 的碱性比水弱，上述四种矿酸在醋酸中的质子转移反应进行得不完全，且在程度上有差别：

$$HClO_4+HAc \rightleftharpoons H_2Ac^++ClO_4^-$$

$$H_2SO_4+HAc \rightleftharpoons H_2Ac^++HSO_4^-$$

$$HCl+HAc \rightleftharpoons H_2Ac^++Cl^-$$

$$HNO_3+HAc \rightleftharpoons H_2Ac^++NO_3^-$$

反应由上到下越来越不完全，显示出四种酸强度的不同。溶剂 HAc 的这种能区分酸碱强弱的作用称为区分效应（differentiating effect），具有区分效应的溶剂称为区分性溶剂（differentiating solvent）。所以，HAc 是上述四种酸的区分性溶剂。

溶剂的拉平效应和区分效应，实际上是溶剂与溶质间发生质子转移反应的结果，与溶剂和溶质的酸碱相对强度有关。例如水，虽是上述四种酸的拉平性溶剂，但也是这四种酸与 HAc 的区分性溶剂。因为在水中，HAc 的质子转移反应进行得不完全，显弱酸性。又如，HAc 虽然是上述四种酸的区分性溶剂，但由于醋酸的酸性较强，氨、乙二胺、乙胺等在 HAc 中夺取质子的反应进行得十分完全，其碱强度均被拉到溶剂阴离子 Ac^- 的同一水平。因此 HAc 成为这些碱的拉平性溶剂。

同样，碱性较强的溶剂对酸有拉平效应。例如 HCl、HAc 在液氨溶剂中，酸强度均被拉到 NH_4^+ 水平，HAc 也显强酸性，因此，氨是 HCl、HAc 等酸的拉平性溶剂。

溶剂的拉平效应和区分效应与多种因素有关，除溶剂的酸碱性外，主要还有溶剂的介电常数和质子自递常数等。

若溶剂的酸碱度接近，D 值大的拉平效应较强，D 值小的区分效应较强。例如，冰醋酸和甲酸，冰醋酸 D（$D=6.15$）较甲酸 D（$D=58.5$）小得多，冰醋酸对 $HClO_4$、H_2SO_4、HCl 等的区分效应比甲酸强得多。

质子性溶剂的质子自递常数（K_S）大小也直接影响着其拉平效应与区分效应。当溶剂的 K_S

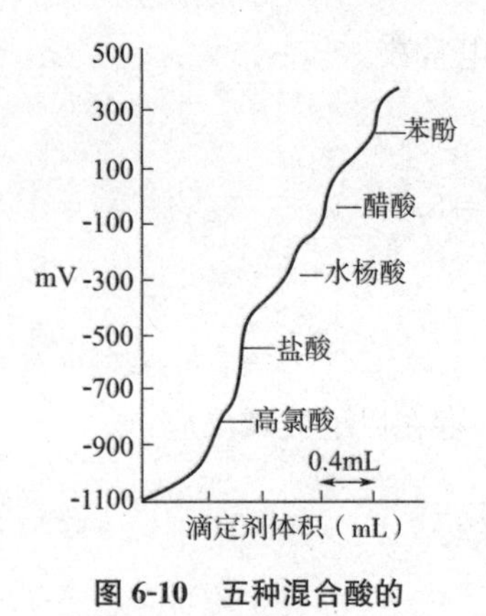

图 6-10 五种混合酸的分别滴定曲线

很大时，不可能容纳强度相差很大的酸碱同时并存；反之，K_S 很小时，不同强度的各种酸碱在其中有可能彼此分开。

因此，拉平效应与区分效应是相对的。一般来说，酸性溶剂是碱的拉平性溶剂，对酸起区分作用；碱性溶剂是酸的拉平性溶剂，对碱起区分作用。区分不同强度的多组分混合酸（或碱）时，还经常使用某些非质子性溶剂，它们是混合酸（或碱）的良好区分性溶剂。如高氯酸、盐酸、苯酚等五种不同强度酸的混合液在甲基异丁酮溶剂中，用氢氧化四丁基铵滴定的曲线上，可观察到五个转折点，高氯酸是比盐酸更强的酸，酸性极弱的苯酚（$K_a=1.1\times10^{-10}$）也能被区分滴定（图 6-10）。

（五）溶剂化效应

溶剂化效应（solvation effect）就是溶剂分子与溶质分子（或离子）间的相互作用，通过形成氢键或色散作用（dispersion）而实现的。

质子性溶剂分子常含有—OH、—COOH、—NH_2 等基团，有明显形成氢键的倾向。溶剂分子在形成氢键时，可以有两种情况：接受氢原子作为氢键的接受体（hydrogen bond acceptor）；给予氢原子作为氢键的给予体（hydrogen bond donor）。例如在水中，醋酸分子和醋酸离子分别与水分子形成氢键：

$CH_3—C(=O)—O—H\cdots OH_2$ （氢键接受体）　　$CH_3—C(=O)—O^-\cdots H—O—H$ （氢键给予体）

如果溶质分子或离子既有氢键接受体，又有氢键给予体，则有可能在分子内部形成氢键（内氢键）。例如，水杨酸根离子中的羟基—OH 为氢键给予体，羧基—COO^- 为氢键接受体，从而形成内氢键：

水杨酸根由于形成内氢键而稳定，其 $pK_a=2.79$。水杨酸的另外两个异构体（间羟基苯甲酸和对羟基苯甲酸），在结构上不能形成内氢键，它们的酸常数分别为 $pK_a=4.08$、$pK_a=4.57$，显然水杨酸的酸性要强得多。

溶液中内氢键形成的程度与溶剂的性质密切相关。溶剂要与溶质内氢键争夺，形成分子间氢键。溶剂与溶质酸或碱形成氢键的能力越小，则溶质形成内氢键的能力越大。例如，非质子性溶剂甲基异丁酮形成氢键的能力很差，在该溶剂中水杨酸根离子的酸性就更强。

惰性溶剂和弱极性质子性溶剂分子与溶质之间，主要的相互作用是色散力。由于色散力的溶剂化作用，溶质酸 HA 在二甲亚砜溶剂中的酸度比在甲醇中强得多。

非质子性溶剂，如乙腈（$D=36$）、二甲亚砜（$D=47$）、硝基甲烷（$D=36$）具有中等的介电常数（$D>20$），酸碱度及形成氢键的能力都很弱。在此类溶剂中，酸与其共轭碱，或碱与其共轭酸之间可形成氢键。

$$B^- + HB \rightleftharpoons B^-\cdots HB \tag{6-36}$$

$$BH^{+}+B \rightleftharpoons BH^{+}\cdots B \tag{6-37}$$

例如乙腈的介电常数比冰醋酸（$D=6.4$）大得多，在乙腈中形成离子对的现象不显著，如 $HClO_4$ 在乙腈中就可以充分离解。乙腈的溶剂化能力很弱，对酸 HA 的阴离子 A^- 几乎没有溶剂化作用，而对 H^+ 有一定的溶剂化作用，因此，A^- 不是通过溶剂化作用，而是通过共轭酸碱之间的氢键形成缔合体而得以稳定，从而使酸 HA 的表观酸强度增大。

$$2HA+S \rightleftharpoons A^{-}\cdots HA+HS^{+}$$

$$3HA+S \rightleftharpoons AH\cdots A^{-}\cdots HA+HS^{+}$$

二、溶剂的分类和选择

（一）溶剂的分类

非水滴定法常用的溶剂种类很多，按酸碱质子理论，可分为以下几类：

1. 质子性溶剂

能给出质子或接受质子的溶剂称为质子性溶剂（protonic solvent）。根据其给出或接受质子能力的大小分为酸性溶剂（acid solvent）、碱性溶剂（basic solvent）和两性溶剂（amphoteric solvent）。

（1）酸性溶剂　给出质子较接受质子能力强的溶剂，酸性比水强。如甲酸、醋酸、丙酸、硫酸等，其中用得最多的是冰醋酸，适于作滴定弱碱时的介质。

（2）碱性溶剂　接受质子较给出质子能力强的溶剂，碱性比水强。如液氨、乙二胺、乙醇胺等。适于作滴定弱酸时的介质。

（3）两性溶剂　接受质子和给出质子能力相差不多的溶剂，酸碱性与水相近。如甲醇、乙醇、乙二醇等。这类溶剂的介电常数及质子自递常数比水小，适于作滴定较强酸、碱的介质。

2. 非质子性溶剂

分子中无质子自递作用的溶剂，其质子自递常数小到无法用现有的实验方法测定，一般不具有离解性。这类溶剂可分为惰性溶剂和显碱性的非质子性溶剂。

（1）惰性溶剂　溶剂分子不给出质子也不接受质子，不参与酸碱反应。故它是共存酸碱良好的区分性溶剂。溶剂本身几乎无酸碱性，痕量杂质（如水）便足以在实验条件下影响其酸碱度。如苯、卤代苯、四氯化碳、己烷等。惰性溶剂常与质子性溶剂混合使用，以改善样品的溶解性能，增大滴定突跃。

（2）显碱性的非质子性溶剂　分子中无质子自递作用，与水比较几乎无酸性，亦无两性特征，但有较弱的接受质子的倾向及不同程度的形成氢键的能力。如吡啶、酰胺类、酮类、醚类、酯类、二甲亚砜、腈类等。这类溶剂适于作弱酸或某些混合物的滴定介质。

（二）溶剂的选择

从上述讨论的溶剂性质可知，溶质在溶液中的酸碱性与溶剂的固有酸碱度、自身离解常数、极性等的大小有关。溶剂选择适当能使滴定反应趋于完全，增大滴定突跃范围，提高滴定的准确度。因此，溶剂的选择是非水滴定的一个重要问题。根据非水酸碱滴定的基本原理及滴定分析的要求，溶剂的选择一般应遵循以下几个原则。

1. 选择的溶剂应有利于滴定反应在短时间内进行完全，能增强试样的酸性或碱性，不发生副反应。通常，滴定弱酸时选碱性溶剂；滴定弱碱时选酸性溶剂；滴定混合酸或混合碱时，选具有良好区分效应的溶剂。

2. 溶剂应能溶解试样及滴定产物，或允许滴定产物为不溶性晶形沉淀。通常，极性物质较易溶于质子性溶剂，非极性物质较易溶于非质子性溶剂。

3. 溶剂的极性不宜太强，即介电常数不宜太大，否则滴定产物离解度增大，滴定反应不易进行完全，滴定时突跃不明显。通常在 K_S 值小的溶剂中进行酸碱滴定较在 K_S 值大的溶剂中终点敏锐。

4. 为增强溶解样品的能力和锐化终点，常使用混合溶剂。对极性物质，一般选用极性较强的溶剂使之溶解，然后加适量的弱极性溶剂，以达到降低介电常数，锐化终点的目的。常用的混合溶剂一般由惰性溶剂与质子性溶剂按一定比例混合而成。

通常有以下三种：

（1）由一系列二醇类（如乙二醇、1,2-丙二醇、二羟二乙醚等）与烃类或卤烃类所组成的混合溶剂。适用于溶解有机酸的共轭碱、生物碱及高分子化合物等。

（2）由冰醋酸-醋酐、冰醋酸-苯、冰醋酸-三氯甲烷及冰醋酸-四氯化碳等组成的混合溶剂。适用于弱碱性物质的滴定。

（3）由苯-甲醇、苯-吡啶、苯-异丙醇、二甲基甲酰胺-三氯甲烷等组成的混合溶剂。适用于酸性物质的滴定，其中苯-甲醇是滴定羧酸、醋酐、酰氯等很好的溶剂。

5. 溶剂的纯度要高。非水酸碱滴定时，要求溶剂中不应含有酸性或碱性杂质，否则应加以精制。存在于非水溶剂中的水分，既是酸性杂质又是碱性杂质，对滴定影响很大，应予以除去。

此外，溶剂还要求黏度小，挥发性低，易于精制回收，安全，价廉。

三、非水滴定法的应用

（一）碱的滴定

1. 溶剂

通常滴定弱碱应选择酸性溶剂，以增强弱碱的强度，如冰醋酸、甲酸、丙酸、硝基甲烷等。由于混合溶剂有利于试样溶解并使终点敏锐，对一些难溶试样或终点不太明显的滴定常选用由质子性溶剂和惰性溶剂组成的混合溶剂，如采用冰醋酸-四氯化碳作溶剂，比单用冰醋酸作溶剂终点更加敏锐。

冰醋酸性质稳定，不受空气影响。由于它的强疏质子性，在水中碱性很弱的物质在冰醋酸中较易质子化，因此是滴定弱碱的理想溶剂。冰醋酸适合于用指示剂（如结晶紫）方法滴定在水中 $pK_b \leqslant 11$ 的碱，对 $pK_b > 12$ 的极弱碱用指示剂法及电位滴定法终点均不明显。

市售冰醋酸含少量水分，影响滴定，使用前需加一定量的醋酐除去水分。

$$(CH_3CO)_2O + H_2O \rightleftharpoons 2CH_3COOH$$

水与醋酐反应的化学计量比为 1∶1。若用 d_{CH_3COOH} 表示醋酸的相对密度，$H_2O\%$ 表示醋酸中水的质量分数，$d_{(CH_3CO)_2O}$ 表示醋酐的相对密度，$[(CH_3CO)_2O]\%$ 表示醋酐的质量分数，则除去 1000mL 醋酸中的水分所需要的醋酐体积 V 计算如下：

$$\frac{d_{CH_3COOH} \times 1000 \times H_2O\%}{M_{H_2O}} = \frac{d_{(CH_3CO)_2O} \times V_{(CH_3CO)_2O} \times [(CH_3CO)_2O]\%}{M_{(CH_3CO)_2O}}$$

$$V_{(CH_3CO)_2O} = \frac{d_{CH_3COOH} \times 1000 \times H_2O\% \times M_{(CH_3CO)_2O}}{d_{(CH_3CO)_2O} \times [(CH_3CO)_2O]\% \times M_{H_2O}} \tag{6-38}$$

例如，要除去 1000mL 相对密度为 1.05，含水量为 0.20%的醋酸中的水分，则需要加入相对密度为 1.08，含量为 97.0%的醋酐体积为：

$$M_{H_2O}=18.02\text{g/mol},\ M_{(CH_3CO)_2O}=102.09\text{g/mol}$$

$$V_{(CH_3CO)_2O}=\frac{1.05\times1000\times0.20\%\times102.09}{1.08\times97.0\%\times18.02}=11.36\ (\text{mL})$$

2. 标准溶液和基准物质

醋酸作滴定介质对矿酸有区分作用，矿酸在冰醋酸中的强度顺序：高氯酸 > 氢溴酸 > 硫酸 > 盐酸 > 硝酸。高氯酸在冰醋酸中酸性最强，性质稳定，高氯酸滴定无机及有机碱的产物在冰醋酸中易于溶解，故常采用高氯酸的冰醋酸溶液作为滴定碱的标准溶液。

（1）0.1mol/L $HClO_4$-HAc 标准溶液的配制　市售高氯酸为含 $HClO_4$ 70.0%～72.0%的水溶液，需加入一定量的醋酐以除去水分。可按式（6-38）计算。如果配制 0.1mol/L $HClO_4$ 溶液 1000mL，需要含 $HClO_4$ 72.0%、相对密度 1.75 的高氯酸 8.0mL，为除去 8.0mL 高氯酸中的水分应加相对密度 1.08、含量为 97.0%醋酐的体积为：

$$V_{(CH_3CO)_2O}=\frac{8.0\times1.75\times(100-72.0)\%\times102.09}{18.02\times1.08\times97.0\%}=21.20\ (\text{mL})$$

72%高氯酸与有机物接触、遇热极易引起爆炸，和醋酐直接混合发生剧烈反应，同时放出大量的热。因此在配制时应先用冰醋酸将高氯酸稀释后，在搅拌下缓缓加入适量醋酐，控制温度在 25℃以下才能保证安全。

若所测试样易乙酰化，则需用 Karl Fischer 水分测定法测定标准溶液的含水量，再用水和醋酐反复调节至标准溶液含水量为 0.01%～0.2%，否则过量的醋酐会使测定结果偏低。测定一般试样时，醋酐的量可稍多于计算量，不影响测定结果。

由于高氯酸的冰醋酸溶液在室温低于 16℃时会结冰而影响使用，故可采用醋酸-醋酐（9∶1）的混合溶剂配制高氯酸标准溶液，这样不仅能防止结冰，且吸湿性小。有时也可在冰醋酸中加入 10%～15%丙酸防冻。

（2）0.1mol/L $HClO_4$-HAc 标准溶液的标定　标定高氯酸标准溶液浓度常用邻苯二甲酸氢钾为基准物质，结晶紫为指示剂，滴定反应如下：

$$C_6H_4(COOK)(COOH)+HClO_4 \rightleftharpoons C_6H_4(COOH)_2+KClO_4$$

（3）标准溶液浓度的温差校正　水的膨胀系数较小（2.1×10^{-4}/℃），一般酸碱标准溶液的浓度受室温改变影响不大。大多数有机溶剂的体积膨胀系数较大，例如，冰醋酸约为 1.1×10^{-3}/℃，是水的 5 倍，即温度改变 1℃，体积就有 0.11%的变化。所以，高氯酸-冰醋酸标准溶液滴定试样与标定时温差超过 10℃，应重新标定；若温差在 10℃以内，可按下式对标准溶液的浓度进行温差校正：

$$C_1=\frac{C_0}{1+a(t_1-t_0)} \tag{6-39}$$

式（6-39）中，a 为冰醋酸的体积膨胀系数，t_0 为标定时的温度，t_1 为测定时的温度，C_0、C_1 分别为标定和测定时高氯酸的物质的量浓度。

3. 指示剂

以冰醋酸作溶剂，高氯酸为滴定剂滴定碱时，最常用的指示剂是结晶紫（crystal violet），结晶紫分子中的氮原子能键合多个质子表现为多元碱，在滴定中随着溶液酸度的增加，结晶紫由碱式色（紫色）经由蓝紫、蓝、蓝绿、黄绿色，最终变为酸式色（黄色）。在不同酸度的介质下其电离平衡为：

$$\left[(CH_3)_2N-\bigcirc\right]_3COH$$

$$H^+ \Updownarrow$$

紫色 $\left[(CH_3)_2N-\bigcirc\right]_3C^+ \rightleftharpoons (CH_3)_2N^+=\bigcirc=C\left[\bigcirc-N(CH_3)_2\right]_2$

$$H^+ \Updownarrow$$

绿色 $(CH_3)_2\overset{+}{N}H-\bigcirc-C^+\left[\bigcirc-N(CH_3)_2\right]_2$

$$H^+ \Updownarrow$$

黄色 $\left[(CH_3)_2\overset{+}{N}H-\bigcirc\right]_2C^+-\bigcirc-N(CH_3)_2$

在滴定不同强度的碱时，终点颜色不同。滴定较强碱，应以蓝色或蓝绿色为终点；滴定较弱碱应以蓝绿或绿色为终点。终点的判断最好用电位滴定法作对照，以确定终点的颜色，并作空白试验以减小滴定误差。

在冰醋酸中滴定弱碱的指示剂还有甲基紫（0.5%冰醋酸溶液，酸式色为蓝色，碱式色为紫色）、α-萘酚苯甲醇（0.2%冰醋酸溶液，酸式色为绿色，碱式色为黄色）及喹哪啶红（0.1%甲醇溶液，酸式色为无色，碱式色为红色）等。

α-萘酚苯甲醇
(α-naphthalphenol benzyl alcohol)

喹哪啶红
(quinaldine red)

在非水溶液滴定中，有许多物质的滴定，目前还无合适的指示剂，可以用电位法确定终点。

4. 应用实例

具有碱性基团的化合物，如胺类、氨基酸类、含氮杂环、某些有机碱的共轭酸及弱酸的共轭碱等，大多可用高氯酸标准溶液进行滴定。

(1) *有机弱碱*　有机弱碱，如胺类、生物碱类等，只要其在水溶液中 $K_b>10^{-11}$，一般都能在冰醋酸介质中用高氯酸标准溶液进行滴定。

例如生物碱的含量测定：精密称取生物碱试样 40～100mg 于 100mL 的锥形瓶中，加 5mL 无水冰醋酸溶解，加结晶紫指示剂 1 滴，用 0.1mol/L $HClO_4$-HAc 标准溶液滴定至绿色。由消耗 $HClO_4$ 标准溶液的体积计算生物碱的含量。

$$\text{生物碱}(\%)=\frac{C_{HClO_4}\cdot V_{HClO_4}\cdot M_{\text{生物碱}}}{n\cdot S\times 1000}\times 100\%$$

式中 n 为与 1mol 生物碱反应 H^+ 的物质的量。

(2) *有机碱的氢卤酸盐*　有机碱一般难溶于水，且不太稳定，因此常将有机碱与酸作用成盐后再作药用。其中大部分为有机碱氢卤酸盐（B·HX），如盐酸麻黄碱、盐酸川芎嗪、盐酸小檗碱、氢溴酸东莨菪碱等。这些药物均可在非水溶液中进行滴定。由于氢卤酸在醋酸中酸性较强，不能用 $HClO_4$ 直接滴定有机碱的氢卤酸盐。通常先加入过量的醋酸汞冰醋酸溶液，使氢卤酸形成在 HAc 中难电离的 HgX_2，而氢卤酸盐则转化为酸性较弱的醋酸盐，可用 $HClO_4$ 标准溶液进行滴定。反应式为：

$$2B\cdot HX+Hg(Ac)_2 \rightleftharpoons 2B\cdot HAc+HgX_2$$

$$B \cdot HAc + HClO_4 \rightleftharpoons B \cdot HClO_4 + HAc$$

例如盐酸麻黄碱的含量测定：盐酸麻黄碱是麻黄生物碱的共轭弱酸，其结构式为：

$$\left[C_6H_5-\underset{OH}{\underset{|}{CH}}-\underset{CH_3}{\underset{|}{CH}}-\underset{H}{\underset{|}{N}}-CH_3 \right] HCl$$

精密称取盐酸麻黄碱试样 0.1～0.15g，加冰醋酸 10mL，加热溶解，加醋酸汞试剂 4mL，结晶紫指示剂 1 滴，用 0.1mol/L $HClO_4$-HAc 标准溶液滴定至溶液显蓝绿色为终点，并将结果用空白校正。由消耗 $HClO_4$ 标准溶液的体积计算盐酸麻黄碱的含量。

（二）酸的滴定

1. 溶剂

在水中难溶或酸性极弱（$K_a < 10^{-7}$）的物质，不能用氢氧化钠标准溶液直接滴定。若使用比水碱性更强的非水溶剂使其增强酸性后，便可用标准碱液进行滴定。通常滴定不太弱的羧酸时，可用醇类溶剂；对弱酸或极弱酸则可选择比水碱性强的碱性溶剂，如乙二胺、二甲基甲酰胺等。对混合酸中各组分的分别滴定，常选用甲基异丁酮等区分性溶剂。一些混合溶剂、惰性溶剂也常常使用。

2. 标准溶液与基准物质

用于滴定酸性物质的碱标准溶液有醇碱（甲醇钠、甲醇钾、甲醇锂及氨基乙醇钠等）、碱性氢氧化物（氢氧化钾、乙酸钠、邻苯二甲酸氢钾、二甲亚砜钠及三苯甲烷钠等）、氢氧化季铵碱（氢氧化四丁基铵、氢氧化三丁基铵及氢氧化三乙基丁基铵等）。常用的滴定剂为甲醇钠的苯-甲醇溶液。

（1）0.1mol/L 甲醇钠的苯-甲醇标准溶液的配制　取无水甲醇（含水量在 0.2%以下）150mL，置于冰水冷却的容器中，分次少量加入新切的金属钠 2.5g，待完全溶解后，加适量无水苯（含水量在 0.2%以下）使成 1000mL，即得。

甲醇是甲醇钠的共轭酸，用量不宜过多，否则会降低标准溶液的碱度。金属钠与无水甲醇反应剧烈，配制时要充分降温，以保证安全。

$$2CH_3OH + 2Na \rightleftharpoons 2CH_3ONa + H_2\uparrow$$

（2）0.1mol/L 甲醇钠的苯-甲醇标准溶液的标定　标定甲醇钠的苯-甲醇标准溶液常用的基准物质是苯甲酸，以百里酚蓝作指示剂，用甲醇钠标准溶液滴定至蓝色为终点。

$$C_6H_5COOH + CH_3ONa \rightleftharpoons CH_3OH + C_6H_5COO^- + Na^+$$

$$C_{CH_3ONa} = \frac{W_{C_6H_5COOH}}{(V_{CH_3ONa} - V_0)M_{C_6H_5COOH}} \times 1000$$

式中，V_0 为滴定空白溶液所消耗的甲醇钠标准溶液的体积（mL）。

3. 指示剂

（1）百里酚蓝（thymol blue）　适用于在苯、丁胺、二甲基甲酰胺、吡啶及叔丁醇等溶剂中滴定羧酸及中等强度酸时作为指示剂。酸式色为黄色，碱式色为蓝色，变色敏锐。

（2）偶氮紫（azo violet）　适用在丁胺、乙二胺、二甲基甲酰胺、乙腈、吡啶、酮类及醇类等溶剂中滴定较弱酸时作为指示剂。酸式色为红色，碱式色为蓝色。

（3）溴酚蓝（bromophenol blue）　适用在苯、甲醇、三氯甲烷等溶剂中滴定羧酸时作为指示剂，酸式色为黄色，碱式色为蓝色。

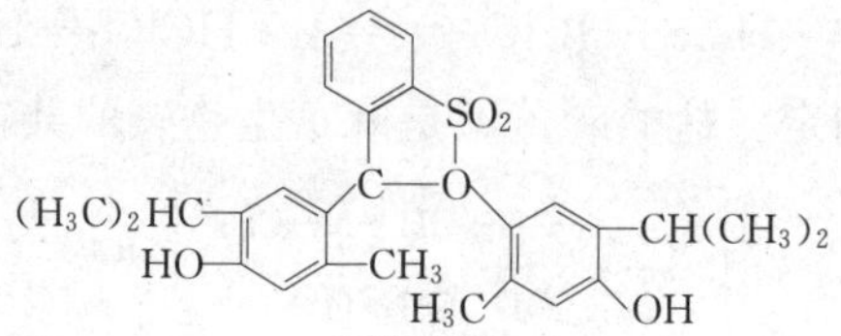

百里酚蓝

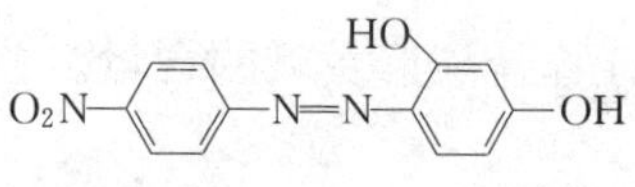

偶氮紫

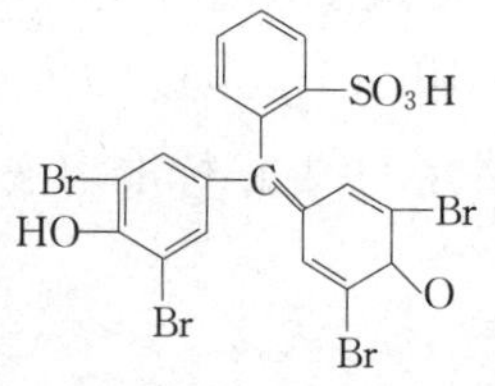

溴酚蓝

4. 应用实例

（1）羧酸类　在水溶液中 pK_a 为 5～6 的羧酸，可在醇中以氢氧化钠（或氢氧化钾）为标准溶液，酚酞为指示剂进行滴定；较弱的羧酸通常是在苯-甲醇溶液中，以百里酚蓝为指示剂，用甲醇钠的苯-甲醇标准溶液滴定。滴定反应如下：

$$RCOOH + CH_3ONa \rightleftharpoons RCOONa + CH_3OH$$

操作步骤：取 20～30mL（4∶1）苯-甲醇溶液于锥形瓶中，加 2～3 滴 0.3%百里酚蓝指示剂，先用甲醇钠标准溶液滴定空白溶液的酸至溶液变为蓝色，记下所消耗标准溶液的体积，然后准确称取 0.5～0.8mol 的羧酸试样于同一滴定锥形瓶中，溶解后用甲醇钠继续滴定至纯蓝色即为终点。根据所消耗标准溶液的体积，计算羧酸的含量。

$$\text{羧酸}(\%) = \frac{C_{CH_3ONa}(V - V_0)M_{RCOOH}}{n \cdot S \times 1000} \times 100\%$$

式中，n 为与 1mol 羧酸反应的甲醇钠的物质的量，V、V_0 分别为滴定试样和空白所消耗的标准溶液的体积（mL）。

（2）酚类　酚的酸性比羧酸弱，例如在水中，苯甲酸 pK_a 为 4.2，而苯酚的 pK_a 为 9.96。在水溶液中滴定苯酚无明显突跃。若以乙二胺为溶剂进行滴定可增强其酸性，用氨基乙醇钠（$NH_2CH_2CH_2ONa$）作滴定剂，可获得明显的滴定突跃。当酚的邻位或对位有—NO_2、—CHO、—Cl、—Br 等取代基时，酸的强度有所增大，此时，可选二甲基甲酰胺作溶剂，甲醇钠作滴定剂，用偶氮紫作指示剂指示终点。例如，棉籽及棉籽油的有效成分棉酚的含量测定即按此方法进行。

习　题

1.（1）写出下列碱的共轭酸：

HCO_3^-、CH_3COO^-、H_2O、$C_6H_5NH_2$、NH_3、Ac^-、S^{2-}

（2）写出下列酸的共轭碱：

HNO_3、H_2O、$H_2PO_4^-$、HCO_3^-、$HC_2O_4^-$、H_2S、HPO_4^{2-}

2. 用酸碱质子理论说明酸、碱的离解，盐的水解及酸碱中和反应的实质。

3. 写出下列酸碱组分在水溶液中的质子平衡式：

HNO_3　HCN　NH_3　NH_4HCO_3　NH_4Ac　Na_2HPO_4

Na_3PO_4　H_2CO_3　H_3PO_4

4. 计算：

（1）计算 0.10mol/L NaAc 水溶液的 pH（$K_{a(HAc)}=1.8\times10^{-5}$）

（2）计算 0.10mol/L NH_4Cl 水溶液的 pH（$K_{b(NH_3)}=1.8\times10^{-5}$）

（8.88，5.12）

5. 试述酸碱指示剂的变色原理、变色范围及选择指示剂的原则。

6. 甲基橙的实际变色范围（pH 3.1～4.4）与理论变色范围（pH 2.4～4.4）不一致，如何解释？

7. 何谓 pH 滴定曲线和滴定突跃？试述影响滴定突跃范围的因素。

8. 下列酸、碱能否直接用 0.10mol/L NaOH 或 HCl 标准溶液滴定？如能滴定，计算计量点的 pH，并说明应选用何种指示剂？

（1）0.10mol/L HCOOH 水溶液（$K_a=1.8\times10^{-4}$）

（2）0.10mol/L NH_4Cl 水溶液（$K_{b(NH_3)}=1.8\times10^{-5}$）

（3）0.10mol/L C_6H_5COOH 水溶液（$K_a=6.2\times10^{-5}$）

（4）0.10mol/L C_6H_5COONa 水溶液

（5）0.10mol/L C_6H_5OH 水溶液（$K_a=1.1\times10^{-10}$）

（6）0.10mol/L C_6H_5ONa 水溶液

答案（1）能直接用 NaOH 标准溶液滴定，pH=8.22，苯酚红、酚酞。

（2）不能直接用 NaOH 标准溶液滴定。

（3）能直接用 NaOH 标准溶液滴定，pH=8.45，酚酞、百里酚蓝。

（4）不能直接用 HCl 标准溶液滴定。

（5）不能直接用 NaOH 标准溶液滴定。

（6）能直接用 HCl 标准溶液滴定，pH=5.64，甲基红

9. 下列酸碱水溶液能否进行分步滴定或分别滴定？

（1）0.10mol/L H_3PO_4

（2）0.10mol/L $H_2C_2O_4$

（3）0.10mol/L H_2SO_4+0.10mol/L H_3BO_3

（4）0.10mol/L NaOH+0.10mol/L $NaHCO_3$

答案（1）可分步准确滴定 H_3PO_4 第一、二步离解的 H^+。

（2）不能分步滴定。

（3）H_2SO_4、H_3BO_3 可分别滴定。

（4）NaOH、$NaHCO_3$ 可分别滴定。

10. 有一含 Na_2CO_3 的 NaOH 药品 1.179g，用 0.3000mol/L 的 HCl 溶液滴定至酚酞终点，耗去酸 48.16mL，继续滴定至甲基橙终点，又耗去酸 24.08mL，试计算 NaOH 和 Na_2CO_3 的质量分数。

（24.51%，64.94%）

11. 某一含有 Na_2CO_3、$NaHCO_3$ 及杂质的试样 0.6020g（杂质不与酸反应），用 0.2120mol/L HCl 溶液滴定，用酚酞作指示剂，变色时用去 HCl 溶液 20.50mL，继续滴定至甲基橙变色，用去 25.88mL，求试样中各成分的质量分数。（$M_{Na_2CO_3}=105.99$，$M_{NaHCO_3}=84.01$）

（76.52%，15.92%）

12. 用基准物硼砂（$Na_2B_4O_7 \cdot 10H_2O$）标定 HCl 溶液的浓度。称取硼砂 0.5722g，溶解于水后加入甲基橙指示剂，以 HCl 溶液滴定，消耗 HCl 25.30mL，计算 HCl 溶液的浓度。（$M_{Na_2B_4O_7 \cdot 10H_2O}=381.37$）

（0.1186mol/L）

13. 用 0.1000mol/L 的 NaOH 标准溶液滴定 0.1000mol/L HAc 溶液时，

（1）用中性红作指示剂，滴定至 pH=7.0 为终点；

（2）用百里酚酞作指示剂，滴定至 pH=10.0 为终点，分别计算它们的滴定误差。

（−0.55%，0.2%）

14. 称取 0.2500g 不纯的 $CaCO_3$ 试样，溶解于 25.00mL HCl 溶液（0.2480mol/L）中，过量的酸用 6.80mL NaOH 溶液（0.2450mol/L）回滴，求试样中 $CaCO_3$ 的质量分数？（$M_{CaCO_3}=100.0$）

（90.68%）

15. 准确称取某草酸试样 1.500g，加水溶解并定容至 250.00mL，取 25.00mL，以 0.1000mol/L NaOH 标准溶液 23.50mL 滴定至酚酞指示剂显微红色，计算 $H_2C_2O_4 \cdot 2H_2O$ 的质量分数。（$M_{H_2C_2O_4 \cdot 2H_2O}=126.06$）

（98.75%）

16. 药物中总氮测定：称取试样 0.2000g，将其中的 N 全部转化为 NH_3，并用 25.00mL，0.1000mol/L HCl 溶液吸收，过量的 HCl 用 0.1200mol/L NaOH 溶液回滴定，消耗 8.10mL，计算药物中 N 的质量分数。

（10.70%）

17. 试用酸碱质子理论解释水分对非水溶液滴定酸碱的影响。

18. 何谓溶剂的拉平效应和区分效应？在下列何种溶剂中，醋酸、苯甲酸、盐酸、高氯酸的强度都相同？

（1）纯水 （2）浓硫酸 （3）液氨 （4）甲基异丁酮 （5）乙醇。

19. 已知水及乙醇的质子自递常数分别为 $K_S^{H_2O}=1.0\times10^{-14}$，$K_S^{C_2H_5OH}=1.0\times10^{-19.1}$

求：（1）纯溶剂的 pH、pOH 及 $pC_2H_5OH_2$、pC_2H_5O；

（2）0.0100mol/L 的 $HClO_4$ 水溶液和乙醇溶液的 pH、$pC_2H_5OH_2$ 及 pOH、pC_2H_5O 各为多少？

（7.00，7.00，9.55，9.55；2.00，2.00，12.00，17.10）

20. 指出下列溶剂中，何者为质子性溶剂？何者为非质子性溶剂？若为质子性溶剂，是酸性溶剂还是碱性溶剂？若为非质子性溶剂，是惰性溶剂还是显碱性的非质子性溶剂？

（1）甲基异丁酮；（2）苯；（3）水；（4）冰醋酸；（5）乙二胺；（6）二氧六环；（7）乙醚；（8）异丙醇；（9）丁胺；（10）丙酮。

21. 测定下列物质，宜选择哪类溶剂：醋酸钠，氯化铵，氨基酸，生物碱，苯甲酸-苯酚混合物，硫酸-盐酸混合物。

22. $HClO_4$-HAc 溶液在 24℃时标定的浓度为 0.1086mol/L，计算此溶液在 30℃时的浓度。

（0.1079mol/L）

23. 一含—NH_2 基的生物碱试样 0.2500g，溶于醋酸后，用 0.1000mol/L 的 $HClO_4$-HAc 溶液滴定，用去 12.00mL，计算试样中—NH_2 的质量分数。

（7.680%）

24. 假定在无水乙醇中 $HClO_4$、C_2H_5ONa 都完全离解。

（1）以无水乙醇为溶剂，用 C_2H_5ONa（0.100mol/L）滴定 50.00mL 的 $HClO_4$（0.050mol/L），计算当加入 0.00，12.50，24.90，25.00，25.10 和 30.00mL 碱溶液时溶液的 pH（$-\lg[C_2H_5OH_2]$）。

（1.30，1.70，3.87，9.55，15.2 和 16.9）

（2）将（1）中体积从 24.90 到 25.10 的 pH 变化（ΔpH）同水作滴定剂、NaOH 作滴定剂时作比较，并加以解释。

（在乙醇中 ΔpH＝11.3，在水中 ΔpH＝6.2）

25. *α*-萘酸及 1-羟基-*α*-萘酸的固体混合物试样 0.1402g，溶于约 50mL 甲基异丁基酮中，用 0.1790mol/L 氢氧化四丁基铵的无水异丙醇溶液进行电位滴定。所得曲线上有两个明显的终点，第一个在加入滴定剂 3.58mL 处，第二个在加入滴定剂 5.19mL 处。求 *α*-萘酸及 1-羟基-*α*-萘酸在固体试样中的质量分数。

（*α*-萘酸：43.3%；1-羟基-*α*-萘酸：38.68%）

26. 忽略离子对的形成不计，计算在下列各溶剂中形成 10^{-3}mol/L 强酸溶液与 10^{-3}mol/L 强碱溶液之间所包括的有用 pH 范围。通过计算对这些溶剂的区分能力能得到什么启示？①甲醇（$pK_S=16.7$）；②液氨（$pK_S=37.7$，$-50℃$）

（10.4，31.4pH 单位）

27. 精密称取盐酸麻黄碱试样 0.1498g，加冰醋酸 10mL 溶解后，加入醋酸汞 4mL 与结晶紫指示剂 1 滴，用 0.1003mol/L 的 $HClO_4$ 标准溶液 8.02mL 滴定到终点，空白消耗标准溶液 0.65mL，计算此试样中盐酸麻黄碱的质量分数。（$M_{C_{10}H_{15}NO \cdot HCl}=201.7g/mol$）

（99.53%）

第七章

配位滴定法

扫一扫，查阅本章数字资源，含PPT、音视频、图片等

配位滴定法（complexometric titration）是以被分析物与滴定剂之间形成稳定配合物的配位反应为基础的滴定分析方法，也称络合滴定法。配位滴定法广泛应用于医药、化工、地质、冶金、环保、食品等各个领域。

能用于配位滴定的配位反应必须具备以下条件：

（1）反应能定量进行完全，即生成的配合物应具有足够的稳定性。

（2）配位反应按一定的反应式定量进行，即金属离子与配位剂的反应比一定，这是定量计算的基础。

（3）反应必须迅速。

（4）有适当的方法确定滴定终点。

配位滴定中常用配位剂有单基配位体的无机配位剂和多基配位体的有机配位剂（螯合剂），无机配位剂与金属离子所形成的配合物常为简单配合物，无环状结构，不够稳定，且平衡情况复杂，存在分级配合现象，各级配合物的稳定常数没有显著差别，多种配位形式常常同时存在。例如 NH_3 与 Cu^{2+} 的配位反应分四步进行：

$$Cu^{2+} \xrightleftharpoons{NH_3} Cu(NH_3)^{2+} \xrightleftharpoons{NH_3} Cu(NH_3)_2^{2+} \xrightleftharpoons{NH_3} Cu(NH_3)_3^{2+} \xrightleftharpoons{NH_3} Cu(NH_3)_4^{2+}$$

由于四级 K 值比较接近，故无法进行准确滴定，所以，无机配位剂一般很少用于滴定分析，只有以 CN^- 为滴定剂的氰量法和以 Hg^{2+} 为滴定剂的汞量法有一定的实际应用。

目前，配位滴定中应用最多的是氨羧配位剂，即一类以氨基二乙酸［$—N(CH_2COOH)_2$］为基体的有机配位剂，分子中含有氨氮和羧氧配位原子，几乎能与所有金属离子配位形成稳定的螯合物。

常用的氨羧配位剂有：乙二胺四乙酸（EDTA）、亚氨基二乙酸（IMDA）、氨三乙酸（ATA 或 NTA）、环己二胺四乙酸（CyDTA 或 DCTA）、乙二胺四丙酸（EDTP）、乙二醇二乙醚二胺四乙酸（EGTA）等，其中以 EDTA 应用最广。通常，配位滴定法是指以 EDTA 标准溶液为配位剂的配位滴定法（又称 EDTA 滴定法），故本章主要讨论 EDTA 滴定法。

第一节　EDTA 的性质及其配合物

乙二胺四乙酸简称 EDTA 或 EDTA 酸，为白色结晶性粉末，在水中的溶解度小，约为 0.02g/100mL 水（22℃），不溶于无水乙醇、丙酮和苯。实际分析中常采用其二钠盐，一般简称 EDTA 二钠盐或 EDTA，通常含两分子结晶水，用 $Na_2H_2Y \cdot 2H_2O$ 表示。二钠盐在水中的溶解

度较大，22℃时溶解度为 11.1g/100mL 水，溶液浓度约为 0.3mol/L，pH 值约 4.4。

一、EDTA 在水溶液中的离解平衡

在水溶液中 EDTA 用 H_4Y 表示。Schwarzenbach 提出，EDTA 具双偶极离子结构，其中两个可离解的 H^+ 为强酸性，另外两个羧基上的氢转移至氮原子上，与氮原子结合，释放较为困难。其结构可表示为：

$$\begin{matrix} HOOCH_2C \\ {}^-OOCH_2C \end{matrix} \overset{H^+}{N}-CH_2-CH_2-\overset{H^+}{N} \begin{matrix} CH_2COO^- \\ CH_2COOH \end{matrix}$$

在较高酸度的溶液中，两个羧酸根可以再接受两个 H^+，形成 H_6Y^{2+}，这样 EDTA 就相当于一个六元酸，在溶液中存在六级离解平衡。

$$H_6Y^{2+} \rightleftharpoons H^+ + H_5Y^+ \quad K_1=\frac{[H^+][H_5Y^+]}{[H_6Y^{2+}]}=1.3\times10^{-1} \quad pK_1=0.90$$

$$H_5Y^+ \rightleftharpoons H^+ + H_4Y \quad K_2=\frac{[H^+][H_4Y]}{[H_5Y^+]}=2.51\times10^{-2} \quad pK_2=1.60$$

$$H_4Y \rightleftharpoons H^+ + H_3Y^- \quad K_3=\frac{[H^+][H_3Y^-]}{[H_4Y]}=1.00\times10^{-2} \quad pK_3=2.00$$

$$H_3Y^- \rightleftharpoons H^+ + H_2Y^{2-} \quad K_4=\frac{[H^+][H_2Y^{2-}]}{[H_3Y^-]}=2.14\times10^{-3} \quad pK_4=2.67$$

$$H_2Y^{2-} \rightleftharpoons H^+ + HY^{3-} \quad K_5=\frac{[H^+][HY^{3-}]}{[H_2Y^{2-}]}=6.92\times10^{-7} \quad pK_5=6.16$$

$$HY^{3-} \rightleftharpoons H^+ + Y^{4-} \quad K_6=\frac{[H^+][Y^{4-}]}{[HY^{3-}]}=5.50\times10^{-11} \quad pK_6=10.26$$

如上所示，在水溶液中，EDTA 可以以 H_6Y^{2+}、H_5Y^+、H_4Y、H_3Y^-、H_2Y^{2-}、HY^{3-} 及 Y^{4-} 等七种形式存在，它们的分布系数与 pH 有关。图 7-1 是 EDTA 溶液中各种存在形式的分布图。

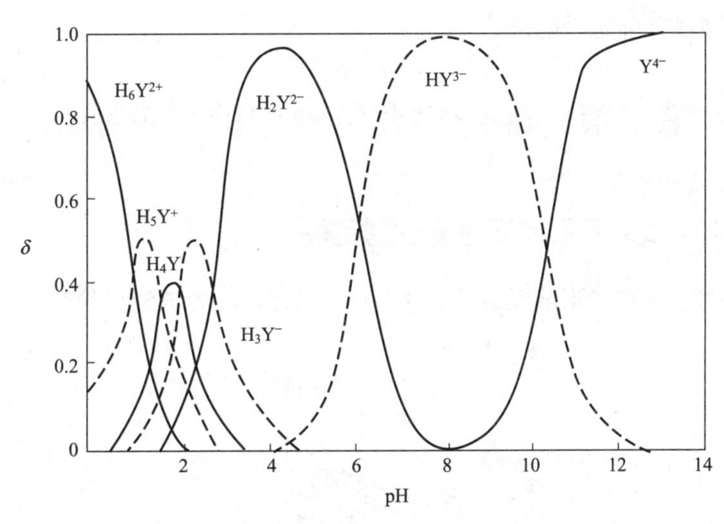

图 7-1　EDTA 的 δ-pH 曲线图

无论是 EDTA 酸还是 EDTA 二钠盐，在 pH<1 的强酸性溶液中，主要以 H_6Y^{2+} 形式存在；在 pH 值 2.67～6.16 的溶液中，主要以 H_2Y^{2-} 形式存在；在 pH>10.26 的碱性溶液中，主要以 Y^{4-} 形式存在。各种形式中以 Y^{4-} 与金属离子形成的配合物最稳定。

二、金属-EDTA配合物的分析特性

EDTA能与多种金属离子形成配合物，其特点可概括为：

1. EDTA分子中具有四个羧氧、两个氨氮，共六个配位原子，为六啮配位剂。四个羧氧倾向于电价配位，二个氨氮倾向于共价配位，这就极大地提高了EDTA与众多金属离子形成稳定配合物的普遍性和构型的多样性。

2. 一般情况下，EDTA与不同价态的金属离子均按1∶1配位。如：

$$M^{2+}+H_2Y^{2-} \rightleftharpoons MY^{2-}+2H^+$$

$$M^{3+}+H_2Y^{2-} \rightleftharpoons MY^{-}+2H^+$$

$$M^{4+}+H_2Y^{2-} \rightleftharpoons MY+2H^+$$

只有少数高价金属离子（如Mo^{5+}、Zr^{4+}等）与EDTA形成2∶1的配合物。

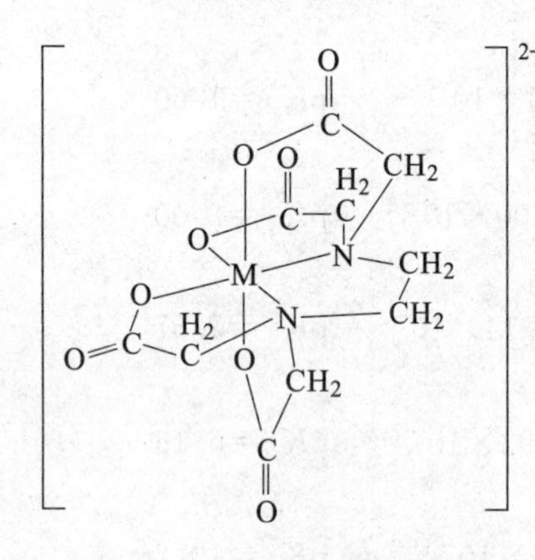

图7-2 EDTA-M螯合物立体结构

3. EDTA与金属离子配位时，它的氮原子和氧原子与金属离子键合，生成具有多个五元环的螯合物，非常稳定。EDTA与金属离子形成配合物的立体构型如图7-2所示。

4. EDTA与金属离子还可形成酸式或碱式螯合物，酸度较高时可形成酸式配合物MHY；碱度较高时可形成碱式配合物MOHY，但酸式和碱式配合物大多不稳定，一般可忽略不计。

5. EDTA与金属离子的配合物多数带电荷，水溶性好，有利于滴定。EDTA与无色的金属离子形成无色的配合物，与有色金属离子常形成颜色更深的配合物。如：

NiY^{2-}	CuY^{2-}	FeY^{-}	CoY^{-}	MnY^{2-}	CrY^{-}
蓝绿	深蓝	黄	紫红	紫红	深紫

6. EDTA与多数金属离子的配位反应速度较快，但个别离子（如Cr^{3+}、Fe^{3+}、Al^{3+}等）反应较慢，需加热或煮沸才能定量配位。

第二节　配合物在溶液中的离解平衡

一、EDTA与金属离子形成配合物的稳定性

EDTA能与多种金属离子形成配位比为1∶1的配合物，为方便讨论略去电荷，将反应式简写成：

$$M+Y \rightleftharpoons MY$$

反应达平衡时

$$K_{MY}=\frac{[MY]}{[M][Y]} \tag{7-1}$$

K_{MY}（$K_{稳}$）为反应平衡常数，即在一定温度下金属-EDTA配合物的稳定常数。其倒数为配合物的不稳定常数，即离解常数。K_{MY}或$\lg K_{MY}$越大，配合物越稳定。反之，配合物越不稳定。

不同的金属离子，由于其离子半径、电子层结构及电荷的差异，与EDTA形成的配合物稳

定性会有所不同。根据稳定常数的大小可判断配位反应完成的程度，也可判断某配位反应是否能用于配位滴定，此稳定常数称为绝对稳定常数。在一定条件下，每一配合物都有其特有的稳定常数。

一些常见金属离子与 EDTA 配合物的稳定常数值见表 7-1。

表 7-1　部分金属离子-EDTA 配合物的 $\lg K_{MY}$ 值（25℃，$I=0.1$，KNO_3 溶液）

金属离子	$\lg K_{MY}$	金属离子	$\lg K_{MY}$	金属离子	$\lg K_{MY}$
Na^{+}	1.66*	Mn^{2+}	13.87	Ni^{2+}	18.60
Li^{+}	2.79*	Fe^{2+}	14.32	Cu^{2+}	18.80
Ag^{+}	7.32	Ce^{3+}	16.0	Hg^{2+}	21.8
Ba^{2+}	7.86*	Al^{3+}	16.3	Cr^{3+}	23.4
Mg^{2+}	8.7*	Co^{2+}	16.31	Fe^{3+}	25.10*
Sr^{2+}	8.73*	Cd^{2+}	16.46	Bi^{3+}	27.94
Be^{2+}	9.20	Zn^{2+}	16.50	ZrO^{2+}	29.9
Ca^{2+}	10.69	Pb^{2+}	18.04	Co^{3+}	36.0

* 在 0.1mol/L KCl 溶液中，其他条件相同。

由表 7-1 可以看出，碱金属离子的配合物最不稳定；碱土金属离子配合物的 $\lg K_{MY}$ 为8～11之间；过渡元素、稀土元素、Al^{3+} 配合物的 $\lg K_{MY}$ 为 15～19；而三价、四价金属离子及 Hg^{2+} 配合物的 $\lg K_{MY}>20$。

二、影响 EDTA 配合物稳定性的因素

在配位滴定中，除了被测金属离子 M 与滴定剂 Y 的主反应外，还存在各种副反应，这些副反应能影响主反应中的反应物或生成物的平衡浓度，从而影响主反应的进行。为了定量表示副反应进行的程度，引入了副反应系数 α，即未参加主反应组分 M 或 Y 的总浓度与平衡浓度［M］或［Y］的比值。

配位反应总的平衡关系表示如下：

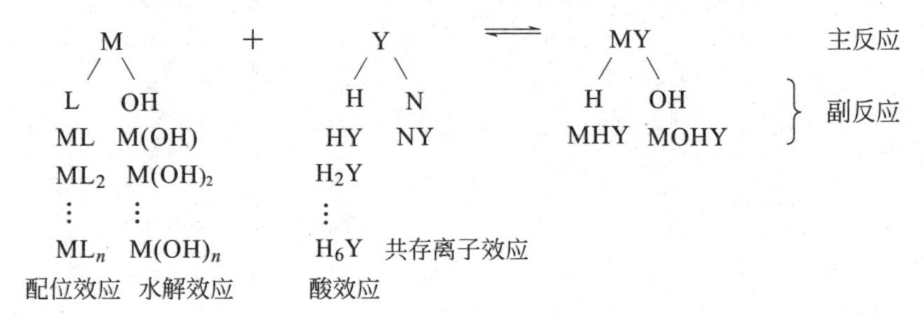

下面分别讨论配位滴定中的副反应及副反应系数，重点是酸效应和配位效应。

（一）配位剂 Y 的副反应及副反应系数

1. 酸效应及酸效应系数 $\alpha_{Y(H)}$

EDTA 可看作广义上的碱，能与溶液中的 H^{+} 结合形成其共轭酸 HY^{3-}、H_2Y^{2-}、H_3Y^{-}、H_4Y、H_5Y^{+}、H_6Y^{2+}，使 Y 的平衡浓度降低，主反应化学平衡向左移动。这种由于 H^{+} 的存在使配位体 Y 参加主反应能力降低的现象称为酸效应。酸效应的大小用酸效应系数 $\alpha_{Y(H)}$ 来衡量。

$\alpha_{Y(H)}$ 表示未与 M 配合的 EDTA 总浓度［Y′］是游离的 Y^{4-} 平衡浓度［Y］的多少倍

$$\alpha_{Y(H)}=\frac{[Y']}{[Y]}=\frac{[Y^{4-}]+[HY^{3-}]+[H_2Y^{2-}]+[H_3Y^{-}]+[H_4Y]+[H_5Y^{+}]+[H_6Y^{2+}]}{[Y^{4-}]}$$
$$=1+\frac{[H^+]}{K_6}+\frac{[H^+]^2}{K_6K_5}+\frac{[H^+]^3}{K_6K_5K_4}+\frac{[H^+]^4}{K_6K_5K_4K_3}+\frac{[H^+]^5}{K_6K_5K_4K_3K_2}+\frac{[H^+]^6}{K_6K_5K_4K_3K_2K_1} \tag{7-2}$$

酸效应系数 $\alpha_{Y(H)}$ 即为 Y^{4-} 分布系数的倒数，是$[H^+]$的函数。$\alpha_{Y(H)}$ 越大表示 EDTA 与 H^+ 副反应越严重（即酸效应越强）。当 $\alpha_{Y(H)}=1$ 时，即$[Y']=[Y]$，表示 EDTA 未与 H^+ 发生副反应，全部以 Y^{4-} 形式存在。不同 pH 时 EDTA 的 $\lg\alpha_{Y(H)}$ 值见表 7-2。

例 7-1 计算 pH＝2.00 时，EDTA 的酸效应系数及其对数值。

解：pH＝2 时，$[H^+]=10^{-2}$ mol/L。已知 K_1、K_2、K_3、K_4、K_5、K_6 分别为 $10^{-0.90}$、$10^{-1.60}$、$10^{-2.0}$、$10^{-2.67}$、$10^{-6.16}$、$10^{-10.26}$。将以上数据代入式 7-4 中，可得

$$\alpha_{Y(H)}=\frac{[Y']}{[Y]}=1+10^{8.26}+10^{12.42}+10^{13.09}+10^{13.09}+10^{12.69}+10^{11.59}=3.25\times10^{13}$$

其对数值 $\lg\alpha_{Y(H)}=13.51$。

从表 7-2 可知，$\lg\alpha_{Y(H)}$ 值随着酸度的增大而增大，即 pH 越小酸效应越显著，EDTA 参加主反应的能力越低。反之，pH 越大则酸效应越不显著，当 pH 增大至一定程度时，可忽略 EDTA 酸效应的影响（但此时要注意金属离子的水解）。

表 7-2 EDTA 在不同 pH 时的 $\lg\alpha_{Y(H)}$

pH	$\lg\alpha_{Y(H)}$	pH	$\lg\alpha_{Y(H)}$	pH	$\lg\alpha_{Y(H)}$
0.0	23.64	3.6	9.27	7.2	3.10
0.1	23.06	3.7	9.06	7.3	2.99
0.2	22.47	3.8	8.85	7.4	2.88
0.3	21.89	3.9	8.65	7.5	2.78
0.4	21.32	4.0	8.44	7.6	2.68
0.5	20.75	4.1	8.24	7.7	2.57
0.6	20.18	4.2	8.04	7.8	2.47
0.7	19.62	4.3	7.84	7.9	2.37
0.8	19.08	4.4	7.64	8.0	2.27
0.9	18.54	4.5	7.44	8.1	2.17
1.0	18.01	4.6	7.24	8.2	2.07
1.1	17.49	4.7	7.04	8.3	1.97
1.2	16.98	4.8	6.84	8.4	1.87
1.3	16.49	4.9	6.65	8.5	1.77
1.4	16.02	5.0	6.45	8.6	1.67
1.5	15.55	5.1	6.26	8.7	1.57
1.6	15.11	5.2	6.07	8.8	1.48
1.7	14.68	5.3	5.88	8.9	1.38
1.8	14.27	5.4	5.69	9.0	1.29
1.9	13.88	5.5	5.51	9.1	1.19
2.0	13.51	5.6	5.33	9.2	1.10

续表

pH	$\lg\alpha_{Y(H)}$	pH	$\lg\alpha_{Y(H)}$	pH	$\lg\alpha_{Y(H)}$
2.1	13.16	5.7	5.15	9.3	1.01
2.2	12.82	5.8	4.98	9.4	0.92
2.3	12.50	5.9	4.81	9.5	0.83
2.4	12.19	6.0	4.65	9.6	0.75
2.5	11.90	6.1	4.49	9.7	0.67
2.6	11.62	6.2	4.34	9.8	0.59
2.7	11.35	6.3	4.20	9.9	0.52
2.8	11.09	6.4	4.06	10.0	0.45
2.9	10.84	6.5	3.92	10.5	0.20
3.0	10.60	6.6	3.79	11.0	0.07
3.1	10.37	6.7	3.67	11.5	0.02
3.2	10.14	6.8	3.55	12.0	0.01
3.3	9.92	6.9	3.43	12.1	0.01
3.4	9.70	7.0	3.32	12.2	0.005
3.5	9.48	7.1	3.21	13.0	0.0008

2. 共存离子效应及共存离子效应系数 $\alpha_{Y(N)}$

当溶液中存在其他共存离子 N 时，N 也能与 Y 反应形成配合物，降低 Y 的平衡浓度。由于共存离子 N 的存在使配位体 Y 参加主反应能力降低的现象称为共存离子效应。共存离子效应的大小用共存离子效应系数 $\alpha_{Y(N)}$ 来衡量。

$$\alpha_{Y(N)}=\frac{[Y']}{[Y]}=\frac{[NY]+[Y]}{[Y]}=1+K_{NY}[N] \quad (7\text{-}3)$$

3. Y 的总副反应系数 α_Y

若体系中既有酸效应，又有共存离子时，Y 的总副反应系数 α_Y 为

$$\alpha_Y=\alpha_{Y(H)}+\alpha_{Y(N)}-1 \quad (7\text{-}4)$$

当 $\alpha_{Y(H)}$ 与 $\alpha_{Y(N)}$ 相差较大时，一般只考虑影响较大的一个副反应。实际工作中，共存离子对主反应的影响常常通过加掩蔽剂来消除。因此，一般情况下 $\alpha_Y \approx \alpha_{Y(H)}$，主要考虑酸效应的影响。

（二）金属离子的副反应及副反应系数

1. 累积平衡常数

金属离子除了与 EDTA 反应外，还能与其他配位剂 L 形成 ML_n 型配合物。ML_n 型配合物在溶液中存在逐级配位平衡：

$$M+L \rightleftharpoons ML \quad \text{第一级稳定常数} \quad K_{稳1}=\frac{[ML]}{[M][L]}$$

$$ML+L \rightleftharpoons ML_2 \quad \text{第二级稳定常数} \quad K_{稳2}=\frac{[ML_2]}{[ML][L]}$$

……

$$ML_{n-1}+L \rightleftharpoons ML_n \quad \text{第 } n \text{ 级稳定常数} \quad K_{稳n}=\frac{[ML_n]}{[ML_{n-1}][L]}$$

将各级稳定常数依次相乘，可得到逐级累积稳定常数，用 β_n 表示。

$$\beta_1=K_{稳1}=\frac{[ML]}{[M][L]}$$

$$\beta_2 = K_{稳1}K_{稳2} = \frac{[ML_2]}{[M][L]^2}$$

……

$$\beta_n = K_{稳1}K_{稳2}\cdots K_{稳n} = \frac{[ML_n]}{[M][L]^n} \tag{7-5}$$

在配位平衡计算中，常需计算各级配合物的浓度，从以上关系中可得到下列算式：

$$[ML] = \beta_1[M][L]$$

$$[ML_2] = \beta_2[M][L]^2$$

……

$$[ML_n] = \beta_n[M][L]^n \tag{7-6}$$

2. 配位效应及配位效应系数 $\alpha_{M(L)}$

当 M 与 Y 反应时，若溶液中存在其他配位剂 L，且 L 与 M 发生副反应形成配合物，则 M 的平衡浓度降低，主反应会受到影响。这种由于其他配位剂存在使金属离子 M 参加主反应能力降低的现象，称为配位效应。配位效应的大小用配位效应系数 $\alpha_{M(L)}$ 来衡量。

配位效应系数 $\alpha_{M(L)}$ 表示未参加主反应的金属离子 M 的总浓度［M′］是游离金属离子平衡浓度［M］的多少倍，即：

$$\alpha_{M(L)} = \frac{[M']}{[M]} = \frac{[M]+[ML]+[ML_2]+\cdots+[ML_n]}{[M]}$$

$$= 1+[L]\beta_1+[L]^2\beta_2+[L]^3\beta_3+\cdots+[L]^n\beta_n \tag{7-7}$$

配位效应系数 $\alpha_{M(L)}$ 是其他配位剂 L 平衡浓度［L］的函数，$\alpha_{M(L)}$ 越大配位效应越强，金属离子 M 参加主反应的能力越低；当 $\alpha_{M(L)}=1$ 时，表示金属离子 M 未发生配位效应。

在实际滴定中，L 可能是缓冲剂、掩蔽剂或其他辅助配位剂。当金属离子与 p 种配位剂同时发生副反应时，则

$$\alpha_{M(L)} = \alpha_{M(L_1)} + \alpha_{M(L_2)} + \cdots + (1-p) \tag{7-8}$$

当在酸度较低的水溶液中滴定金属离子时，金属离子 M 常常与 OH^- 发生配位反应，形成各种羟基配合物，甚至水解析出沉淀，影响主反应的进行。这种由于 OH^- 存在使金属离子 M 参加主反应能力降低的现象，称为羟基配位效应（又称水解效应）。此副反应系数用 $\alpha_{M(OH)}$ 表示。羟基可看作一种配位剂，其副反应系数也可称为配位效应系数。

$$\alpha_{M(OH)} = 1+\beta_1[OH^-]+\beta_2[OH^-]^2+\cdots+\beta_n[OH^-]^n \tag{7-9}$$

3. 金属离子 M 的总副反应系数 α_M

当溶液中存在多种配位剂，同时与金属离子 M 发生副反应，其影响可以用金属离子 M 的总副反应系数 α_M 表示。如一种配位剂 L 配位效应和羟基配位效应同时存在时，

$$\alpha_M = \alpha_{M(L)} + \alpha_{M(OH)} - 1$$

一般而言，在多种配位剂共存的情况下，只有一种或少数几种配位剂的副反应是主要的，由此决定总副反应系数。实际工作中，金属离子的水解效应往往通过加入缓冲溶液控制酸度来避免。

（三）配合物 MY 的副反应

在溶液酸度较高时，MY 可与 H^+ 发生副反应，生成酸式配合物 MHY；在溶液碱度较高时，MY 可形成碱式配合物 MOHY，对主反应有利。但由于酸式、碱式配合物一般不太稳定，故可忽略不计，$\alpha_{MY}\approx 1$。

三、EDTA配合物的条件稳定常数

如果没有副反应发生，金属离子M与配位剂EDTA的反应进行程度可以用稳定常数$K_{MY}=\frac{[MY]}{[M][Y]}$表示，$K_{MY}$越大反应进行得越完全，配合物MY越稳定。但是在实际滴定中，由于受到M、Y、MY等副反应的影响，配合物的实际稳定性下降，K_{MY}已不能准确衡量主反应实际进行程度。设未参加主反应的M的总浓度为［M′］，未参加主反应的Y的总浓度为［Y′］，形成的配合物的总浓度为［MY′］，得到条件稳定常数K'_{MY}：

$$K'_{MY}=\frac{[MY']}{[M'][Y']} \tag{7-10}$$

由副反应系数可得：$[Y']=\alpha_Y[Y]$，$[M']=\alpha_M[M]$，$[MY']=\alpha_{MY}[MY]\approx[MY]$

则：
$$K'_{MY}=\frac{\alpha_{MY}[MY]}{\alpha_M[M]\alpha_Y[Y]}=K_{MY}\frac{\alpha_{MY}}{\alpha_M\alpha_Y}=\frac{K_{MY}}{\alpha_M\alpha_Y} \tag{7-11}$$

K'_{MY}表示在一定条件下，有副反应发生时主反应进行的程度和配合物的实际稳定性。在一定条件下，α_M、α_Y均为定值，因此K'_{MY}在一定条件下是常数，即用副反应系数校正后的实际稳定常数。副反应系数越小，条件稳定常数越大，说明配合物在该条件下越稳定；反之，则说明配合物的实际稳定性越低。

若只考虑酸效应和配位效应的影响，上式简化为：

$$K'_{MY}=\frac{K_{MY}}{\alpha_{M(L)}\alpha_{Y(H)}} \tag{7-12}$$

取对数，得：

$$\lg K'_{MY}=\lg K_{MY}-\lg\alpha_{M(L)}-\lg\alpha_{Y(H)} \tag{7-13}$$

若仅考虑酸效应的影响，上式进一步简化为：

$$\lg K'_{MY}=\lg K_{MY}-\lg\alpha_{Y(H)} \tag{7-14}$$

例7-2　计算pH＝2.0和5.0时的$\lg K'_{ZnY}$值。

解： 查表7-1得$\lg K_{ZnY}=16.50$

查表7-2得pH＝2.0时，$\lg\alpha_{Y(H)}=13.51$；pH＝5.0时，$\lg\alpha_{Y(H)}=6.45$

由式（7-14）得

pH＝2.0时，$\lg K'_{ZnY}=\lg K_{ZnY}-\lg\alpha_{Y(H)}=16.50-13.51=2.99$

pH＝5.0时，$\lg K'_{ZnY}=16.50-6.45=10.05$

显然，在酸效应的影响下，配合物的稳定性相差很大，在pH＝5.0的溶液中配合物比在pH＝2.0的溶液中更为稳定。

例7-3　计算pH＝4.50的0.05mol/L AlY溶液中，游离F^-的浓度为0.010mol/L时，AlY的$\lg K'_{AlY}$为何？由此可得出何结论？（已知：AlF_6：$\beta_1=1.4\times10^6$，$\beta_2=1.4\times10^{11}$，$\beta_3=1.0\times10^{15}$，$\beta_4=5.6\times10^{17}$，$\beta_5=2.3\times10^{19}$，$\beta_6=6.9\times10^{19}$。$\lg K_{AlY}=16.30$）

解： 查表7-2得：pH＝4.50时，$\lg\alpha_{Y(H)}=7.44$

已知$[F^-]=0.010$mol/L，由式（7-7）可得：

$$\begin{aligned}\alpha_{Al(F)}&=1+1.4\times10^6\times0.010+1.4\times10^{11}\times(0.010)^2+1.0\times10^{15}\times(0.010)^3\\&\quad+5.6\times10^{17}\times(0.010)^4+2.3\times10^{19}\times(0.010)^5+6.9\times10^{19}\times(0.010)^6\\&=8.9\times10^9\end{aligned}$$

$$\lg\alpha_{Al(F)}=9.95$$

将已知数据代入式（7-13），

则 $$\lg K'_{AlY}=16.30-7.44-9.95=-1.09$$

条件稳定常数如此之小，说明 AlY 配合物在 pH=4.50，游离 F^- 的浓度为 0.010mol/L 的溶液中已被破坏，很难存在。

EDTA 能与多种金属离子生成稳定的配合物，且绝对稳定常数 K_{MY} 值一般很大，有的可高达 10^{30} 以上，但在实际的化学反应中，由于各种副反应的影响，条件稳定常数要小得多。由以上讨论可知，影响配合物稳定性的主要因素是酸效应和配位效应，酸效应和配位效应越强，EDTA 配合物的条件稳定常数越小。

第三节　配位滴定的基本原理

本节主要讨论以 EDTA 为滴定剂的配位滴定法的滴定曲线及滴定条件。

一、滴定曲线

与酸碱滴定相类似，在配位滴定中若被滴定的是金属离子，则随着滴定剂 EDTA 的不断加入，溶液中金属离子浓度不断减小、pM 不断增大，到达化学计量点附近时，金属离子浓度（pM）发生突变，产生滴定突跃，选用适当的指示剂可以指示滴定终点。以滴定剂 EDTA 的加入量为横坐标，pM 为纵坐标，可绘制配位滴定的滴定曲线 pM-V。

由于配位滴定中存在多种副反应，且 K'_{MY} 值随着滴定体系中反应条件的变化而变化，所以比酸碱滴定复杂得多。

（一）滴定曲线的计算

现以 0.01000mol/L 的 EDTA 标准溶液滴定 20.00mL 0.01000mol/L 的 Ca^{2+} 溶液为例，计算在 pH=12 时溶液的 pCa 值。（假设滴定体系中不存在其他副反应，只考虑酸效应。）

已知 $K_{CaY}=10^{10.69}$，查表 7-2 得 pH=12.0 时 $\lg\alpha_{Y(H)}=0.01$，
即 $\alpha_{Y(H)}=10^{0.01}\approx1$，则

$$K'_{CaY}=K_{CaY}=10^{10.69}$$

将滴定过程分为以下四个阶段来进行讨论：

1. 滴定开始前

$$[Ca^{2+}]=0.01000\text{mol/L}$$

$$pCa=-\lg[Ca^{2+}]=-\lg0.01000=2.0$$

2. 滴定开始至化学计量点前

$[Ca^{2+}]$ 为剩余的 Ca^{2+} 的浓度

设加入 EDTA 溶液 19.98mL，此时还剩余 Ca^{2+} 溶液 0.02mL（即 0.1%）未反应，则

$$[Ca^{2+}]=0.01000\times\frac{20.00-19.98}{20.00+19.98}=5.0\times10^{-6}(\text{mol/L})$$

$$pCa=5.3$$

3. 化学计量点时

此时加入 EDTA20.00mL，恰是理论量的 100%。由于 CaY 配合物相当稳定（$K'_{CaY}=10^{10.69}$），所以，Ca^{2+} 与 EDTA 几乎完全反应生成 CaY，即

$$[CaY]=0.01000\times\frac{20.00}{20.00+20.00}=5.0\times10^{-3}(mol/L)$$

又$[Ca^{2+}]=[Y^{4-}]$，则

由
$$\frac{[CaY]}{[Ca^{2+}][Y^{4-}]}=\frac{[CaY]}{[Ca^{2+}]^2}=1.0\times10^{10.69}$$

得
$$[Ca^{2+}]=\sqrt{\frac{[CaY]}{K_{CaY}}}=\sqrt{\frac{5.0\times10^{-3}}{10^{10.69}}}=3.2\times10^{-7}$$

$$pCa=6.5$$

4. 化学计量点后

设加入 EDTA 溶液 20.02mL，此时 EDTA 过量 0.02mL（即 0.1%），则

$$[Y^{4-}]=0.01000\times\frac{20.02-20.00}{20.02+20.00}=5.0\times10^{-6}(mol/L)$$

由 $K_{CaY}=\frac{[CaY]}{[Ca^{2+}][Y^{4-}]}$得

$$[Ca^{2+}]=\frac{[CaY]}{K_{CaY}[Y^{4-}]}=\frac{5.0\times10^{-3}}{10^{10.69}\times5.0\times10^{-6}}=10^{-7.7}$$

$$pCa=7.7$$

如此逐一计算，将计算所得结果列于表 7-3，绘制滴定曲线如图 7-3 所示。

表 7-3　pH=12 时，用 0.1000mol/L EDTA 滴定 20.00mL 0.01000mol/L Ca^{2+} 溶液过程中 pCa 值的变化

加入 EDTA 溶液		剩余 Ca^{2+} 离子	Ca^{2+} 被配位的	过量 EDTA 的	过量 EDTA 的	
(mL)	(%)	溶液(mL)	百分数	体积(mL)	百分数	PCa 值
0.00	0.00	20.00	0.0			2.0
18.00	90.0	2.00	90.0			3.3
19.80	99.0	0.20	99.0			4.3
19.98	99.9	0.02	99.9			5.3 } 突跃
20.00	100.0	0.00	100.0	0.00	0.0	6.5 } 突跃
20.02	100.1			0.02	0.1	7.7 } 突跃
20.20	101.1			0.20	1.0	8.7

（二）化学计量点 pM′的计算

配位滴定中化学计量点 pM′是选择指示剂的依据

条件稳定常数　　$K'_{MY}=\frac{[MY']}{[M'][Y']}$

因配合物 MY 的副反应一般忽略不计，$[MY']\approx[MY]$

若生成的配合物 MY 较稳定，则忽略其离解，$[MY]=C_{M(sp)}-[M']\approx C_{M(sp)}$

$C_{M(sp)}$表示化学计量点时金属离子 M 的总浓度，若用相同浓度的 EDTA 滴定金属离子 M($C_M=C_Y$)，则 $V_M=V_Y$，计量点时 $C_{M(sp)}=\frac{V_M}{V_M+V_Y}C_M=\frac{1}{2}C_M$

化学计量点时　$[M']=[Y']$

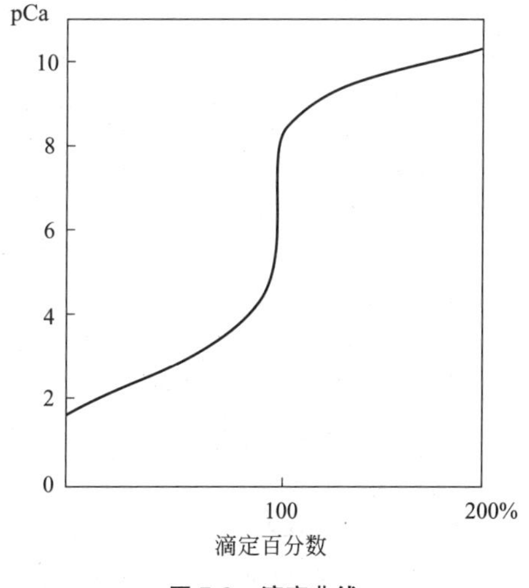

图 7-3　滴定曲线

所以
$$K'_{MY}=\frac{C_{M(sp)}}{[M']^2}$$

$$[M']=\sqrt{\frac{C_{M(sp)}}{K'_{MY}}} \tag{7-15}$$

$$pM'=\frac{1}{2}(pC_{M(sp)}+\lg K'_{MY}) \tag{7-16}$$

二、影响配位滴定突跃大小的因素

图 7-4、图 7-5 分别为不同 C_M 及不同 K'_{MY}时计算滴定过程中 pM′所得滴定曲线，由图可知，影响配位滴定的滴定突跃大小的主要因素是条件稳定常数 K'_{MY}和金属离子浓度 C_M。

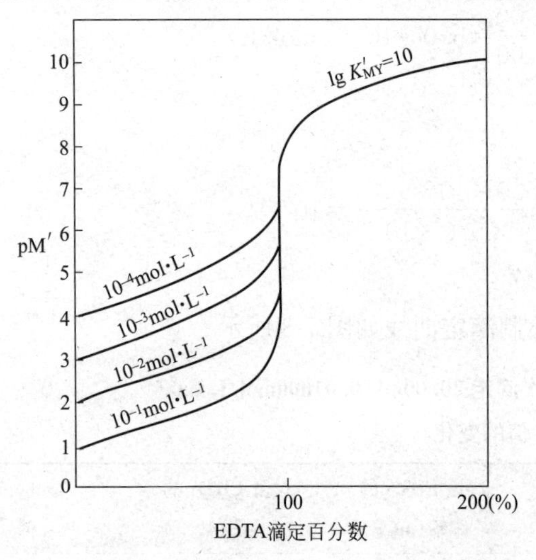

图 7-4 EDTA 滴定不同浓度金属离子的滴定曲线

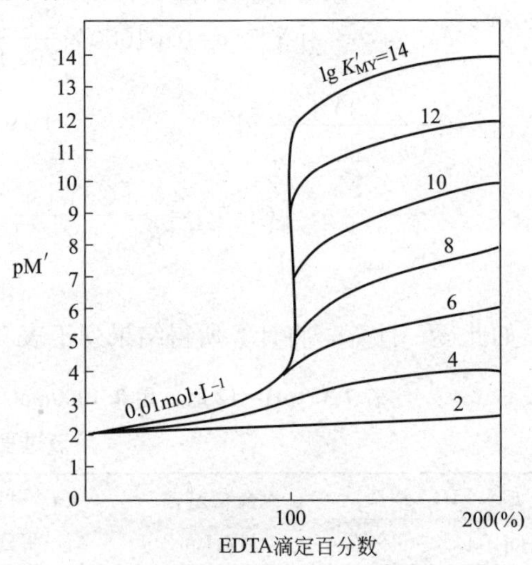

图 7-5 不同 $\lg K'_{MY}$时的滴定曲线

（一）金属离子浓度对滴定突跃的影响

从图 7-4 可知，在 K'_{MY}一定的条件下，C_M 越大滴定曲线的起点越低，突跃范围越大；反之突跃就越小。

（二）条件稳定常数对滴定突跃的影响

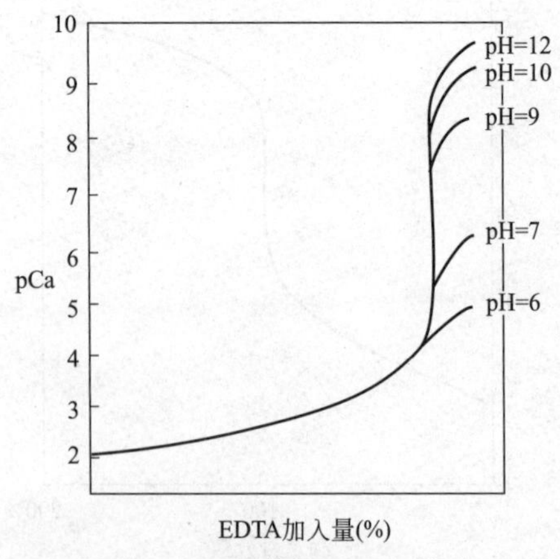

图 7-6 不同酸度下 EDTA 滴定 Ca^{2+} 的滴定曲线

从图 7-5 可知，在浓度一定的条件下，K'_{MY}越大突跃范围越大，K'_{MY}值的大小是影响滴定突跃的重要因素，而 K'_{MY}的大小主要取决于绝对稳定常数 K_{MY}、酸效应及配位效应的大小。

1. K_{MY}

K_{MY}越大 K'_{MY}相应增大，突跃范围也就越大；反之则越小。

2. 酸度

滴定体系的酸度越大（pH 越小），则 $\alpha_{Y(H)}$ 值越大，K'_{MY}越小，突跃范围变小。如图 7-6 所示。

3. 其他配位剂

配位滴定中加入的掩蔽剂、缓冲溶液，有时会成为能与被测离子发生配位作用的辅助配位剂（即其他配位剂），从而产生配位效应。它们的浓度越大，$\alpha_{M(L)}$越大K'_{MY}越小，突跃范围越小。

三、EDTA 滴定金属离子的条件

与酸碱滴定相似，配位滴定中由于滴定终点（ep）与化学计量点（sp）不一致引起的误差称为滴定终点误差（TE），以下式表示：

$$TE\% = \frac{[Y']_{ep} - [M']_{ep}}{C_{M(sp)}} \times 100\% \tag{7-17}$$

设滴定终点（ep）与化学计量点（sp）的 pM′之差为 ΔpM′，则可推得：

$$TE\% = \frac{10^{\Delta pM'} - 10^{-\Delta pM'}}{\sqrt{K'_{MY} C_{M(sp)}}} \times 100\% \tag{7-18}$$

上式即为林邦（Ringbom）终点误差公式。

在配位滴定中，通常采用指示剂指示滴定终点，由于人眼判断颜色的局限性，即使指示剂的变色点与化学计量点完全一致，仍有可能造成±0.2pM′～±0.5pM′单位的不确定性。设 ΔpM′=0.2，用等浓度的 EDTA 滴定初始浓度为C_M的金属离子，若要求终点误差≤±0.1%，由林邦误差公式可得：

$$C_{M(sp)} K'_{MY} \geqslant 10^6 \quad \lg C_{M(sp)} K'_{MY} \geqslant 6 \tag{7-19}$$

上式即为判断能否用 EDTA 准确滴定金属离子 M 的条件式。为简便起见，在实际应用中通常以金属离子初始浓度C_M代替计量点浓度$C_{M(sp)}$进行判断，即：

$$\lg C_M K'_{MY} \geqslant 6 \tag{7-20}$$

这种判断是有前提条件的（允许误差 0.1%），若允许误差 1%，判断条件式为$\lg C_M K'_{MY} \geqslant 4$。

例 7-4　在 pH=5.0 时，可否用 EDTA 准确滴定 0.01mol/L 的Ca^{2+}或Zn^{2+}？（已知：$\lg K_{CaY}=10.70$，$\lg K_{ZnY}=16.50$）

解：查表 7-2 得 pH=5 时，$\lg\alpha_{Y(H)}=6.45$

则：

$$\lg C_{Ca^{2+}} K'_{CaY} = -2 + 10.70 - 6.45 = 2.25 < 6$$

$$\lg C_{Zn^{2+}} K'_{ZnY} = -2 + 16.50 - 6.45 = 8.05 > 6$$

故：在 pH=5.0 时，可用 EDTA 准确滴定 0.01mol/L 的Zn^{2+}，不能准确滴定 0.01mol/L 的Ca^{2+}。

四、配位滴定中酸度的控制与条件选择

（一）缓冲溶液的作用

配位滴定时，若酸度过高，将引起较大的酸效应；若酸度过低，则会发生水解效应，均会使K'_{MY}减小，滴定突跃减小，影响配位反应的完全程度。同时，由于采用的是 EDTA 二钠盐，在发生配位反应生成配合物 MY 时，还不断地释放出H^+：

$$M + H_2Y \rightleftharpoons MY + 2H^+$$

使溶液的酸度增大，进而使K'_{MY}变小（即配合物的实际稳定性降低），突跃范围减小；而且溶液 pH 的变化会影响到指示剂的变色点，使误差增大，甚至无法准确滴定。因而，在配位滴定中需要控制溶液酸度，通常使用适当的缓冲溶液使溶液酸度保持相对稳定。

在弱酸性溶液中滴定时，常用 HAc-NaAc 缓冲溶液（pH3.4～5.5）或六次甲基四胺

$(CH_2)_6N_4$-HCl 缓冲溶液控制溶液的酸度。六次甲基四胺为一弱碱（$K_b=1.4\times10^{-9}$），它在溶液中能释放出氨，常用于控制溶液的 pH 在 5～6。

$$(CH_2)_6N_4+6H_2O \rightleftharpoons 6HCHO+4NH_3$$

在弱碱性溶液中滴定时，常用 $NH_3\cdot H_2O$-NH_4Cl 缓冲溶液（pH8～11）控制溶液的酸度。但因 NH_3 与多种金属离子之间可发生配合，对滴定产生一定的影响。

（二）配位滴定中的最高酸度和最低酸度

1. 最高酸度

如前所述，用 EDTA 准确滴定金属离子 M 的条件是 $\lg C_M K'_{MY}\geqslant 6$

若只考虑酸效应，则 $\lg K'_{MY}=\lg K_{MY}-\lg\alpha_{Y(H)}\geqslant 6-\lg C_M$

$$\lg\alpha_{Y(H)}\leqslant \lg K_{MY}+\lg C_M-6 \tag{7-21}$$

若 $C_M=1.0\times10^{-2}$mol/L，则

$$\lg\alpha_{Y(H)}\leqslant \lg K_{MY}-8 \tag{7-22}$$

因此，配位滴定时溶液的酸度应有一个最高限度，超过这个酸度就不满足 $\lg C_M K'_{MY}\geqslant 6$，从而不能准确滴定。根据式（7-21）、（7-22）可求出相应的 $\lg\alpha_{Y(H)}$，再查表 7-2 就得到配位滴定允许的最高酸度或最低 pH。

例 7-5 计算用 0.01000mol/L EDTA 滴定同浓度的 Ca^{2+} 溶液时允许的最高酸度。

解： 从表 7-1 查得 $\lg K_{CaY}=10.69$，则

$$\lg\alpha_{Y(H)}\leqslant \lg K_{MY}-8=10.69-8=2.69$$

再查表 7-2，得 $\lg\alpha_{Y(H)}=2.68$ 时，pH=7.6，故最高酸度（最低 pH）应控制在 pH≥7.6。

根据不同 pH 的 $\lg\alpha_{Y(H)}$ 和对应的 $\lg K_{MY}$，绘制成 pH-$\lg\alpha_{Y(H)}$（$\lg K_{MY}$）曲线（图 7-7），称为 EDTA 酸效应曲线，又称林邦曲线。计算出滴定各种金属离子的最高允许酸度（最低允许 pH），直接标注在 EDTA 酸效应曲线上，可供实际工作参考。

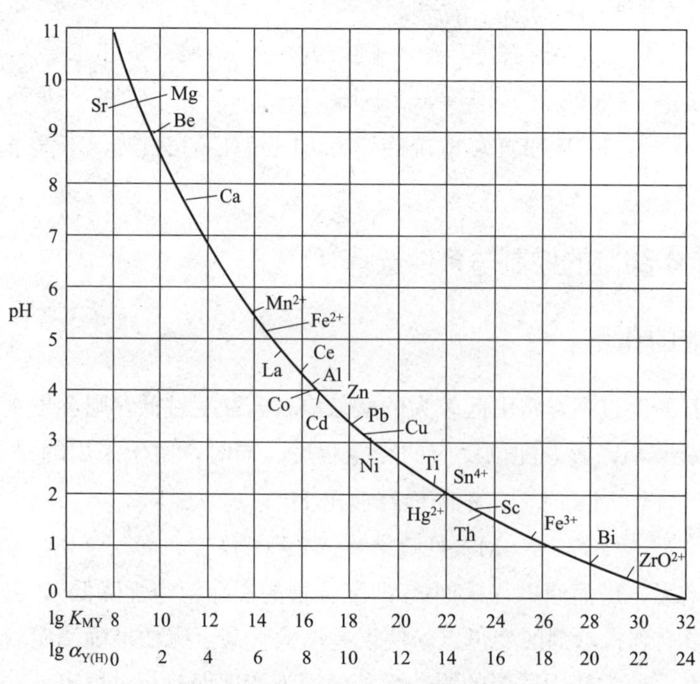

图 7-7 EDTA 的酸效应曲线

2. 最低酸度

要用 EDTA 准确滴定金属离子，必须控制溶液酸度在最高酸度以下滴定，但是酸度太低，金属离子会发生水解形成一系列羟基配合物，甚至析出 $M(OH)_n$ 沉淀，影响配位滴定的进行，因此，配位滴定还应考虑最低酸度。一般以金属离子的水解酸度作为配位滴定的最低允许酸度，直接应用 $M(OH)_n$ 的溶度积计算水解酸度，忽略辅助配位剂、羟基配合物、离子强度等因素的影响。

如 $M(OH)_n$ 的溶度积为 K_{sp}，为防止滴定时形成 $M(OH)_n$ 沉淀，必须使 $[OH^-]\leqslant\sqrt[n]{\frac{K_{sp}}{C_M}}$，从而求出最低酸度。

3. 适宜酸度范围及最佳酸度

配位滴定应控制在最高酸度和最低酸度之间进行，此酸度范围称为配位滴定的适宜酸度范围。

例 7-6　试计算用 0.01mol/L EDTA 标准溶液滴定 0.01mol/L Fe^{3+} 溶液的适宜 pH 范围（$\Delta pM'=\pm0.2$，终点误差 $TE\%=0.1\%$）。

解：（1）由式（7-22）得 $\lg\alpha_{Y(H)}=25.1-8=17.1$

查表 7-2 得 pH≈1.2，此 pH 即为滴定的最高酸度。

（2）最低酸度由 $Fe(OH)_3$ 的 K_{sp} 求得：

$$C_{OH^-}=\sqrt[3]{\frac{K_{sp}}{C_{Fe^{3+}}}}=\sqrt[3]{\frac{10^{-37.4}}{1.0\times10^{-2}}}=10^{-11.8}\ (\text{mol/L})$$

$$pOH=11.8,\ pH=14.0-11.8=2.2$$

故滴定 Fe^{3+} 的适宜酸度范围为 pH=1.2～2.2。

上述酸度范围是从滴定反应考虑。此外，从指示剂的角度，由于指示剂也存在酸效应，指示剂的颜色转变点同样与酸度有关。选择指示剂时希望指示剂的颜色转变点与化学计量点 $pM_{(sp)}$ 基本一致，这时的酸度称为最佳酸度。

第四节　金属指示剂

配位滴定中，通常利用一种能与金属离子生成有色配合物的显色剂来指示滴定过程中金属离子浓度的变化，这种显色剂称为金属离子指示剂，简称金属指示剂（metal ion indicator）。

一、金属指示剂的作用原理及应具备的条件

（一）金属指示剂的作用原理

金属指示剂一般为有机弱酸或弱碱，具有配位剂和酸碱指示剂的性质，在不同 pH 值条件下具有不同的颜色。金属指示剂与被滴定的金属离子反应，形成一种与指示剂本身颜色不同的配合物 MIn：

$$\underset{\text{颜色 A}}{M+In} \rightleftharpoons \underset{\text{颜色 B}}{MIn}$$

滴定时，随着 EDTA 的加入，溶液中的金属离子 M 逐步被配合，生成配位化合物 MY，在化学计量点附近，已与指示剂配合的金属离子被 EDTA 夺取出来，释放出游离指示剂 In，从而引起溶液颜色的变化，指示滴定终点的到达。

$$\underset{\text{颜色B}}{MIn}+Y \rightleftharpoons MY+\underset{\text{颜色A}}{In}$$

（二）金属指示剂应具备的条件

金属离子的显色剂很多，但其中只有一部分能用作金属离子指示剂。一般金属指示剂应具备下列条件：

1. 指示剂与金属离子形成的配合物（MIn）与指示剂本身（In）的颜色应有显著差别。

2. 显色反应灵敏、迅速，有良好的变色可逆性。

3. 指示剂与金属离子配合物的稳定性要适当。既要有足够的稳定性（$K'_{MIn} \geqslant 10^4$），但又要比该金属离子与EDTA配合物的稳定性小（$K'_{MY}/K'_{MIn} \geqslant 10^2$）。这样才能在接近化学计量点，溶液中金属离子很少的情况下，指示剂仍能与之显色；当滴定剂稍过量时立即发生反应，转变为游离指示剂的颜色，指示滴定终点的到达。

4. 指示剂与金属离子形成的配合物应易溶于水。

5. 指示剂与金属离子的显色应具有一定的选择性。

6. 金属离子指示剂应比较稳定，便于贮存和使用。

二、金属指示剂的选择

由配位滴定曲线可知，在化学计量点附近，被滴定的金属离子的pM产生突跃，因此，指示剂应在此滴定突跃范围内发生颜色变化，指示滴定终点的到达，并且指示剂变色点的pM_{ep}应尽量与化学计量点的pM_{sp}一致，以减小终点误差。

金属指示剂配合物在溶液中存在下列平衡：

$$MIn \rightleftharpoons M+In$$

若只考虑指示剂的酸效应，则

$$K'_{MIn}=\frac{[MIn]}{[M][In']}$$

$$\lg K'_{MIn}=pM+\lg\frac{[MIn]}{[In']}$$

当［MIn］=［In′］时，为指示剂的变色点，此时

$$pM_{ep}=\lg K'_{MIn} \qquad (7\text{-}23)$$

配位滴定使用的指示剂一般为有机弱酸，存在着酸效应，则：

$$pM_{ep}=\lg K_{MIn}-\lg\alpha_{In(H)} \qquad (7\text{-}24)$$

因此，只要知道金属离子指示剂配合物的稳定常数及一定pH时指示剂的酸效应系数，就可求出变色点的pM_{ep}值。

指示剂变色点的pM_{ep}等于有色配合物的$\lg K'_{MIn}$，它与金属离子M所形成的配合物的条件稳定常数将随pH的变化而变化，从而使得指示剂变色点的pM_{ep}也随pH的变化而变化。因此，金属指示剂不像酸碱指示剂那样，有一个确定的变色点。在选择指示剂时，必须考虑体系的酸度，使指示剂的变色点pM_{ep}与化学计量点pM_{sp}尽量一致，至少应在化学计量点附近的滴定突跃范围内，以保证配位滴定的准确度（若金属离子M有副反应，则将上述公式中pM改为pM′，使pM'_{ep}与pM'_{sp}尽量一致）。

根据指示剂有关常数进行理论计算可以选择金属指示剂，但由于金属离子指示剂的常数不齐全，在实际工作中大多采用实验方法来选择指示剂，即先试验其终点时颜色变化是否敏锐，然后

检查滴定结果是否准确，这样就可确定该指示剂是否符合要求。

三、指示剂的封闭、僵化及变质现象

配位滴定时金属指示剂在化学计量点附近应有敏锐的颜色变化，指示滴定终点到达，但在实际工作中有时会发生达到计量点后，即使加入过量的 EDTA，溶液的颜色没有发生变化或变化非常缓慢的现象，这种现象称为指示剂的封闭或僵化。

产生指示剂封闭现象的原因可能是溶液中存在的某些金属离子与指示剂生成比该金属离子与 EDTA 生成的配合物更稳定的有色配合物，因而造成到达化学计量点后，过量的 EDTA 也不能把指示剂从有色配合物中置换出来，使溶液颜色没有改变。一般可用加入掩蔽剂的方法消除封闭现象，使干扰离子生成更稳定的配合物，从而不再与指示剂作用。如用 EDTA 滴定 Mg^{2+} 和 Ca^{2+} 时，以铬黑 T 作指示剂，若溶液中有 Fe^{3+}、Al^{3+}、Cu^{2+}、Co^{2+}、Ni^{2+} 等金属离子存在，就会发生封闭现象，可加三乙醇胺掩蔽 Fe^{3+}、Al^{3+}，用氰化钾或抗坏血酸掩蔽 Cu^{2+}、Co^{2+}、Ni^{2+}。

产生指示剂僵化现象的原因是某些金属离子与指示剂生成难溶于水的有色配合物，虽然其稳定性比该金属离子与 EDTA 配合物低，但反应的速度缓慢，使终点拖长。可通过加入适当的有机溶剂或加热的方法来消除。如用 PAN 指示剂时，常加入乙醇或丙酮或用加热的方法，可使终点时指示剂颜色变化明显。

指示剂变质现象的产生是由于金属指示剂大多为含双键的有色化合物，易被日光、氧化剂、空气所氧化、分解或发生聚合（Cu^{2+}、Co^{2+}、Ni^{2+} 等离子有催化作用），特别是在水溶液中不够稳定，日久会变质，失去指示剂的作用。故常将指示剂配成固体混合物以增强稳定性，延长保存时间。例如铬黑 T 和钙指示剂，常用固体 NaCl 或 KCl 作稀释剂配制。一般可加入掩蔽剂、还原剂避免指示剂被氧化。

四、常用金属指示剂

（一）铬黑 T（eriochrome black T，EBT）

常用 NaH_2In 表示，因结构中有两个酚羟基，具弱酸性，在水溶液中存在下列离解平衡：

$$\underset{\text{红色}}{H_2In^-} \xrightleftharpoons{pK_1=6.3} \underset{\text{蓝色}}{HIn^{2-}} + H^+ \xrightleftharpoons{pK_2=11.6} \underset{\text{橙色}}{In^{3-}} + 2H^+$$

铬黑 T 在不同酸度下显不同的颜色，因铬黑 T 与二价金属离子形成的配合物皆为红色或紫红色，为使终点颜色变化明显，铬黑 T 须以一元酸形式存在（呈蓝色），实验确定铬黑 T 使用最适宜酸度是 pH 值 9～10.5。常用作测定 Ca^{2+}、Mg^{2+}、Zn^{2+}、Mn^{2+}、Hg^{2+}、Cd^{2+}、Pb^{2+} 等金属离子的指示剂，但 Fe^{3+}、Al^{3+}、Co^{2+}、Ni^{2+}、Cu^{2+}、Ti^{4+} 等离子对 EBT 有封闭作用，需采取掩蔽措施。

铬黑 T 固体性质稳定，但其水溶液易发生聚合反应，仅能保存几天，在 $pH<6.5$ 的溶液中聚合更为严重。因此，铬黑 T 常用以下配制方法：

1. 将铬黑 T 与磨细的干燥的纯 NaCl 按 1∶100 研匀配成固体合剂，密闭保存。

2. 取铬黑 T 0.2g 溶于 15mL 三乙醇胺，待完全溶解后，加入 5mL 无水乙醇即得。此溶液可用数月不变质。

（二）钙指示剂（calcon，NN）

纯的钙指示剂为紫黑色粉末，水溶液或乙醇溶液均不稳定，一般与 NaCl 固体配成固体指示

剂使用。钙指示剂与Ca^{2+}生成红色配合物，使用酸度为pH值8～13，常用作在pH值12～13时滴定Ca^{2+}的指示剂，终点由红色变为纯蓝色，变色敏锐。Cu^{2+}、Al^{3+}、Co^{2+}、Ni^{2+}、Fe^{3+}、Mn^{2+}、Ti^{4+}等离子能封闭钙指示剂，可用三乙醇胺和氰化钾掩蔽。

（三）PAN

纯PAN是橙红色结晶，难溶于水，通常配成0.1%乙醇溶液使用。适宜酸度为pH值2～12，PAN与金属离子的配合物M-PAN为红色，终点由红色变为黄色。

由于PAN和M-PAN的水溶性较差，终点变色不敏锐，使用受限制。在实际工作中，普遍使用Cu-PAN指示剂；亦可用Cu^{2+}标准溶液回滴过量EDTA，单独使用PAN来指示终点。两种方法皆可获得较准确的结果。

（四）二甲酚橙（xylenol orange，XO）

二甲酚橙为紫红色粉末，易溶于水，常配成0.2%或0.5%的水溶液，可稳定数月。因二甲酚橙与Zn^{2+}、Hg^{2+}、Cd^{2+}、Pb^{2+}、Ti^{3+}等金属离子均形成红色配合物，pH<6.3时自身呈黄色。因此适用酸度为pH<6。例如，连续测定铅铋合金中的Pb^{2+}、Bi^{3+}含量时，常使用二甲酚橙作指示剂，在pH1.4左右滴定Bi^{3+}后，再在pH5～6测定Pb^{2+}的含量。而测定Fe^{3+}、Cu^{2+}、Co^{2+}、Ni^{2+}、Sn^{4+}、Cr^{3+}等离子时，可以在加入一定量过量的EDTA标准溶液后再加入二甲酚橙指示剂，用Zn^{2+}或Pb^{2+}标准溶液回滴至黄色即可。

其他常用指示剂还有酸性铬蓝K、磺基水杨酸等。

第五节　提高配位滴定的选择性

在实际工作中，往往有多种金属离子共存于同一溶液中，而EDTA又能与许多金属离子形成稳定的配合物。因此，如何消除干扰离子的影响选择滴定其中一种或几种离子，即提高配位滴定选择性是配位滴定中的重要问题。

一、消除干扰离子影响的条件

现在讨论一种比较简单的情况，设溶液中含有M、N两种金属离子，且$K_{MY}>K_{NY}$，$C_M=C_N$，当用指示剂检测终点，在M、N共存的溶液中准确滴定M离子而使N离子不产生干扰（$TE\leqslant0.1\%$），必须同时满足3个条件：

1. 准确滴定M离子的条件：$\lg C_M K'_{MY}\geqslant6$

2. N离子不干扰滴定反应的条件：$\Delta(\lg CK)\geqslant6$　　(7-25)

或：
$$\frac{C_M K_{MY}}{C_N K_{NY}}\geqslant10^6 \qquad \lg C_M K_{MY}-\lg C_N K_{NY}\geqslant6$$

若有其他副反应存在，则以K'_{MY}表示，判断式为：$\Delta(\lg CK')\geqslant6$　　(7-26)

提示：当$\alpha_{Y(H)}\gg\alpha_{Y(N)}$时，$\alpha_Y\approx\alpha_{Y(H)}$，共存离子N的影响可忽略；

而当$\alpha_{Y(H)}\ll\alpha_{Y(N)}$时，$\alpha_Y\approx\alpha_{Y(N)}=1+[N]K_{NY}\approx[N]K_{NY}\approx C_N K_{NY}$

代入滴定可行性条件，即得：$\lg C_M K'_{MY}=\lg C_M K_{MY}-\lg\alpha_{Y(N)}=\lg C_M K_{MY}-\lg C_N K_{NY}\geqslant6$

3. N不干扰In显色的条件：$\lg C_N K_{NIn}\leqslant-1$（考虑指示剂的副反应：$\lg C_N K'_{NIn}\leqslant-1$）

提示：N在溶液中有两种存在形式：N、NIn。要使N不干扰In显色，则指示剂主要应以游离形式存在，即：$C_N K_{NIn} \approx [N] K_{NIn} = [NIn]/[In] \leqslant 1/10$，取对数：$\lg C_N K_{NIn} \leqslant -1$。

部分指示剂与金属离子配合物的 $\lg K'_{MIn}$ 值见附表 3-3。

例 7-7　若一溶液含 Fe^{3+}、Al^{3+} 各 0.01mol/L，假设除酸效应外无其他副反应发生，以 0.01mol/L EDTA 溶液能否选择滴定 Fe^{3+}？如果能，应如何控制溶液的酸度？($TE = 0.1\%$)

解：已知 $\lg K_{FeY} = 25.1$，$\lg K_{AlY} = 16.3$

同一溶液中 EDTA 的酸效应一定，在无其他副反应时：

$$\Delta(\lg CK) = \lg C_{Fe} K_{FeY} - \lg C_{Al} K_{AlY} = \lg K_{FeY} - \lg K_{AlY} = 25.1 - 16.3 = 8.8 > 6$$

因此，可通过控制酸度来选择滴定 Fe^{3+}，而 Al^{3+} 不干扰。

由例 7-6 可知，准确滴定 Fe^{3+} 的最高酸度为 pH 值 1.2，最低酸度为 pH 值 2.2，所以可控制适宜酸度范围 pH 值 1.2～2.2 准确滴定 Fe^{3+}。从酸效应曲线可看出，这时 Al^{3+} 不发生干扰（或：在此范围内 $\lg C_{Al} K'_{AlY} < 6$，不产生干扰）。

如果反应体系中还存在其他副反应，则需考虑副反应对条件稳定常数的影响，将各种副反应系数代入公式中进行计算。

例 7-8　在 pH=9.0 时，以铬黑 T 为指示剂，用 1.0×10^{-2} mol/L 的 EDTA 滴定 1.0×10^{-2} mol/L 的 Zn^{2+}，试问试液中共存的 1.0×10^{-4} mol/L 的 Mg^{2+} 和 1.0×10^{-4} mol/L 的 Ca^{2+} 是否干扰上述滴定？($TE = 0.1\%$)

解：查有关数据知：$\lg K_{ZnY} = 16.50$　　$\lg K_{MgY} = 8.7$　　$\lg K_{CaY} = 10.70$

pH=9.0 时　$\lg \alpha_{Y(H)} = 1.28$　　$\lg K'_{MgIn} = 4.95$　$\lg K'_{CaIn} = 2.85$

(1) $\lg C_{Zn} K'_{ZnY} = 16.50 - 2.00 - 1.28 = 13.22 > 6$

∴Zn^{2+} 可以用 EDTA 准确滴定。

$$\lg K_{ZnY} - \lg K_{MgY} + \lg \frac{C_{Zn^{2+}}}{C_{Mg^{2+}}} = 16.50 - 8.7 + \lg \frac{10^{-2}}{10^{-4}} = 9.80 > 6$$

∴Mg^{2+} 不干扰 EDTA 对 Zn^{2+} 的滴定。

当用铬黑 T 作指示剂时

$$\lg C_{Mg^{2+}} K'_{MgIn} = 4.95 - 4.00 = 0.95 > -1$$

∴用 EDTA 滴定 Zn^{2+} 至化学计量点时，Mg^{2+} 仍与铬黑 T 形成红色的 Mg-EBT，干扰主反应终点的确定。故 Mg^{2+} 对以铬黑 T 为指示剂，在 pH=9.0 时 EDTA 滴定 Zn^{2+} 有干扰。

(2) $\lg K_{ZnY} - \lg K_{CaY} + \lg \dfrac{C_{Zn^{2+}}}{C_{Ca^{2+}}} = 16.50 - 10.70 + \lg \dfrac{10^{-2}}{10^{-4}} = 7.80 > 6$

$$\lg C_{Ca^{2+}} K'_{CaIn} = -4 + 2.85 = -1.15 < -1$$

∴共存的 Ca^{2+} 不干扰 EDTA 对 Zn^{2+} 的滴定。

二、提高配位滴定选择性的措施

（一）控制酸度

酸度是影响配位滴定的一个重要因素，若溶液中共存 M、N 两种或多种离子，当被测离子 M、干扰离子 N 与 EDTA 配合物的稳定性相差足够大时 [$\Delta(\lg CK) \geqslant 6$；$C_M = C_N$ 时，$\Delta \lg K \geqslant 6$]，就可以通过控制溶液的酸度，使其中被测离子 M 仍满足滴定的可行性条件 ($\lg C_M K'_{MY} \geqslant 6$)，形成稳定的配合物；而共存离子 N 无法形成稳定的配合物，从而消除干扰。

根据被测离子 M 的滴定可行性条件 ($\lg C_M K'_{MY} \geqslant 6$) 可以计算出滴定 M 离子允许的最高酸

度；以 $\alpha_{Y}\approx\alpha_{Y(N)}$ 所对应的酸度作为 N 离子共存的条件下滴定 M 离子允许的最低酸度，从而获得 N 离子共存下选择滴定 M 离子的适宜酸度范围。

例 7-9 溶液中 Bi^{3+}、Pb^{2+} 浓度均为 1.0×10^{-2} mol/L，问可否利用控制酸度的方法用 EDTA 滴定 Bi^{3+} 而 Pb^{2+} 不干扰？条件为何？（$TE=0.1\%$）

解： 查有关数据知：$\lg K_{BiY}=28.0$　　$\lg K_{PbY}=18.04$

（1）要准确滴定 Bi^{3+}，必须首先满足 $\lg C_{Bi}K'_{BiY}\geqslant6$

将 $C_{Bi}=0.01$mol/L 代入上式得

$$\lg K'_{BiY}\geqslant8$$

由 $\lg K'_{BiY}=\lg K_{BiY}-\lg\alpha_{Y(H)}$，得

$$\lg\alpha_{Y(H)}=\lg K_{BiY}-\lg K'_{BiY}=28.0-8=20.0$$

查表 7-2 知 $\lg\alpha_{Y(H)}=20.0$ 时，pH 约为 0.7。此即用 EDTA 滴定 Bi^{3+} 允许的最高酸度。如 pH<0.7，则无法准确滴定。

（2）将 Pb^{2+} 的影响与 H^{+} 同样作为对滴定剂 Y 的副反应考虑，则有：

$$\alpha_{Y}=\alpha_{Y(H)}+\alpha_{Y(N)}-1$$

$$\alpha_{Y(Pb)}=1+[Pb^{2+}]K_{PbY}=1+\left(\frac{1}{2}\times0.01\right)\times10^{18.04}\approx10^{15.5}$$

设此时 $\alpha_{Y(H)}=\alpha_{Y(Pb)}=10^{15.5}$，查表 7-2 知相应 pH 值为 1.5。

故当 pH<1.5 时，$\alpha_{Y(H)}>\alpha_{Y(Pb)}$，即酸效应为影响滴定的主要因素，此时可忽略 Pb^{2+} 的干扰。

∴可利用控制酸度的方法用 EDTA 滴定 Bi^{3+} 而 Pb^{2+} 不干扰。滴定的适宜酸度范围为 0.7～1.5。由于 pH 值 1.5 时 Bi^{3+} 易水解，因而实际滴定时常将 pH 值控制在 1.0 左右。

（二）掩蔽干扰离子

当被测离子 M、干扰离子 N 与 EDTA 配合物的稳定性比较接近时（$\Delta(\lg CK)\leqslant6$；$C_{M}=C_{N}$ 时，$\Delta(\lg K)\leqslant6$），就不能通过控制酸度的方法实现选择滴定 M 离子。因此，通常采用向被测溶液中加入某种试剂，使之与干扰离子作用。降低溶液中游离干扰离子 N 的浓度［N］及其与 EDTA 配合物的条件稳定常数 K'_{NY}，从而消除干扰离子的影响，实现选择滴定 M 离子。这种方法称为掩蔽法，所加的试剂则称为掩蔽剂。常用的掩蔽法有配位掩蔽法、沉淀掩蔽法、氧化还原掩蔽法等。

1. 配位掩蔽法

通过加入掩蔽剂与干扰离子 N 形成稳定的配合物，降低溶液中游离干扰离子的浓度［N］，从而减小 $\alpha_{Y(N)}$，使 $\lg C_{M}K_{MY}-\lg[N]K_{NY}\geqslant6$，达到消除干扰、选择滴定 M 离子的目的。配位掩蔽法是实际工作中应用最广泛、最常用的一种掩蔽方法。具体方法有：

（1）加入配位剂掩蔽 N，再用 EDTA 滴定 M。

例如，用 EDTA 滴定水中的 Ca^{2+}、Mg^{2+} 测定水硬度时，Fe^{3+}、Al^{3+} 等离子会发生干扰，常加入三乙醇胺使之与 Fe^{3+}、Al^{3+} 生成更稳定的配合物，从而消除其干扰。又如 Al^{3+} 与 Zn^{2+} 共存时，可用 NH_4F 掩蔽 Al^{3+}，再调至 pH 值 5～6 后，用 EDTA 准确滴定 Zn^{2+}。

（2）先加配位掩蔽剂掩蔽 N，用 EDTA 准确滴定 M，再加入某种试剂，将 N 从其与掩蔽剂的配合物中释放出来，以 EDTA 准确滴定 N。这种将配位剂或金属离子从配合物中释放出来的作用称为解蔽作用，所用试剂则称为解蔽剂。利用某些选择性的解蔽剂，可提高配位滴定的选择性。

例如，测定铜合金中铅、锌含量时，在氨性缓冲液中用 KCN 掩蔽 Cu^{2+}、Zn^{2+}，以铬黑 T 作指示剂，用 EDTA 滴定 Pb^{2+}。在滴定 Pb^{2+}后的溶液中加入甲醛或三氯乙醛，使$Zn(CN)_4^{2-}$被解蔽而释放出 Zn^{2+}，然后用 EDTA 滴定释放出的 Zn^{2+}。滴定过程中，为了防止 $Cu(CN)_2^-$ 的解蔽使 Zn^{2+}的测定结果偏高，应分次滴加甲醛且用量不宜过多，同时还应控制好温度，不能过高。

（3）先以 EDTA 直接滴定或返滴定测出 M、N 的总量，再加入配位掩蔽剂 L，使之与 NY 中的 N 发生配位反应，释放出 Y，再用金属离子标准溶液滴定 Y，以测定 N 的含量。

例如，测定合金中的 Sn 时，在溶液中加入过量的 EDTA，将可能存在的 Pb^{2+}、Zn^{2+}、Cd^{2+}、Ba^{2+}等多种金属离子与 Sn^{4+}一起发生配位反应。用 Zn^{2+}标准溶液回滴过量的 EDTA。再加入 NH_4F，使 SnY 转变成更稳定的 SnF_6^{2-}，释放出的 EDTA，再用 Zn^{2+}标准溶液滴定，即可求出 Sn^{4+}的含量。

采用配位掩蔽剂需注意：

（1）加入的掩蔽剂应不与被测离子配合，或即使配合其稳定性也远小于被测离子与 EDTA 配合物的稳定性。

（2）干扰离子与掩蔽剂所形成配合物的稳定性应远比与 EDTA 或指示剂形成的配合物的稳定性大。

（3）注意使用掩蔽剂的 pH 适用范围，应与滴定条件一致。

一些常用的掩蔽剂见表 7-4。

表 7-4　常用掩蔽剂

名　称	pH 范围	被掩蔽的离子	备　注
KCN	pH>8	Co^{2+}，Ni^{2+}，Cu^{2+}，Zn^{2+}，Hg^{2+}，Cd^{2+}，Ag^+，Tl^+，Fe^{3+}，Fe^{2+}及铂族元素	剧毒！须在碱性溶液中使用
NH_4F	pH=4～6	Al^{3+}，Ti^{4+}，Sn^{4+}，Zr^{4+}，W^{6+}等	用 NH_4F 比用 NaF 好，因 NH_4F 加入后溶液 pH 值变化不大
	pH=10	Al^{3+}，Mg^{2+}，Ca^{2+}，Sr^{2+}，Ba^{2+}及稀土元素	
三乙醇胺（TEA）	pH=10	Al^{3+}，Sn^{4+}，Ti^{4+}，Fe^{3+}	与 KCN 并用，可提高掩蔽效果
	pH=11～12	Fe^{3+}，Al^{3+}及少量 Mn^{2+}	
二巯基丙醇	pH=10	Zn^{2+}，Hg^{2+}，Cd^{2+}，Bi^{3+}，Pb^{2+}，Ag^+，As^{3+}，Sn^{4+}及少量 Co^{2+}，Ni^{2+}，Cu^{2+}，Fe^{3+}	
铜试剂（DDTC）	pH=10	能与 Cu^{2+}，Hg^{2+}，Pb^{2+}，Cd^{2+}，Bi^{3+}生成沉淀，其中 Cu-DDTC 为褐色，Bi-DDTC 为黄色	
酒石酸	pH=1.2	Sb^{3+}，Sn^{4+}，Fe^{3+}及 5mg 以下的 Cu^{2+}	
	pH=2	Sn^{4+}，Fe^{3+}，Mn^{2+}	
	pH=5.5	Sn^{4+}，Fe^{3+}，Al^{3+}，Ca^{2+}	在抗坏血酸存在下
	pH=6～7.5	Mg^{2+}，Fe^{3+}，Cu^{2+}，Al^{3+}，Mo^{4+}，Sb^{3+}，W^{6+}	
	PH=10	Al^{3+}，Sn^{4+}	

2. 沉淀掩蔽法

加入沉淀剂，使干扰离子产生沉淀而降低溶液中游离干扰离子的浓度［N］，在不分离沉淀的情况下直接滴定，这种方法称为沉淀掩蔽法。

例如，在强碱性溶液中用 EDTA 选择滴定 Ca^{2+}，强碱与 Mg^{2+}形成 $Mg(OH)_2$ 沉淀而不干扰 Ca^{2+}的滴定，此时 OH^- 就是 Mg^{2+} 的沉淀掩蔽剂。另外，当 Ba^{2+} 与 Sr^{2+} 共存时，可用 K_2CrO_4 掩蔽 Ba^{2+}；当 Pb^{2+}与其他离子共存时，可用 H_2SO_4 掩蔽 Pb^{2+}。

某些沉淀反应不完全，掩蔽效率不高，且有共沉淀及吸附等现象，有些沉淀颜色深，体积大，影响滴定的准确度和终点观察，因此，沉淀掩蔽法不是一种理想的掩蔽方法。

3. 氧化还原掩蔽法

当某种价态的共存离子对滴定有干扰时，利用氧化还原反应改变干扰离子 N 的价态，降低其与 EDTA 配合物的条件稳定常数，从而消除干扰的方法，称为氧化还原掩蔽法。例如，Fe^{3+} 与 ZrO^{2+}、Bi^{3+}、Th^{4+}、In^{3+}、Hg^{2+}、Sc^{3+}、Sn^{4+} 等金属离子的 $\lg K_{MY}$ 值相近，共存时无法选择滴定，根据 $\lg K_{Fe(Ⅲ)Y}=25.1$，$\lg K_{Fe(Ⅱ)Y}=14.33$，可以通过加入还原剂盐酸羟胺或抗坏血酸将 Fe^{3+} 还原成 Fe^{2+}，增大 $\Delta\lg K$ 值，达到选择滴定的目的。

例 7-10 用 2.0×10^{-2} mol/L EDTA 滴定同浓度的 Zn^{2+}、Al^{3+} 混合溶液中的 Zn^{2+}，若用 NH_4F 掩蔽 Al^{3+}，终点时未与 Al^{3+} 配位的 F^- 的总浓度为 1.0×10^{-2} mol/L，pH＝5.5，问 Al^{3+} 能否被掩蔽？

解：

$$\begin{aligned}\alpha_{Al(F)}&=1+\beta_1[F^-]+\beta_2[F^-]^2+\cdots+\beta_6[F^-]^6\\&=1+1.4\times10^{6}\times10^{-2}+1.4\times10^{11}\times10^{-4}+1.0\times10^{15}\times10^{-6}\\&\quad+5.6\times10^{17}\times10^{-8}+2.3\times10^{10}\times10^{-10}+6.9\times10^{19}\times10^{-12}\\&=10^{9.95}\end{aligned}$$

$$[Al^{3+}]=\frac{C_{Al^{3+}}}{\alpha_{Al(F)}}=\frac{10^{-2.0}}{10^{9.95}}=10^{-11.95}$$

$$\alpha_{Y(Al)}=1+[Al^{3+}]K_{AlY}=1+10^{-11.95}\times10^{16.30}=10^{4.35}$$

由表（7-2）知　　pH＝5.5 时　$\alpha_{Y(H)}=10^{5.51}$

$\therefore\alpha_{Y(H)}>\alpha_{Y(Al)}$，$Al^{3+}$ 的影响可忽略。

可见 F^- 对 Al^{3+} 的掩蔽效果很好，$[Al^{3+}]$ 降至 $10^{-11.95}$。

（三）分离干扰离子

如果用控制酸度和使用掩蔽剂等方法仍不能消除共存离子的干扰，则需先分离干扰离子，再滴定被测离子。常用的分离的方法有沉淀分离法、萃取分离法、离子交换分离法、色谱分离法等。

第六节　EDTA 标准溶液的配制与标定

一、EDTA 标准溶液的配制

EDTA 在水中溶解度小，所以常用其二钠盐（$Na_2H_2Y\cdot2H_2O$ 或 EDTA-2Na）配制标准溶液，一般也称为 EDTA 溶液。EDTA 二钠盐的分子量为 372.26，室温下每 100mL 水中溶解度为 11.1g，水溶液显弱酸性。因不易制得纯品，放置中结晶水可能失去一部分，且 EDTA 将不同程度与玻璃器皿中 Ca^{2+} 等金属离子配合，EDTA 标准溶液应采用间接法配制，且间隔一段时间需重新标定。

0.05mol/L EDTA 标准溶液的配制：取分析纯 $Na_2H_2Y\cdot2H_2O$ 19g，溶于约 300mL 温蒸馏水中，冷却后稀释至 1000mL，摇匀即得。必要时可过滤，但不能煮沸，以防分解。贮存于硬质玻璃瓶中待准确标定，如需长期放置则应贮存于聚乙烯瓶中。

二、EDTA 标准溶液的标定

标定 EDTA 溶液常用氧化锌或金属锌为基准物质，铬黑 T 或二甲酚橙为指示剂。也可用碳酸钙作基准物质。

1. 以 ZnO 为基准物质

精密称取在 800℃灼烧至恒重的基准级 ZnO（分子量为 81.408）0.12g，加稀盐酸 3mL 使溶解，加蒸馏水 25mL 及甲基红指示剂（0.025→100）1 滴，滴加氨试液至溶液呈微黄色，再加蒸馏水 25mL，$NH_3 \cdot H_2O$-NH_4Cl 缓冲溶液 10mL，铬黑 T 指示剂数滴，用 EDTA 标准溶液滴定至溶液由紫红色变为纯蓝色即为终点。

如用二甲酚橙作指示剂，则当 ZnO 在盐酸中溶解后加蒸馏水 50mL，0.5%二甲酚橙指示剂 2～3 滴，然后滴加 20%六次甲基四胺溶液至呈紫红色，再多加 3mL，用 EDTA 标准溶液滴定至溶液由紫红色变为亮黄色即为终点。

2. 以金属锌为基准物质

将金属锌粒（Zn 原子量为 65.409）表面的氧化物用稀盐酸洗去，然后用水洗去盐酸，再用丙酮漂洗一下，沥干后于 110℃烘 5 分钟备用。精密称取锌粒约 0.1g，加稀盐酸 5mL，置水浴上温热溶解后，按以 ZnO 为基准物时相同的操作步骤进行标定。

3. 以碳酸钙为基准物质

精密称取 0.20～0.80g $CaCO_3$ 于 250mL 烧杯中，先用少量水润湿，盖上表面皿，缓慢加入 6mol/L 盐酸 8～15mL，使全部溶解。将溶液转移至 250mL 容量瓶中，用水稀释至刻度，摇匀。用移液管移取 20.00mL 上述溶液于锥形瓶中，加入 pH＝10 的 $NH_3 \cdot H_2O$-NH_4Cl 缓冲液 20mL，以及 K-B 指示剂 2～3 滴，用 EDTA 标准溶液滴定至溶液由紫红色变为蓝绿色即为终点。

第七节　配位滴定方式及其应用

一、配位滴定方式

配位滴定的方式有直接滴定、返滴定、置换滴定、间接滴定。采用不同的滴定方式，不仅可以扩大配位滴定的应用范围，而且可以提高配位滴定的选择性。

（一）直接滴定法

直接滴定法是配位滴定中最基本、最常用的分析方法，这种方法是将试样处理成溶液后，调节至所需要的酸度，加入必要的其他试剂和指示剂，直接用 EDTA 标准溶液滴定。直接滴定法方便、快速，引入的误差较小，因此，在可能的情况下应尽量采用直接滴定法。

采用直接滴定法时必须符合下列条件：

1. 待测离子与 EDTA 形成稳定的配合物，满足 $\lg C_M K'_{MY} \geqslant 6$ 的要求。
2. 配位反应速度足够快。
3. 有变色敏锐的指示剂且无封闭现象。
4. 在选用的滴定条件下，待测离子不发生水解和沉淀反应。

采用直接滴定法，可以滴定 Ca^{2+}、Mg^{2+}、Zn^{2+}、Cd^{2+}、Mn^{2+}、Hg^{2+}、Pb^{2+}、Bi^{3+}、Fe^{3+}、Cu^{2+}、Ni^{2+}等几十种金属离子。对于不符合直接滴定条件的，可采用其他滴定方式。

（二）返滴定法

返滴定法是在待测溶液中加入一定量过量的 EDTA 标准溶液，待被测离子反应完全后，再用另一种金属离子标准溶液回滴过量的 EDTA。根据两种标准溶液的浓度及用量，即可求得待测物质的含量。

下列情况可使用返滴定法：

1. 待测离子与 EDTA 反应速度缓慢；

2. 待测离子发生水解等副反应；

3. 采用直接滴定法缺乏合适的指示剂，或待测离子对指示剂有封闭作用。

例如，Al^{3+} 与 EDTA 反应速度缓慢，Al^{3+} 易水解形成一系列多羟基配合物，Al^{3+} 对二甲酚橙等指示剂有封闭作用，因此不能用 EDTA 直接滴定而采用返滴定法。在 Al^{3+} 溶液中先加入一定量过量的 EDTA 标准溶液，在 pH≈3.5 时加热煮沸 2～3 分钟，使配位完全，然后冷却至室温，调 pH 值 5～6，加入二甲酚橙指示剂适量，用 Zn^{2+} 标准溶液返滴定过量的 EDTA。

需注意返滴定所生成的配合物应有足够的稳定性，但不宜超过待测离子配合物的稳定性，否则在滴定过程中，返滴定剂会置换出被测离子，引起误差，且终点不敏锐。

（三）置换滴定法

利用置换反应，置换出等物质的量的另一种金属离子或置换出 EDTA，然后进行滴定的方法，称为置换滴定法。置换滴定的方式主要有两种：

1. 置换出金属离子

待测离子 M 与 EDTA 反应不完全或生成的配合物不稳定时，可用 M 置换出另一配合物 NL 中等物质的量的金属离子 N，用 EDTA 滴定 N，即可求得 M 的含量。

例如，Ag^+ 与 EDTA 的配合物不稳定，不能用 EDTA 标准溶液直接滴定。但将 Ag^+ 加入 $Ni(CN)_4^{2-}$ 溶液中，则发生下列反应：

$$2Ag^+ + Ni(CN)_4^{2-} \rightleftharpoons 2Ag(CN)_2^- + Ni^{2+}$$

在 pH＝10 的氨性缓冲液中，以紫脲酸铵作指示剂，用 EDTA 滴定置换出来的 Ni^{2+}，根据反应的计量关系及 EDTA 的浓度、用量即可求得 Ag^+ 的含量。

2. 置换出 EDTA

使待测离子 M 与干扰离子全部用 EDTA 配合，再加入选择性高的配合剂 L（解蔽剂）以夺取 M，释放出与 M 等物质的量的 EDTA，用另一种金属离子标准溶液滴定释放出来的 EDTA，即可测得 M 的含量。

例如，测定某合金中的 Sn^{4+} 时，可在试液中加入过量的 EDTA，使可能存在的共存离子 Zn^{2+}、Cd^{2+}、Pb^{2+}、Bi^{3+} 等与 Sn^{4+} 一起配合，用 Zn^{2+} 标准溶液回滴过量的 EDTA，再加入 NH_4F，使 SnY 转变成更稳定的 SnF_6^{2-}，选择性地将 SnY 中的 EDTA 释放出来，再用 Zn^{2+} 标准溶液滴定释放出来的 EDTA，即可求得 Sn^{4+} 的含量。

利用置换滴定法不仅可以提高配位滴定的选择性，还可以利用置换滴定法的原理，改善指示剂指示终点的敏锐性，解决没有合适指示剂的问题，扩大配位滴定的应用范围。

（四）间接滴定法

有些金属离子或非金属离子不与 EDTA 发生配合反应或生成的配合物不稳定，可采用间接滴定法测定。通常是加入过量的能与 EDTA 形成稳定配合物的金属离子作沉淀剂，以沉淀待测离子，过量沉淀剂用 EDTA 滴定；或将沉淀分离、溶解后，再用 EDTA 滴定其中的金属离子。

例如，测定 PO_4^{3-}，可加一定量过量的 $Bi(NO_3)_3$，使之生成 $BiPO_4$ 沉淀，再用 EDTA 滴定过量的 Bi^{3+}。又如测定 K^+，可先将其沉淀为 $K_2NaCo(NO_2)_6$，沉淀过滤溶解后，再用 EDTA 滴定其中的 Co^{2+}，根据 EDTA 的消耗量及反应的计量关系，间接求得 K^+ 的含量。再如测咖啡因含量时，可在 pH 值 1.2～1.5 的条件下，使过量碘化铋钾先与咖啡因生成沉淀 $[(C_8H_{10}N_4O_2)H]\cdot BiI_4$，再用 EDTA 滴定剩余的 Bi^{3+}。

间接滴定法操作烦琐，引入误差的机会较多，不是一种理想的分析方法，故应尽量避免采用该法。

二、应用实例

1. 水硬度的测定

水的硬度是指水中钙、镁离子的含量，有暂时硬度和永久硬度之分。暂时硬度是指水中含有钙、镁的酸式碳酸盐，遇热即成碳酸盐沉淀而失去其硬性。永久硬度指水中含有钙、镁的硫酸盐、氯化物、硝酸盐，在加热时亦不沉淀（但在锅炉使用温度下，溶解度低的可析出而成锅垢）。

由钙离子形成的硬度称为“钙硬度”，由镁离子形成的硬度称为“镁硬度”，钙、镁离子的总量称为“总硬度”。

水的硬度的表示方法有两种，ppm 和度（°），前者是将水中的钙离子、镁离子或钙镁离子总量折算成每升水中含碳酸钙或氧化钙的毫克数表示（每 1L 水中含 1mg 碳酸钙或氧化钙写成 1ppm）；后者是德国硬度单位，每度（°）相当于 1L 水中含有 10mg CaO 或 $CaCO_3$，即 1°＝10ppm。

测定水硬度实际上是测定水中钙、镁离子的含量，水的硬度测定可用 EDTA 配位滴定法。总硬度的测定用铬黑 T 作指示剂在 pH≈10 时用 EDTA 标准溶液滴定；钙硬度测定是在 pH≥12 条件下，以钙试剂作指示剂用 EDTA 标准溶液滴定；总硬度减去钙硬度即得镁硬度。

总硬度的测定　精密量取水样 100.00mL 置于 250mL 锥形瓶中，加入 3mL 三乙醇胺，5mL $NH_3\cdot H_2O$-NH_4Cl 缓冲液（pH≈10）摇匀，再加入 2～3 滴铬黑 T 指示剂（或约 0.01g 铬黑 T 指示剂），再摇匀，用 0.01mol/L 的 EDTA 标准溶液滴定至溶液由紫红色变为纯蓝色，即为终点。

计算公式如下：

$$\text{总硬度(ppm)}=\frac{(CV)_{\text{EDTA}}\cdot M_{\text{CaCO}_3}\cdot 1000}{V_{\text{水样}}}(\text{mg/L})=(CV)_{\text{EDTA}}\times 100.1\times 10(\text{mg/L})$$

$$\text{或总硬度}=\frac{(CV)_{\text{EDTA}}\cdot M_{\text{CaO}}\cdot 1000}{V_{\text{水样}}}(\text{mg/L})=(CV)_{\text{EDTA}}\times 56.08(\text{度})$$

2. 明矾的含量测定

明矾主要含 $KAl(SO_4)_2\cdot 12H_2O$，一般测定其组成中铝的含量，再换算成硫酸铝钾的含量。Al^{3+} 能与 EDTA 形成比较稳定的配合物，但反应速度较慢，Al^{3+} 易水解，且 Al^{3+} 对二甲酚橙指示剂有封闭作用，因此不能用 EDTA 直接滴定而采用返滴定法，即准确加入过量的 EDTA 标准溶液，加热使 Al^{3+} 与 EDTA 反应完全，冷却后调pH 值 5～6，以二甲酚橙为指示剂，再用 Zn^{2+} 标准液滴定剩余的 EDTA。

操作步骤如下：取明矾约 1.4g，精密称定，置于 50mL 烧杯中，用适量水溶解，定量转移至

100mL 容量瓶中，稀释至刻度，摇匀。用移液管吸取 25mL 于 250mL 锥形瓶中，准确加入 0.05mol/L EDTA 标准溶液 25.00mL，沸水浴中加热 10 分钟，冷至室温，加水 100mL，洛托品 5g 及 2 滴二甲酚橙指示剂，用 0.05mol/L $ZnSO_4$ 标准溶液滴定至溶液由黄色变为橙色，即达终点。

$$KAl(SO_4)_2 \cdot 12H_2O\% = \frac{(C_{EDTA}V_{EDTA} - C_{Zn}V_{Zn}) \cdot M}{S \times 25/100} \times 100\%$$

3. 蛤壳中钙的测定

蛤壳为帘蛤科动物文蛤或青蛤的贝壳，是一种传统中药，钙元素为其发挥药效的主要成分之一。《中国药典》（2020 年版）中对蛤壳饮片含量测定采用的是配位滴定法。

操作步骤如下：取本品细粉约 0.12g，精密称定，置锥形瓶中，加稀盐酸 3mL，加热至微沸使溶解，加水 100mL 与甲基红指示液 1 滴，滴加氢氧化钾试液至显黄色，继续多加 10mL，再加钙黄绿素指示剂少量，用 EDTA 滴定液（0.05mol/L）滴定至溶液黄绿色荧光消失而显橙色，即达终点。每 1mL EDTA 滴定液（0.05mol/L）相当于 5.004mg 的碳酸钙（$CaCO_3$）。

$$CaCO_3\% = \frac{5.004 \times V_{EDTA}}{S \times 1000} \times 100\%$$

习　题

1. 名词解释

酸效应　酸效应系数　配位效应　配位效应系数　共存离子效应　羟基配位效应　最高酸度　最低酸度　适宜酸度范围　最佳酸度　指示剂的封闭现象　水的硬度

2. 简述用于配位滴定的配位反应必须具备的条件。

3. 简述条件稳定常数和稳定常数的关系。

4. 简述配位滴定中单一离子准确滴定和混合离子选择滴定的条件。

5. 简述确定配位滴定最高酸度和最低酸度的依据，如何确定配位滴定的最佳酸度。

6. 简述提高配位滴定选择性的措施。

7. 简述选择配位滴定金属指示剂的原则。

8. 何谓指示剂的封闭现象？如何根据其产生的原因消除封闭？

9. 简述配位滴定的方式及其适用性。

10. 简述水硬度的含义、表示及测定方法。

11. 用 EDTA 标准溶液滴定 Ca^{2+}、Mg^{2+}，采用铬黑 T 为指示剂，此时溶液中若存在少量 Fe^{3+}、Al^{3+}，对滴定会有何影响？如何消除 Fe^{3+}、Al^{3+} 的影响？

12. 用 EDTA 滴定同浓度的金属离子 M 时，当条件稳定常数增大 10 倍时，滴定突跃范围将改变多少？若 K'_{MY}一定，EDTA 和金属离子的浓度均增大 10 倍，滴定突跃增大多少？（提示：化学计量点前，pM′由未配合的金属离子的浓度决定；化学计量点后，pM′由反应的 K'_{MY}决定）

（增大 0.5；增大 1.0）

13. 现有一溶液中含有 Fe^{3+}、Al^{3+}两种离子，浓度均为 0.01mol/L，试问在 pH=2.00 酸度下能否用 EDTA 选择滴定 Fe^{3+}？简述理由。（$\lg K_{FeY}=25.1$，$\lg K_{AlY}=16.1$，pH=2.00 时 $\lg\alpha_{Y(H)}=13.43$）

14. 以铬黑 T 为指示剂，在 pH=10 的 NH_3-NH_4Cl 缓冲溶液中，用 0.02000mol/L 的

EDTA滴定0.02000mol/L的Zn^{2+}时，存在共存离子Ag^{+}，其浓度是0.010mol/L，若在化学计量点时游离NH_3的浓度为0.10mol/L，试问：（1）能否准确滴定Zn^{2+}？（2）计算该滴定的误差。

（$\lg K_{ZnY}=16.5$，$\lg K_{AgY}=7.32$；pH=10时，$\lg K_{Zn\text{-}EBT}=12.2$，$\lg\alpha_{EBT(H)}=1.6$，$\lg\alpha_{Y(H)}=0.45$；$Zn^{2+}$和$Ag^{+}$的水解作用可忽略；银-氨配合物的$\lg\beta_1=3.40$，$\lg\beta_2=7.40$；锌-氨配合物的$\lg\beta_1=2.27$，$\lg\beta_2=4.51$，$\lg\beta_3=7.01$，$\lg\beta_4=9.06$）

（能准确滴定Zn^{2+}；$TE\%=-0.03\%$）

15. 欲测某氧化锌样品（含少量的Fe_2O_3）中ZnO的含量。称取该样品0.2000g，加稀HCl 3mL使溶解，加适量蒸馏水，定量转入250mL容量瓶中，定容。吸取上述溶液25.00mL，加入甲基红指示剂1滴，滴加氨试液至溶液呈微黄色，再加蒸馏水25mL，NH_3-NH_4Cl缓冲液（pH=10）10mL，三乙醇胺1mL，2～3滴铬黑T指示剂，用0.01000mol/L EDTA标准溶液滴定至终点，用去EDTA标液23.80mL。

（1）计算此EDTA标准溶液对ZnO的滴定度；

（2）计算样品中ZnO的含量；

（3）说明为什么要加三乙醇胺。

（$M_{ZnO}=81.38$，$\lg K_{Y}=10.96$）

（0.8138mg/mL；96.84%）

16. 以0.020mol/L EDTA滴定同浓度的Cd^{2+}溶液，若pH值为5.5：（1）计算化学计量点及前后0.1%的pCd值。（2）选二甲酚橙（XO）为指示剂是否合适？（$\lg K_{CdY}=16.4$；pH=5.5时，$\lg\alpha_{Y(H)}=5.7$，XO $pCd_t=5.0$）

（化学计量点前0.1%，pCd=5.0；化学计量点后0.1%，pCd=7.7；化学计量点时pCd=6.4；选用XO合适）

17. 称取含Fe_2O_3和Al_2O_3的试样0.2015g，试样溶解后，在pH=2.0以磺基水杨酸为指示剂，加热至50℃左右，以0.02008mol/L的EDTA标准溶液滴定至红色消失，消耗EDTA溶液15.20mL；然后加入上述EDTA标准溶液25.00mL，加热煮沸，调pH值至4.5，以PAN为指示剂，趁热用0.02112mol/L Cu^{2+}标准溶液返滴定，用去8.16mL。计算试样中Fe_2O_3与Al_2O_3的百分含量。（Fe_2O_3分子量为159.7，Al_2O_3分子量102.0）

（$Fe_2O_3\%=12.10\%$；$Al_2O_3\%=8.34\%$）

18. 用EDTA滴定法检验血清中的钙。取血清100μL，加KOH溶液2滴和钙红指示剂1～2滴，用0.00100mol/L EDTA滴定至终点，用去0.2502mL。计算此检品中Ca^{2+}含量（Ca^{2+}mg/100mL）。若健康成人血清中Ca^{2+}含量指标为9～11mg/100mL，此检品中Ca^{2+}含量是否正常？（尿中钙的测定与此相似，只是要用柠檬酸掩蔽Mg^{2+}）

（10.03mg/100mL）

19. 精密称取葡萄糖酸钙（$C_{12}H_{22}O_{14}Ca\cdot H_2O$）0.5400g，溶于水中，加入适量钙指示剂，用0.05000mol/L EDTA滴定至终点，用去23.90mL。计算此样品中葡萄糖酸钙含量。（葡萄糖酸钙分子量为448.40）

（99.29%）

20. 取某水样100.00mL，用氨性缓冲液调节至pH=10，以铬黑T为指示剂，用0.009434mol/L EDTA标准溶液滴定至终点，消耗9.70mL。计算水的总硬度（请分别用ppm和度为单位来表示计算结果）。另取同样水样100.00mL，用NaOH调节pH值至12.5，加入钙指

示剂，用上述 EDTA 标准溶液滴定至终点，消耗 8.10mL，试分别求出水样中 Ca^{2+} 和 Mg^{2+} 的含量（mg/L）。

（91.6ppm，5.13 度，30.63mg/L，3.67mg/L）

21. 在无其他配位剂存在的情况下，在 pH＝2.0 和 pH＝4.0 时，能否用 EDTA 准确滴定浓度为 0.01mol/L 的 Ni^{2+}？

（pH＝2.0 时不能用 EDTA 准确滴定；pH＝4.0 时能用 EDTA 准确滴定）

第八章
氧化还原滴定法

扫一扫，查阅本章数字资源，含PPT、音视频、图片等

以氧化还原反应为基础的滴定分析法称为氧化还原滴定法（Redox Titration）。氧化还原反应是基于氧化剂与还原剂间的电子转移的反应，反应机理往往比较复杂，有些反应的完全度很高但反应速率较慢，有些反应伴有副反应的发生而没有确定的计量关系等。因此，在氧化还原滴定法中必须严格控制实验条件，以满足滴定分析对滴定反应的要求。

氧化还原滴定法是滴定分析中应用比较广泛的一种重要分析方法，能直接或间接测定很多无机或有机药物的含量。

第一节　氧化还原平衡

一、条件电极电位与影响因素

（一）条件电极电位

氧化剂与还原剂氧化还原能力的强弱，可用相关氧化还原电对（electron pair）的电极电位（electrode potential）的高低来衡量。氧化还原电对是由物质的氧化型和与其对应的还原型构成的整体；电极电位是电极与溶液接触处存在双电层而产生的电位。电对的电极电位越高，其氧化型的氧化能力越强，电对的电极电位越低，其还原型的还原能力越强。氧化还原电对可粗略地分为可逆与不可逆氧化还原电对。可逆氧化还原电对，即在氧化还原反应的任一瞬间，都能迅速地建立由电对氧化还原半反应所示的氧化还原平衡，其实际电位与按 Nernst 方程式计算所得电位相符或相差甚小，如 Fe^{3+}/Fe^{2+}、Ce^{4+}/Ce^{3+}、I_2/I^-、Cu^{2+}/Cu^+、Ag^+/Ag 等。不可逆氧化还原电对，即在氧化还原反应的任一瞬间，不能立即真正建立由电对氧化还原半反应所示的氧化还原平衡，其实际电位与按 Nernst 方程式计算所得电位相差颇大，如 MnO_4^-/Mn^{2+}、O_2/H_2O_2、$Cr_2O_7^{2-}/Cr^{3+}$、$S_4O_6^{2-}/S_2O_3^{2-}$、$CO_2/C_2O_4^{2-}$、H_2O_2/H_2O 等。通常 Nernst 方程式只适用于可逆氧化还原电对。但对于不可逆氧化还原电对，用 Nernst 方程式计算的结果，作为初步判断仍有一定的意义。

用 Nernst 方程式计算电对的电极电位，其基本依据是电对的氧化还原半反应。如：可逆氧化还原电对 Ox/Red 的氧化还原半电池反应为：

$$Ox + ne \rightleftharpoons Red$$

该电对的电极电位可按 Nernst 方程式计算：

$$E_{Ox/Red} = E^{\ominus}_{Ox/Red} + \frac{2.303RT}{nF}\lg\frac{a_{Ox}}{a_{Red}}$$

$$=E^{\ominus}_{Ox/Red}+\frac{0.059}{n}\lg\frac{a_{Ox}}{a_{Red}} \quad (25℃) \tag{8-1}$$

式中 $E^{\ominus}_{Ox/Red}$ 为电对 Ox/Red 的标准电极电位。a_{Ox}、a_{Red} 为电对氧化型、还原型的活度。

对于金属-金属离子电对、Ag-AgCl 电对等，因规定纯金属、纯固体的活度为 1。如：电对 Cu^{2+}/Cu 有半反应如下：

$$Cu^{2+}+2e \rightleftharpoons Cu$$

则：

$$E_{Cu^{2+}/Cu}=E^{\ominus}_{Cu^{2+}/Cu}+\frac{0.059}{2}\lg a_{Cu^{2+}} \tag{8-2}$$

电对 AgCl/Ag 的半反应如下：

$$AgCl+e \rightleftharpoons Ag+Cl^-$$

则：

$$E_{AgCl/Ag}=E^{\ominus}_{AgCl/Ag}+0.059\lg\frac{1}{a_{Cl^-}} \tag{8-3}$$

在用 Nernst 方程式计算电对的电极电位时，应考虑以下两个问题：一是通常只知道电对氧化型和还原型的浓度，不知道它们的活度，若用浓度代替活度进行计算将导致误差，必须引入相应的活度系数 γ_{Ox}、γ_{Red}；二是当条件改变时，电对氧化型、还原型发生副反应的情况下，可使电对的电极电位改变，必须引入相应的副反应系数 α_{Ox}、α_{Red}。它们之间的关系如下：

$$a_{Ox}=[Ox]\cdot\gamma_{Ox}=\frac{C_{Ox}}{\alpha_{Ox}}\cdot\gamma_{Ox} \qquad a_{Red}=[Red]\cdot\gamma_{Red}=\frac{C_{Red}}{\alpha_{Red}}\cdot\gamma_{Red}$$

代入 8-1 式得：

$$E_{Ox/Red}=E^{\ominus}_{Ox/Red}+\frac{0.059}{n}\lg\frac{C_{Ox}\cdot\gamma_{Ox}\cdot\alpha_{Red}}{\alpha_{Ox}\cdot C_{Red}\cdot\gamma_{Red}} \tag{8-4}$$

当 $C_{Ox}=C_{Red}=1$mol/L(或其比值为 1)时：

$$E_{Ox/Red}=E^{\ominus}_{Ox/Red}+\frac{0.059}{n}\lg\frac{\gamma_{Ox}\cdot\alpha_{Red}}{\alpha_{Ox}\cdot\gamma_{Red}}=E^{\ominus\prime}_{Ox/Red} \tag{8-5}$$

式 8-5 中的 $E^{\ominus\prime}_{Ox/Red}$ 称为电对 Ox/Red 的条件电极电位（conditional electrode potential)，它是在特定条件下，电对氧化型、还原型分析浓度均为 1mol/L 或其比值为 1 时的实际电位。条件电极电位反映了离子强度与各种副反应的总影响，引入了条件电极电位后，电对的电极电位用下式计算：

$$E_{Ox/Red}=E^{\ominus\prime}_{Ox/Red}+\frac{0.059}{n}\lg\frac{C_{Ox}}{C_{Red}} \tag{8-6}$$

式中氧化型、还原型均用分析浓度，以此来进行氧化还原平衡处理既简便又符合实际情况。但是，到目前为止，只测出了少数电对在一定条件下的 $E^{\ominus\prime}$ 值。当缺少相同条件下的 $E^{\ominus\prime}$ 值时，可选用条件相近的 $E^{\ominus\prime}$ 值。若无合适的 $E^{\ominus\prime}$ 值，则用 $E^{\ominus}$ 值代替 $E^{\ominus\prime}$ 作近似计算：

$$E_{Ox/Red}=E^{\ominus}_{Ox/Red}+\frac{0.059}{n}\lg\frac{[Ox]}{[Red]} \tag{8-7}$$

例 8-1 计算 0.01000mol/L NaCl 溶液中电对 AgCl/Ag 的电极电位。已知 $E^{\ominus}_{AgCl/Ag}=0.222V$，$E^{\ominus}_{Ag^+/Ag}=0.799V$，$K_{sp(AgCl)}=1.8\times10^{-10}$，忽略离子强度的影响。

解：电对 AgCl/Ag 的半电池反应如下：

$$AgCl+e \rightleftharpoons Ag+Cl^-$$

方法一：$E_{AgCl/Ag}=E^{\ominus}_{Ag^+/Ag}+0.059\lg[Ag^+] \qquad \left([Ag^+]=\frac{K_{sp(AgCl)}}{[Cl^-]}\right)$

$$=0.799+0.059\lg\frac{1.8\times10^{-10}}{0.0100}$$

$$=0.342(V)$$

方法二：$E_{AgCl/Ag}=E^{\ominus}_{AgCl/Ag}+0.059\lg\frac{1}{[Cl^-]}$

$$=0.222+0.059\lg\frac{1}{0.0100}$$

$$=0.340(V)$$

（二）影响条件电极电位的因素

由式（8-5）可知，影响条件电极电位的因素即为影响电对的活度系数与副反应系数的因素，主要有离子强度、酸度、化合物的形成、生成沉淀四个方面。

1. 离子强度的影响

如式（8-5）所示，氧化还原电对的条件电极电位（$E^{\ominus\prime}$）与电对氧化型、还原型的活度系数 γ 密切相关。而活度系数的大小受溶液离子强度的影响：

$$-\lg\gamma_i=0.5Z_i^2\sqrt{I} \tag{8-8}$$

在氧化还原反应中，溶液的离子强度一般比较大，氧化型与还原型的价态也较高，其活度系数远小于1，因此，条件电极电位与标准电极电位有较大差异，但是由于活度系数不易计算，且各种副反应等其他因素对电位的影响更大，故一般予以忽略，近似地认为活度系数均为1。

2. 酸度的影响

对有 H^+ 或 OH^- 参加的氧化还原半反应，溶液酸度的改变将直接引起条件电极电位的改变；有的电对氧化型或还原型是弱酸或弱碱，溶液酸度的变化还会影响其存在形式，引起条件电极电位的变化。

例如：$H_3AsO_4/HAsO_2$ 电对半电池反应为：

$$H_3AsO_4+2H^++2e \rightleftharpoons HAsO_2+2H_2O$$

$$E^{\ominus}_{H_3AsO_4/HAsO_2}=0.56V$$

$$E_{H_3AsO_4/HAsO_2}=E^{\ominus}_{H_3AsO_4/HAsO_2}+\frac{0.059}{2}\lg\frac{[H_3AsO_4][H^+]^2}{[HAsO_2]}$$

$$=E^{\ominus}_{H_3AsO_4/HAsO_2}+\frac{0.059}{2}\lg\frac{C_{H_3AsO_4}\alpha_{HAsO_2}[H^+]^2}{C_{HAsO_2}\alpha_{H_3AsO_4}}$$

$$=E^{\ominus\prime}_{H_3AsO_4/HAsO_2}+\frac{0.059}{2}\lg\frac{C_{H_3AsO_4}}{C_{HAsO_2}}$$

$$E^{\ominus\prime}_{H_3AsO_4/HAsO_2}=E^{\ominus}_{H_3AsO_4/HAsO_2}+\frac{0.059}{2}\lg\frac{\alpha_{HAsO_2}[H^+]^2}{\alpha_{H_3AsO_4}}$$

式中酸效应系数 $\alpha=\frac{1}{\delta_0}$（$\delta_0$ 为分布系数），求出 δ_0 值，计算 α 值，将 α 值带入条件电极电位公式，求得 $E^{\ominus\prime}$ 值。

当 $[H^+]\approx5mol/L$ 时，$E^{\ominus\prime}_{H_3AsO_4/HAsO_2}=0.60V$

3. 生成配合物

溶液中有能与电对氧化型、还原型生成配合物的配位剂存在时，会改变电对的电极电位，若配位剂与电对氧化型发生配位反应，降低电对氧化型的游离浓度，使电对的电极电位降低；若配位剂与电对还原型发生配位反应，降低电对还原型的游离浓度，使电对的电极电位升高。

例 8-2　计算 $1.00\times10^{-4}mol/L\ Zn(NH_3)_4^{2+}$ 的 $0.100mol/L\ NH_3$ 溶液中，$Zn(NH_3)_4^{2+}/Zn$ 电对的电极电位。（已知：$E^{\ominus}_{Zn^{2+}/Zn}=-0.763V$，$Zn(NH_3)_4^{2+}$ 的 $\beta_1\sim\beta_4$ 为：$10^{2.37}$、$10^{4.81}$、

$10^{7.31}$、$10^{9.46}$）

解：半电池反应：$Zn^{2+}+2e \rightleftharpoons Zn$

$$[Zn^{2+}]=C_{Zn^{2+}}\delta_{Zn^{2+}}=\frac{C_{Zn^{2+}}}{a_{Zn(NH_3)_4^{2+}}}$$

$$=\frac{1.00\times10^{-4}}{1+\beta_1[NH_3]+\beta_2[NH_3]^2+\beta_3[NH_3]^3+\beta_4[NH_3]^4}$$

$$=10^{-9.49}$$

$$E_{Zn(NH_3)_4^{2+}/Zn}=E^{\ominus}_{Zn^{2+}/Zn}+\frac{0.059}{2}\lg[Zn^{2+}]=-0.763-0.0295\times9.49$$

$$=-1.04(V)$$

4. 生成沉淀

在氧化还原反应过程中，当加入可与氧化型、还原型生成沉淀的沉淀剂时，就会改变电对的电位，若氧化型生成沉淀，条件电极电位会降低；若还原型生成沉淀，条件电极电位会增高。

例如：用碘量法测定 Cu^{2+} 时，基于如下反应：

$$2Cu^{2+}+4I^- \rightleftharpoons 2CuI\downarrow+I_2$$

析出的 I_2 再用 $Na_2S_2O_3$ 标准溶液滴定。但是从 $E^{\ominus}_{Cu^{2+}/Cu^+}=0.16V$，$E^{\ominus}_{I_2/I^-}=0.535V$ 来看，似乎 Cu^{2+} 无法氧化 I^-。然而，由于 Cu^+ 生成了溶解度很小的 CuI 沉淀，大大降低了 Cu^+ 的游离浓度，从而使 Cu^{2+}/Cu^+ 的电极电位显著升高，得以使上述反应向右进行。令$[Cu^{2+}]=[I^-]=1.0mol/L$,则：

$$E_{Cu^{2+}/Cu^+}=E^{\ominus}_{Cu^{2+}/Cu^+}+0.059\lg\frac{[Cu^{2+}]}{[Cu^+]} \qquad [Cu^+]=\frac{K_{sp(CuI)}}{[I^-]}$$

$$=0.16+0.059\lg[Cu^{2+}]+0.059\lg\frac{1}{\frac{K_{sp(CuI)}}{[I^-]}}$$

$$=0.16-0.059\lg\ (1.1\times10^{-12})\ =0.87\ (V)$$

显然，此时 $E_{Cu^{2+}/Cu^+}(0.87V)>E^{\ominus}_{I_2/I^-}$，$Cu^{2+}$ 可以氧化 I^-，反应向右进行。

5. 温度

当温度 T 升高时，条件电极电位升高。

二、氧化还原反应进行的程度

氧化还原反应进行的程度，可用反应平衡常数 K 来衡量，而 K 可以用有关电对的标准电极电位求得。若考虑溶液中的各种副反应的影响，引入条件电极电位，求得的是条件平衡常数 K'，K'更能说明反应实际进行的程度。K'值越大，反应进行得越完全，条件平衡数 K'可根据相关的氧化还原反应，用 Nernst 方程式求得。

例如下述氧化还原反应

$$mOx_1+nRed_2 \rightleftharpoons mRed_1+nOx_2$$

$$K'=\frac{(C_{Red_1})^m\cdot(C_{Ox_2})^n}{(C_{Ox_1})^m\cdot(C_{Red_2})^n} \tag{8-9}$$

与上述氧化还原反应相关的氧化还原半反应和电对的电极电位分别为：

$$Ox_1+ne \rightleftharpoons Red_1 \qquad E_{Ox_1/Red_1}=E^{\ominus\prime}_{Ox_1/Red_1}+\frac{0.059}{n}\lg\frac{C_{Ox_1}}{C_{Red_1}}$$

$$Ox_2 + me \rightleftharpoons Red_2 \qquad E_{Ox_2/Red_2} = E^{\ominus\prime}_{Ox_2/Red_2} + \frac{0.059}{m}\lg\frac{C_{Ox_2}}{C_{Red_2}}$$

当氧化还原反应达到平衡时，两个电对的电极电位相等：

$$E^{\ominus\prime}_{Ox_1/Red_1} + \frac{0.059}{n}\lg\frac{C_{Ox_1}}{C_{Red_1}} = E^{\ominus\prime}_{Ox_2/Red_2} + \frac{0.059}{m}\lg\frac{C_{Ox_2}}{C_{Red_2}}$$

$$\lg K' = \frac{m \cdot n(E^{\ominus\prime}_{Ox_1/Red_1} - E^{\ominus\prime}_{Ox_2/Red_2})}{0.059} \tag{8-10}$$

由式（8-9）可知：两个氧化还原电对的条件电极电位之差（即 $\Delta E^{\ominus\prime}$）越大，以及两个氧化还原半反应中转移电子的最小公倍数（$m \times n$）越大，条件平衡常数 K' 越大，反应进行得越完全。

若将上述氧化还原反应用于滴定分析，反应程度达到99.9%以上，则可满足滴定分析对滴定反应的要求，即有：

$$\frac{C_{Red_1}}{C_{Ox_1}} \geqslant 10^3 \qquad \frac{C_{Ox_2}}{C_{Red_2}} \geqslant 10^3$$

将上述关系代入 $$K' = \frac{(C_{Red_1})^m \cdot (C_{Ox_2})^n}{(C_{Ox_1})^m \cdot (C_{Red_2})^n}$$

当 $m=n=1$ 时，$K' \geqslant 10^6$，代入式（8-9）中，计算得 $\Delta E^{\ominus\prime} \geqslant 0.35V$

同理，若 $m=1$，$n=2$（或 $m=2$，$n=1$）则 $K' \geqslant 10^9$ $\Delta E^{\ominus\prime} \geqslant 0.27V$

若 $m=2$，$n=2$，则 $K' \geqslant 10^{12}$，$\Delta E^{\ominus\prime} \geqslant 0.18V$

其他以此类推。通过上述计算说明，若仅考虑反应进行的程度，通常认为 $\Delta E^{\ominus\prime} \geqslant 0.40V$ 的氧化还原反应可以用于氧化还原滴定法。

例 8-3　计算在 1.0mol/L HCl 溶液中，Fe^{3+} 与 Sn^{2+} 反应的条件平衡常数，可否进行完全？（已知 $E^{\ominus\prime}_{Fe^{3+}/Fe^{2+}} = 0.68V$，$E^{\ominus\prime}_{Sn^{4+}/Sn^{2+}} = 0.14V$）

解：反应式：$2Fe^{3+} + Sn^{2+} \rightleftharpoons 2Fe^{2+} + Sn^{4+}$

$$\lg K' = \frac{2 \times 1 \times (0.68 - 0.14)}{0.059} = 18.30$$

$$K' = 2.0 \times 10^{18}$$

因该反应相当于 $m=2$、$n=1$ 的前述氧化还原反应，只要 $\lg K' \geqslant 9$ 即可视为反应能进行完全，到达化学计量点时误差小于 0.1%，所以此反应能进行完全。

三、氧化还原反应速率及其影响因素

在氧化还原反应中，根据氧化还原电对的标准电极电位 $E^{\ominus}$ 值或条件电极电位 $E^{\ominus\prime}$ 值可以判断、预测反应进行的方向及程度，但无法判断反应进行的速率。如 $K_2Cr_2O_7$ 与 KI 的反应，其平衡常数大，但反应速度却很慢，以至于必须放置一段时间反应才得以进行完全。所以，在讨论氧化还原滴定时，除要考虑反应进行的方向、次序、程度外，还要考虑反应进行的速率及其影响因素。影响氧化还原反应速率的因素除氧化还原电对的自身性质外，还有反应物浓度、温度、催化剂、诱导作用等外界条件因素。

1. 反应物浓度

根据质量作用定律，反应速率与反应物浓度的乘积成正比。通常反应物浓度越大，反应的速率也越快。如：$K_2Cr_2O_7$ 在酸性介质中氧化 I^- 的反应：

$$Cr_2O_7^{2-}+6I^-+14H^+ \rightleftharpoons 2Cr^{3+}+3I_2+7H_2O$$

增大 I^- 的浓度或提高溶液的酸度，均可提高上述反应的速率。

2. 反应温度

升高反应温度，不仅增加了反应物之间碰撞的几率，而且增加了活化分子或离子的数目，可提高反应速率。一般温度每升高 10℃，反应速度可提高 2～3 倍。如：在酸性介质中，用 MnO_4^- 氧化 $C_2O_4^{2-}$ 的反应：

$$2MnO_4^-+5C_2O_4^{2-}+16H^+ \rightleftharpoons 2Mn^{2+}+10CO_2\uparrow+8H_2O$$

在室温下反应速度很慢，若将溶液加热并控制在 70～80℃，则反应速率明显加快。但并非在任何情况下均可用升高温度的办法来提高反应速率。如 $K_2Cr_2O_7$ 与 KI 的反应，若用升高温度的办法提高速率，则会使反应产物 I_2 挥发。有些还原性物质，如 Fe^{2+} 、Sn^{2+} 等，升高温度也会加快空气中氧气氧化 Fe^{2+} 、Sn^{2+}，从而引起误差，若要提高反应速率，应选择其他方法。

3. 催化剂

催化剂是一类能改变反应速度，而其本身的组成和质量在反应前后并不发生改变的物质。催化剂有正催化剂和负催化剂两类。正催化剂提高反应速率；负催化剂降低反应速率，又称“阻化剂”。通常所说的催化剂是指正催化剂。如 MnO_4^- 与 $C_2O_4^{2-}$ 的反应速度很慢，若加入少量 Mn^{2+}，则反应速度明显加快。

在药品、食品、化妆品生产中，为提高产品的稳定性，常加入适量的“阻化剂”（亦称抗氧剂），以防止或延迟产品被氧化而变质。常用的抗氧剂有：聚三芳基膦化物（油料及脂肪中使用）、苯甲酸及其钠盐、丁基羟基茴香醚、维生素 C、维生素 E 等。

4. 诱导作用

在氧化还原反应中，一种反应（主反应）的进行，能够诱发反应速度极慢或本来不能进行的另一反应进行的现象，称为诱导作用。如 MnO_4^- 氧化 Cl^- 的反应进行得很慢，但当溶液中存在 Fe^{2+} 时，由于 MnO_4^- 与 Fe^{2+} 反应的进行，诱发 MnO_4^- 与 Cl^- 反应加快进行。这种本来难以进行或进行得很慢，但在另一反应的诱导下得以进行或加速进行的反应，称为被诱导反应，简称诱导反应，如：

$$MnO_4^-+5Fe^{2+}+8H^+ \rightleftharpoons Mn^{2+}+5Fe^{3+}+4H_2O \qquad \text{（初级反应或主反应）}$$

$$2MnO_4^-+10Cl^-+16H^+ \rightleftharpoons 2Mn^{2+}+5Cl_2+8H_2O \qquad \text{（诱导反应）}$$

其中 MnO_4^- 称为作用体；Fe^{2+} 称为诱导体；Cl^- 称为受诱体。

诱导反应与催化反应不同，在催化反应中，催化剂在参加反应后恢复其原来状态，而在诱导反应中，诱导体反应后变成了其他物质。诱导反应在滴定分析中往往是有害的，应设法避免。

第二节　氧化还原滴定法原理

在氧化还原滴定中，随着滴定剂的加入，被测组分氧化型和还原型的浓度逐渐改变，导致电对的电极电位不断改变。以滴定剂加入的体积或百分数为横坐标，以电对的电极电位为纵坐标作图，所得曲线称为氧化还原滴定曲线。通过讨论氧化还原滴定曲线，对电极电位与电对氧化型、还原型浓度间关系的理解以及氧化还原指示剂的选择是很重要的。氧化还原滴定曲线一般用实验的方法测绘，而对于可逆氧化还原电对亦可用 Nernst 方程式进行计算。

一、氧化还原滴定曲线

对于可逆氧化还原电对，滴定过程中两电对的电极电位瞬间达到平衡，则滴定体系的电极电位，等于任一电对的电极电位。现以 0.1000mol/L Ce^{4+} 标准溶液滴定 20.00mL 0.1000mol/L Fe^{2+} 溶液为例（1mol/L H_2SO_4 溶液中），相关电对的氧化还原半反应（即半电池反应）为：

$$Ce^{4+}+e \rightleftharpoons Ce^{3+} \qquad E^{\ominus\prime}_{Ce^{4+}/Ce^{3+}}=1.44V$$

$$Fe^{3+}+e \rightleftharpoons Fe^{2+} \qquad E^{\ominus\prime}_{Fe^{3+}/Fe^{2+}}=0.68V$$

滴定反应为：

$$Ce^{4+}+Fe^{2+} \rightleftharpoons Ce^{3+}+Fe^{3+}$$

滴定过程中相关电对的电极电位依 Nernst 方程式计算如下：

1. 滴定前

此时虽是 0.1000mol/L 的 Fe^{2+} 溶液，由于空气中氧气可氧化 Fe^{2+} 为 Fe^{3+}，不可避免地存在少量 Fe^{3+}，然而 Fe^{3+} 的浓度难以确定，故此时电极电位无法依 Nernst 方程式进行计算。

2. 滴定开始至化学计量点前

这个阶段体系存在 Fe^{3+}/Fe^{2+}、Ce^{4+}/Ce^{3+} 两个电对。但由于 Ce^{4+} 在此阶段的溶液中存在极少且难以确定其浓度，故只能用 Fe^{3+}/Fe^{2+} 电对计算该阶段的电极电位。

$$E_{Fe^{3+}/Fe^{2+}}=E^{\ominus\prime}_{Fe^{3+}/Fe^{2+}}+0.059\lg\frac{C_{Fe^{3+}}}{C_{Fe^{2+}}}$$

因总体体积对 Fe^{3+}、Fe^{2+} 来说是相同的，$C_{Fe^{3+}}$、$C_{Fe^{2+}}$ 的浓度比可以用反应滴定的百分数进行表示。

（1）当加入标准溶液 Ce^{4+} 50%（10.00mL）时，有 50%的 Fe^{2+} 被氧化成 Fe^{3+}

$$\frac{C_{Fe^{3+}}}{C_{Fe^{2+}}}=\frac{50}{50}$$

$$E_{Fe^{3+}/Fe^{2+}}=E^{\ominus\prime}_{Fe^{3+}/Fe^{2+}}+0.059\lg\frac{C_{Fe^{3+}}}{C_{Fe^{2+}}}$$

$$=0.68+0.059\lg\frac{50}{50}=0.68(V)$$

（2）当加入标准溶液 Ce^{4+} 99.9%（19.98mL）时，有 99.9%的 Fe^{2+} 被氧化成 Fe^{3+}

$$E_{Fe^{3+}/Fe^{2+}}=E^{\ominus\prime}_{Fe^{3+}/Fe^{2+}}+0.059\lg\frac{99.9}{0.1}$$

$$=0.68+0.18=0.86(V)$$

3. 化学计量点时

此时加入 Ce^{4+} 标准溶液 20.00mL。Ce^{4+} 和 Fe^{2+} 分别定量转变为 Ce^{3+} 和 Fe^{3+}，此时 $C_{Fe^{3+}}=C_{Ce^{3+}}$，$C_{Fe^{2+}}=C_{Ce^{4+}}$，化学计量点时电位为：

$$E_{sp}=E^{\ominus\prime}_{Fe^{3+}/Fe^{2+}}+0.059\lg\frac{C_{Fe^{3+}}}{C_{Fe^{2+}}}$$

$$E_{sp}=E^{\ominus\prime}_{Ce^{4+}/Ce^{3+}}+0.059\lg\frac{C_{Ce^{4+}}}{C_{Ce^{3+}}}$$

$$2E_{sp}=E^{\ominus\prime}_{Fe^{3+}/Fe^{2+}}+E^{\ominus\prime}_{Ce^{4+}/Ce^{3+}}+0.059\lg\frac{C_{Fe^{3+}}\cdot C_{Ce^{4+}}}{C_{Fe^{2+}}\cdot C_{Ce^{3+}}}$$

$$E_{sp}=\frac{E^{\ominus\prime}_{Fe^{3+}/Fe^{2+}}+E^{\ominus\prime}_{Ce^{4+}/Ce^{3+}}}{2}=\frac{1.44+0.68}{2}=1.06(V)$$

4. 化学计量点后

此阶段因 Fe^{2+} 已被 Ce^{4+} 氧化完全，虽然可能尚有少量 Fe^{2+} 存在，但其浓度难以确定，故应按 Ce^{4+}/Ce^{3+} 电对的电极电位计算式计算这个阶段体系的电极电位。

$$E_{Ce^{4+}/Ce^{3+}}=E^{\ominus\prime}_{Ce^{4+}/Ce^{3+}}+0.059\lg\frac{C_{Ce^{4+}}}{C_{Ce^{3+}}}$$

若加入 Ce^{4+} 标准溶液 20.02mL（此时超过化学计量点 0.1%）

$$\frac{C_{Ce^{4+}}}{C_{Ce^{3+}}}=\frac{0.1}{100}$$

$$E_{Ce^{4+}/Ce^{3+}}=1.44+0.059\lg\frac{0.1}{100}=1.26(\text{V})$$

用同样的方法可计算出该阶段其他各点相应的电位值，将滴定过程中计算出的结果列于表8-1中。

表 8-1 在 1mol/L H_2SO_4 溶液中用 0.1000mol/L Ce^{4+} 滴定 20.00mL 0.1000mol/L Fe^{2+} 溶液相关数据表

加入 Ce^{4+} 溶液毫升数	滴定百分数(%)	(E)值(V)	加入 Ce^{4+} 溶液毫升数	滴定百分数(%)	(E)值(V)
1.00	5.0	0.60	19.98	99.9	0.86 突跃范围
2.00	10.0	0.62	20.00	100.0	1.06 突跃范围
4.00	20.0	0.64	20.02	100.1	1.26 突跃范围
8.00	40.0	0.67	22.00	110.0	1.38
10.00	50.0	0.68	30.00	150.0	1.42
18.00	90.0	0.74	40.00	200.0	1.44

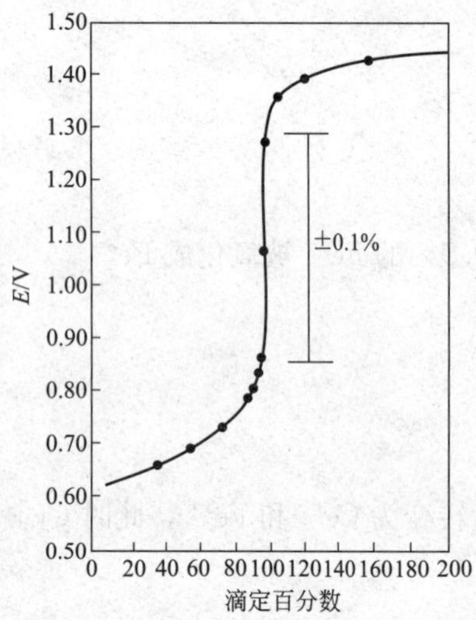

图 8-1 在 1mol/L H_2SO_4 溶液中，用 0.1000mol/L Ce^{4+} 滴定 20.00mL 0.1000mol/L Fe^{2+} 溶液的滴定曲线

以加入 Ce^{4+} 标准溶液的滴定百分数为横坐标，相应的电位值（伏）为纵坐标作图，

即得该氧化还原滴定的滴定曲线，如图 8-1 所示。

由表 8-1 和图 8-1 可以看出，从化学计量点前 0.1%到化学计量点后 0.1%，体系电极电位由 0.86V 突变至 1.26V（即 ΔE 为 0.40V），体系的电位有明显突变称为滴定突跃。另一方面，对于可逆对称的氧化还原电对，滴定百分数为 50%时，溶液的电位就是被滴定物电对的条件电极电位；滴定百分数为 200%时，溶液的电位就是滴定剂电对的条件电极电位。了解此氧化还原滴定的电位突跃范围，对选择适宜的氧化还原指示剂是非常重要的。

对于类似 $m\text{Ox}_1+n\text{Red}_2=m\text{Red}_1+n\text{Ox}_2$ 这样的可逆氧化还原反应，若用 Ox_1 滴定 Red_2，化学计量点的电位值计算通式：

$$E_{sp}=\frac{nE^{\ominus\prime}_{\text{Ox}_1/\text{Red}_1}+mE^{\ominus\prime}_{\text{Ox}_2/\text{Red}_2}}{m+n} \tag{8-11}$$

化学计量点前后±0.1%范围内电位突跃范围为：

$$\left(E^{\ominus\prime}_{Ox_2/Red_2}+\frac{3\times0.059}{m}\right)\sim\left(E^{\ominus\prime}_{Ox_1/Red_1}-\frac{3\times0.059}{n}\right) \tag{8-12}$$

由式（8-12）可知：影响此类氧化还原滴定电位突跃范围的主要因素为：一是两个氧化还原电对的 $\Delta E^{\ominus\prime}$值，此值越大，突跃范围越大；二是两个氧化还原半反应中转移的电子数 n 和 m，n 和 m 越大，突跃范围越大。氧化还原滴定的突跃及其大小，与两个氧化还原电对相关离子的浓度无关。对于 $n=m$ 的氧化还原反应，化学计量点恰好处于滴定突跃范围的中间，在化学计量点附近滴定曲线是对称的；对于 $n\neq m$ 对称电对的氧化还原反应，化学计量点不在滴定突跃范围的中间而是偏向电子得失较多的电对一方。不可逆电对（如 MnO_4^-/Mn^{2+}、$Cr_2O_7^{2-}/Cr^{3+}$、$S_4O_6^{2-}/S_2O_3^{2-}$）电位计算不遵从能斯特方程式，滴定曲线由实验测得。

一般来说，若两个氧化还原电对的 $\Delta E^{\ominus\prime}$（或 $\Delta E^{\ominus}$）值在 0.25～0.4V 时，可用电位法确定终点（误差在 1%以内）；若 $\Delta E^{\ominus\prime}$（或 $\Delta E^{\ominus}$）值在 0.40V 以上，既可用氧化还原指示剂确定终点，又可用电位法确定终点（误差在 0.1%以内）。

二、滴定终点的确定

氧化还原反应确定终点的方法主要分为仪器分析法（如电位滴定法、永停法等）与指示剂法，本章只讨论指示剂法。

1. 自身指示剂

在氧化还原滴定中，有些标准溶液或被滴定的组分本身有颜色，反应后变为无色或浅色物质，这类滴定可用标准溶液或被滴定物质作指示剂。如 $KMnO_4$、I_2 等即属此类。实践证明，当 $KMnO_4$ 的浓度在 2×10^{-6}mol/L 时，即可使溶液呈现明显的淡红色；而在 100mL 的溶液中加入 1 滴 0.05mol/L 的 I_2 标准溶液，即可使溶液呈现明显的淡黄色。

2. 特殊指示剂

有的物质本身不具有氧化性或还原性，但它能与氧化剂或还原剂发生显色反应，因而可以指示滴定终点到达。将这类物质称为特殊指示剂，又称专用指示剂。可溶性淀粉是此类指示剂的代表。可溶性淀粉遇 I_3^- 时即可发生显色反应，生成深蓝色的吸附配合物；当 I_3^- 被还原为 I^- 后，蓝色的吸附配合物不复存在，蓝色亦消失。所以可溶性淀粉是碘量法的专用指示剂。可溶性淀粉作为碘量法的专用指示剂，不仅可逆性好，而且非常灵敏，溶液中即使有 0.5×10^{-5} mol/L 的 I_3^-，亦能与淀粉发生显色反应，使溶液呈现明显的蓝色。

3. 氧化还原指示剂

这类指示剂的氧化型和还原型具有明显不同的颜色，根据颜色的变化指示滴定终点。现用 In_{Ox}、In_{Red}分别表示指示剂的氧化型和还原型，指示剂的氧化还原半反应如下：

$$In_{Ox}+ne=In_{Red}$$

随着氧化还原滴定过程中溶液电位的变化，指示剂 $C_{In_{Ox}}/C_{In_{Red}}$ 的比值亦按 Nernst 方程式的关系改变：

$$E=E^{\ominus\prime}_{In_{Ox}/In_{Red}}+\frac{0.059}{n}\lg\frac{C_{In_{Ox}}}{C_{In_{Red}}} \tag{8-13}$$

与酸碱指示剂的情况类似，当 $C_{In_{Ox}}/C_{In_{Red}}\geqslant10$ 时，溶液显指示剂氧化型的颜色；当 $C_{In_{Ox}}/C_{In_{Red}}\leqslant\frac{1}{10}$时，溶液显指示剂还原型的颜色。故氧化还原指示剂的理论变色电位范围为：

$$E^{\ominus\prime}_{In_{Ox}/In_{Red}}-\frac{0.059}{n}\sim E^{\ominus\prime}_{In_{Ox}/In_{Red}}+\frac{0.059}{n}$$

显然，若 $n=1$ 时，则其理论变色电位范围为 $E^{\ominus\prime}_{In_{Ox}/In_{Red}}\pm0.059V$；若 $n=2$ 时，为 $E^{\ominus\prime}_{In_{Ox}/In_{Red}}\pm0.03V$。不同的氧化还原指示剂 $E^{\ominus\prime}$ 值不同，其变色电位范围亦不同。一些常用氧化还原指示剂的 $E^{\ominus\prime}$ 值及其颜色变化见表 8-2。

表 8-2　一些氧化还原指示剂的 $E^{\ominus\prime}$ 值及颜色变化

指示剂	$E^{\ominus\prime}$(V) $[H^+]=1mol/L$	颜色变化 氧化型	颜色变化 还原型	指示剂	$E^{\ominus\prime}$(V) $[H^+]=1mol/L$	颜色变化 氧化型	颜色变化 还原型
亚甲基蓝	0.53	蓝色	无色	邻苯氨基苯甲酸	0.89	紫红	无色
二苯胺	0.76	紫色	无色	邻二氮菲-亚铁	1.06	浅蓝	红色
二苯胺磺酸钠	0.84	紫红	无色	硝基邻二氮菲-亚铁	1.25	浅蓝	紫红

在选择氧化还原指示剂时，要求氧化还原指示剂的变色电位范围在滴定突跃电位范围内，最好使指示剂的 $E^{\ominus\prime}$ 值与化学计量点的 E_{sp} 值一致。例如在选择 Ce^{4+} 滴定 Fe^{2+} 的指示剂时，根据突跃范围（0.86～1.26V），应首先选择邻二氮菲亚铁为指示剂。邻二氮菲亚铁指示剂是由邻二氮菲和硫酸亚铁配制成的一种试剂。Fe^{2+} 与邻二氮菲形成呈红色的配离子，当 Fe^{2+} 被氧化至 Fe^{3+} 时，Fe^{3+} 与邻二氮菲形成呈蓝色的络离子。用作氧化还原指示剂，用氧化剂滴定还原剂时，终点由红色变蓝色。$n=1$，则其理论变色电位范围为 $E^{\ominus\prime}_{In_{Ox}/In_{Red}}\pm0.059V$，即 1.00～1.12V，结果显示，邻二氮菲亚铁指示剂是合适的氧化还原指示剂。

若可供选择的指示剂只有部分变色范围在滴定突跃内，则必须设法改变滴定突跃范围，使所选用的指示剂成为适宜的指示剂。如将二苯胺磺酸钠作为 Ce^{4+} 滴定 Fe^{2+} 的指示剂时，其 $E^{\ominus\prime}=0.84V([H^+]=1mol/L)$，反应情况如下：

$$2\ C_6H_5\text{-NH-}C_6H_4\text{-}SO_3^- \xrightarrow[\text{不可逆}]{\text{氧化}}$$

二苯胺磺酸盐（无色）

$$^-O_3S\text{-}C_6H_4\text{-NH-}C_6H_4\text{-}C_6H_4\text{-NH-}C_6H_4\text{-}SO_3^- + 2H^+ + 2e$$

二苯联苯胺磺酸（无色）

$$\underset{\text{还原}}{\overset{\text{氧化}}{\rightleftharpoons}}\ ^-O_3S\text{-}C_6H_4\text{-}\overset{+}{N}H\text{=}C_6H_4\text{=}C_6H_4\text{=}\overset{+}{N}H\text{-}C_6H_4\text{-}SO_3^- + 2e$$

二苯联苯胺磺酸（紫色）

由反应可知，二苯胺磺酸钠变色范围为$\left(0.84\pm\frac{0.059}{2}\right)V$，即 0.81～0.87V。

用 Ce^{4+} 滴定 Fe^{2+} 的滴定突跃为 0.86～1.26V，而二苯胺磺酸钠指示剂的变色范围仅有一小部分在滴定突跃内。为避免产生较大的滴定误差，可向滴定溶液中加入适量的 H_3PO_4，使之与 Fe^{3+} 形成稳定的 $FeHPO_4^+$，从而降低 $C_{Fe^{3+}}/C_{Fe^{2+}}$ 的比值，达到降低滴定突跃起点电位值（即化学计量点前 0.1%处电位值），增大滴定突跃范围的目的。若将 $C_{Fe^{3+}}$ 降低 10000 倍，则化学计量点前 0.1%处的电位为：

$$E_{Fe^{3+}/Fe^{2+}}=0.68+0.059\times\lg\left(\frac{99.9}{0.1}\times\frac{1}{10000}\right)=0.62(V)$$

则滴定突跃变成 0.62～1.26V，二苯胺磺酸钠指示剂的变色范围全部在滴定突跃内，是适用的指示剂。但应指出，采用二苯胺磺酸钠作指示剂时，常存在较大的指示剂空白，需在消除其他因素导致误差的前提下，做空白试验校正分析结果。

第三节　碘量法

一、基本原理

碘量法是以 I_2 作氧化剂，或以 I^- 作还原剂的氧化还原滴定法。因 I_2 在水中的溶解度很小，室温下仅约为 0.00133mol/L，故为增大 I_2 在水中的溶解度并减少其挥发损失，常将 I_2 溶解在 KI 溶液中，此时 I_2 以 I_3^- 形式存在。碘量法的基本反应是：

$$I_3^- + 2e = 3I^- \qquad E^{\ominus} = 0.545V$$

由 $E^{\ominus}$ 值可以看出，I_2 是一种较弱的氧化剂，能氧化具有较强还原性的物质；I^- 是一种中等强度的还原剂，可以还原许多具有氧化性的物质。因此，碘量法是应用广泛的重要的氧化还原滴定法之一。碘量法分为直接碘量法和间接碘量法。

（一）直接碘量法

凡 $E^{\ominus}$ 值低于 $E^{\ominus}_{I_2/I^-}$ 值的电对，利用 I_2 的氧化性，其还原型常可用 I_2 标准溶液直接滴定（突跃范围须足够大），这种滴定分析方法，称为直接碘量法，亦称碘滴定法。

直接碘量法可用来测定含有 S^{2-}、SO_3^{2-}、$S_2O_3^{2-}$、Sn^{2+}、AsO_3^{3-}、SbO_3^{3-} 及含有二烯醇基、巯基（—SH）等组分的含量。

（二）间接碘量法

凡 $E^{\ominus}$ 值高于 $E^{\ominus}_{I_2/I^-}$ 值的电对，利用 I^- 的还原性，其氧化型可将溶液中的 I^- 氧化成 I_2，再用 $Na_2S_2O_3$ 标准溶液滴定所生成的 I_2，这种方法称为间接碘量法，亦称滴定碘法（按滴定方式属置换滴定法）。有的还原性物质，可先使之与过量的 I_2 标准溶液反应，待反应完全后，再用 $Na_2S_2O_3$ 标准溶液滴定剩余的 I_2，这种方法也属于间接碘量法（按滴定方式属返滴定法）。

间接碘量法可以用来测定含有 ClO_3^-、ClO^-、CrO_4^{2-}、$Cr_2O_7^{2-}$、IO_3^-、BrO_3^-、SbO_4^{3-}、MnO_4^-、AsO_4^{3-}、NO_3^-、NO_2^-、Cu^{2+}、H_2O_2 等组分的含量；也可以测定还原性的糖类、甲醛、丙酮及硫脲等；能与 I_2 发生碘代反应的有机酸、有机胺类；某些能与 $Cr_2O_7^{2-}$ 定量生成难溶性化合物的生物碱类（如：盐酸小檗碱等）。现以 $B^+ \cdot Cl^-$ 表示盐酸小檗碱，其测定方法以反应式表示如下：

$$2B^+ + Cr_2O_7^{2-}(\text{一定量、过量}) \rightleftharpoons B_2Cr_2O_7\downarrow(\text{黄})$$

$$Cr_2O_7^{2-}(\text{剩余}) + 6I^- + 14H^+ \rightleftharpoons 2Cr^{3+} + 3I_2 + 7H_2O$$

$$I_2 + 2S_2O_3^{2-} \rightleftharpoons S_4O_6^{2-} + 2I^-$$

$$\text{含量计算式：}B^+ \cdot Cl^- \% = \frac{\left[(CV)_{Cr_2O_7^{2-}} - \frac{1}{6}(CV)_{S_2O_3^{2-}}\right] \times \frac{2M_{B^+ \cdot Cl^-}}{1000}}{S} \times 100\%$$

上式中 S 为盐酸小檗碱样品的取样量。

二、滴定条件

（一）直接碘量法滴定条件

该方法只能在酸性、中性、弱碱性溶液中进行。如果溶液的 pH>9，则会发生如下副反应：

$$3I_2 + 6OH^- \rightleftharpoons IO_3^- + 5I^- + 3H_2O$$

即使是在酸性条件下，也只有少数还原能力强且不受 H^+ 浓度影响的物质才能与 I_2 发生定量的反应。因此，直接碘量法的应用有一定的局限性。

（二）间接碘量法滴定条件

该方法的基本反应为：

$$I_2 + 2S_2O_3^{2-} \rightleftharpoons S_4O_6^{2-} + 2I^-$$

这个反应须在中性或弱酸性条件下进行，故间接碘量法一般在中性、弱酸性条件下使用，且 I_2 与 $Na_2S_2O_3$ 的摩尔比为 1∶2。

用间接碘量法测定氧化性物质的含量时，氧化剂氧化 I^- 的反应大都在较高酸度下进行，此时用 $Na_2S_2O_3$ 滴定 I_2 易发生如下副反应：

$$S_2O_3^{2-} + 2H^+ \rightleftharpoons H_2SO_3 + S\downarrow$$

而 H_2SO_3 与 I_2 的反应如下：

$$H_2SO_3 + I_2 + H_2O \rightleftharpoons SO_4^{2-} + 4H^+ + 2I^-$$

这时 I_2 与 $Na_2S_2O_3$ 反应的摩尔比变成了 1∶1，显然会导致误差。但是，因为 $Na_2S_2O_3$ 与 I_2 的反应速度较快，只要用 $Na_2S_2O_3$ 标准溶液滴定 I_2 时，$Na_2S_2O_3$ 溶液滴加得不是太快并充分振摇，勿使 $Na_2S_2O_3$ 局部过浓，即使酸度高达 3～4mol/L，亦可得到满意的结果。若用 I_2 标准溶液滴定 $Na_2S_2O_3$，则不能在酸性溶液中进行。

若在碱性条件下，I_2 与 $Na_2S_2O_3$ 将发生如下副反应：

$$4I_2 + S_2O_3^{2-} + 10OH^- \rightleftharpoons 2SO_4^{2-} + 8I^- + 5H_2O$$

即部分 I_2 将会按 4∶1 的摩尔比与 $Na_2S_2O_3$ 反应，导致较大误差。

三、碘量法误差来源及采取的措施

碘量法误差来源主要有两个方面：一是 I_2 易挥发，二是 I^- 在酸性条件下易被空气中的 O_2 氧化。为此常采取如下措施：

1. 防止 I_2 挥发

（1）对于直接碘量法，配制碘标准溶液时，应将 I_2 溶解在 KI 溶液中；对于间接碘量法，应加入过量 KI（一般比理论值大 2～3 倍）。

（2）反应需在室温条件下进行，温度升高，不仅会增大 I_2 的挥发损失，也会降低淀粉指示剂的灵敏度，并能加速 $Na_2S_2O_3$ 的分解。

（3）反应容器用碘量瓶，且应在加水封的情况下使氧化剂与 I^- 反应。

（4）滴定时不必剧烈振摇。

2. 防止 I^- 被空气中 O_2 氧化

（1）溶液酸度不宜太高。酸度越高，空气中 O_2 氧化 I^- 的速率越大。

（2）I^- 与氧化性物质反应的时间不宜过长。

（3）用 $Na_2S_2O_3$ 滴定 I_2 的速度可适当快些。

（4）Cu^{2+}、NO_2^- 等对空气中 O_2 氧化 I^- 起催化作用，应设法避免。

（5）光对空气中 O_2 氧化 I^- 亦有催化作用，故滴定时应避免长时间光照。

四、指示剂

（一）I_2 自身作指示剂

在 100mL 无色溶液中加入 1 滴 0.05mol/L 的 I_2 溶液即显明显的淡黄色，故可用 I_2 标准溶液本身作指示剂。I_2 在三氯甲烷、四氯化碳等有机溶剂中的溶解度较大，且呈紫红色，因此，若在滴定溶液中加入少量上述有机溶剂，则可根据有机溶剂中紫红色的出现或消失确定滴定终点。

（二）淀粉指示剂

淀粉是碘量法中最常用的指示剂。如前所述，淀粉遇 I_2 即显蓝色，反应灵敏且可逆性好，故可根据蓝色的出现或消失确定滴定终点。

在使用淀粉指示剂时应注意以下几点：

（1）用直接碘量法分析试样时，淀粉指示剂可在滴定前加入；而用间接碘量法分析试样时，则应在近终点时加入，否则会有较多的 I_2 被淀粉吸附，终点滞后。

（2）淀粉指示剂在弱酸性介质中最灵敏。pH＞9 时，I_2 易发生歧化反应，生成 IO^-、IO_3^-，而 IO^-、IO_3^- 不与淀粉发生显色效应；pH＜2 时，淀粉易水解成糊精，糊精遇 I_2 显红色，该显色反应可逆性差。

（3）直链淀粉遇 I_2 显蓝色，且显色反应可逆性好；支链淀粉遇 I_2 显紫色，且显色反应不敏锐。

（4）醇类的存在会降低指示剂的灵敏度。在 50％以上乙醇溶液中，I_2 与淀粉甚至不发生显色反应。

（5）淀粉指示剂适宜在室温下使用。温度升高会降低指示剂的灵敏度。

（6）淀粉指示剂最好在使用前现配，不宜久放。配制时将淀粉悬浊液煮至半透明，且加热时间不宜过长，并应迅速冷却至室温。

五、标准溶液的配制与标定

（一）I_2 标准溶液

1. 0.1mol/L I_2 标准溶液的配制

用升华法制得的纯 I_2，按理可以用直接法配制标准溶液，但考虑到碘的挥发性及其对分析天平有一定的腐蚀作用，故常先用近似法配成需要的浓度，然后再进行标定。即称取 26g I_2，加入 54g KI，一并置于玻璃研钵中，加少量蒸馏水研磨，待 I_2 全部溶解后转移至 2000mL 烧杯中，加盐酸 3 滴，蒸馏水适量使成 1000mL，过滤即得。将此配好的 I_2 溶液转入棕色试剂瓶中待标，备用。

2. 0.1mol/L I_2 标准溶液的标定

（1）比较法　用已标定好的 $Na_2S_2O_3$ 标准溶液准确确定待标定的 I_2 溶液的浓度。由二者的反应式可知：$C_{I_2}=\frac{(CV)_{S_2O_3^{2-}}}{2V_{I_2}}$

（2）用基准物标定　常用 As_2O_3 基准物（本品剧毒！使用时应谨慎！）标定 I_2 溶液。As_2O_3 难溶于水，但可溶于碱溶液生成 AsO_3^{3-}：

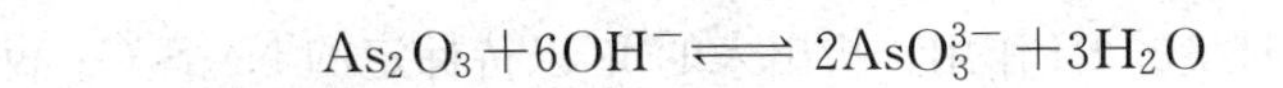

$$As_2O_3+6OH^- \rightleftharpoons 2AsO_3^{3-}+3H_2O$$

$E^{\ominus}_{AsO_4^{3-}/AsO_3^{3-}}=0.559V$，$E^{\ominus}_{I_2/I^-}=0.535V$，从两电对的 $E^{\ominus}$ 值来看，I_2 不能氧化 AsO_3^{3-}，但因 $E_{AsO_4^{3-}/AsO_3^{3-}}$ 受 H^+ 浓度（即酸度）影响较大，故控制适宜的酸度，可降低 $E_{AsO_4^{3-}/AsO_3^{3-}}$ 值，从而达到用 I_2 定量氧化 AsO_3^{3-} 的目的。实践证明，在中性或弱碱性溶液中 I_2 可以定量氧化 AsO_3^{3-} 为 AsO_4^{3-}：

$$I_2+AsO_3^{3-}+H_2O \rightleftharpoons AsO_4^{3-}+2I^-+2H^+$$

而在酸性溶液中，则 AsO_4^{3-} 可以氧化 I^- 为 I_2。

以 As_2O_3 基准品标定 I_2 溶液的操作如下：

精密称取于 105℃干燥至恒重的基准物 As_2O_3 约 0.15g 于 250mL 三角瓶中，加入 1mol/L NaOH 溶液 20mL，加热使溶解。加蒸馏水 60mL，甲基橙指示剂 2 滴，滴加稀 HCl 至溶液恰好为浅红色为止。小心加入 $NaHCO_3$ 2g 及蒸馏水 20～30mL，淀粉指示剂 2mL。用待标定的 I_2 溶液滴定至溶液为蓝色（30 秒不褪）即为终点。则：

$$C_{I_2}=\frac{2\times m_{As_2O_3}}{\frac{M_{As_2O_3}}{1000}\times V_{I_2}}$$

（二）$Na_2S_2O_3$ 标准溶液的配制与标定

1. 0.1mol/L $Na_2S_2O_3$ 溶液的配制

固体 $Na_2S_2O_3\cdot 5H_2O$ 易风化、氧化，且含少量 S、S^{2-}、SO_3^{2-}、CO_3^{2-}、Cl^- 等杂质，故不能用直接法配制，只能用间接法配制。即在 500mL 新煮沸放冷的蒸馏水中加入 0.1g Na_2CO_3，溶解后加入 12.5g $Na_2S_2O_3\cdot 5H_2O$，充分混合溶解后转入棕色试剂瓶中，放置7～10 天予以标定。

配制 $Na_2S_2O_3$ 溶液时应注意的问题：

（1）蒸馏水中有 CO_2 时会促使 $Na_2S_2O_3$ 分解：

$$S_2O_3^{2-}+CO_2+H_2O \rightleftharpoons HSO_3^-+HCO_3^-+S\downarrow$$

此处，$S_2O_3^{2-}$ 发生歧化反应生成 SO_3^{2-} 和 S。虽然 SO_3^{2-} 也具有还原性，但它与 I_2 的反应却不同于 $S_2O_3^{2-}$：

$$SO_3^{2-}+I_2+H_2O \rightleftharpoons SO_4^{2-}+2I^-+2H^+$$

1mol SO_3^{2-} 与 1mol I_2 作用，而 $Na_2S_2O_3$ 与 I_2 作用时却是 2∶1 的摩尔比。

（2）空气中 O_2 氧化 $S_2O_3^{2-}$，使 $Na_2S_2O_3$ 浓度降低：

$$O_2+2S_2O_3^{2-} \rightleftharpoons 2SO_4^{2-}+2S\downarrow$$

（3）蒸馏水中嗜硫菌等微生物作用，促使 $Na_2S_2O_3$ 分解：

$$Na_2S_2O_3 \xrightleftharpoons{细菌} Na_2SO_3+S\downarrow$$

此外，蒸馏水中若含有微量的 Cu^{2+}、Fe^{3+}，也会促使 $Na_2S_2O_3$ 分解。

鉴于上述原因，配制 $Na_2S_2O_3$ 标准溶液时，应使用新煮沸放冷的蒸馏水，并加入少量 Na_2CO_3，配好溶液后放置 7～10 天，然后再进行标定。标准溶液放置后若发现混浊，应过滤后重新标定或另行配制。

2. 标定

（1）*比较法*　即用已标定好的 I_2 标准溶液准确确定待标定的 $Na_2S_2O_3$ 溶液的浓度。

（2）*用基准物质标定*　标定 $Na_2S_2O_3$ 溶液常用的基准物质有 $K_2Cr_2O_7$、KIO_3 等，其中以 $K_2Cr_2O_7$ 基准物质最为常用。标定方法：精密称取一定量的 $K_2Cr_2O_7$ 基准物质（于 105℃干燥至恒重），在酸性溶液中与过量的 KI 作用，析出来的 I_2 以待标定的 $Na_2S_2O_3$ 滴定，以淀粉为指

示剂。根据 $Na_2S_2O_3$ 消耗的体积和 $K_2Cr_2O_7$ 质量，求出 $Na_2S_2O_3$ 浓度：

$$Cr_2O_7^{2-} + 6I^- + 14H^+ \rightleftharpoons 2Cr^{3+} + 3I_2 + 7H_2O$$

$$I_2 + 2S_2O_3^{2-} \rightleftharpoons 2I^- + S_4O_6^{2-}$$

显然 1mol $K_2Cr_2O_7$ ⇔ 6mol $Na_2S_2O_3$ 则：

$$C_{Na_2S_2O_3} = \frac{6 \times m_{K_2Cr_2O_7}}{\frac{M_{K_2Cr_2O_7}}{1000} \times V_{Na_2S_2O_3}}$$

六、应用实例

1. 中药胆矾中 $CuSO_4 \cdot 5H_2O$ 的测定——间接碘量法

方法原理如下：

在弱酸性介质中（pH＝3.0～4.0）溶解试样胆矾并加入过量 KI，则会发生如下反应：

$$2Cu^{2+} + 4I^- \rightleftharpoons 2CuI\downarrow + I_2$$

这里加入的过量 KI 既是还原剂、沉淀剂，又是配位剂（与 I_2 生成 I_3^-）；同时增大 I^- 浓度，亦可提高 E_{Cu^{2+}/Cu^+} 值、降低 E_{I_2/I^-} 值，使反应向右进行完全。上述反应虽无 H^+ 参加，但溶液酸度却很重要，当酸度太高时，空气中 O_2 氧化 I^- 产生不可忽略的影响；pH＞4 时，Cu^{2+} 易水解，并常伴有终点回蓝现象。为此，常向溶液中加入 HAc-NaAc 或 HAc-NH_4Ac 缓冲溶液或加入适量 HAc，使被滴溶液保持弱酸性。

生成的一定量的 I_2 用 $Na_2S_2O_3$ 标准溶液滴定，以淀粉为指示剂。因 CuI 沉淀强烈吸附 I_2，导致结果偏低，故可在近终点时加入适量 NH_4SCN，使 CuI 沉淀转化为 CuSCN 沉淀，而 CuSCN 沉淀对 I_2 的吸附作用很弱，这样可减小误差。若滴定过程中注意充分振摇，亦可不加 NH_4SCN。滴定反应为：

$$I_2 + 2S_2O_3^{2-} \rightleftharpoons 2I^- + S_4O_6^{2-}$$

显然，被测组分 $CuSO_4 \cdot 5H_2O$ 与滴定剂 $Na_2S_2O_3$ 的物质量的关系为：

$$2mol\ CuSO_4 \cdot 5H_2O \Leftrightarrow 2mol\ Na_2S_2O_3$$

用此法亦可测定铜矿、炉渣、电镀液中的铜。

2. 维生素 C 含量的测定——直接碘量法

维生素 C 又称抗坏血酸（$C_6H_8O_6$，摩尔质量为 171.62g/mol）。由于维生素 C 分子中的烯二醇基具有还原性，所以它能被 I_2 定量地氧化成二酮基，其反应为：

（维生素C结构式）$+ I_2 \rightleftharpoons$（脱氢维生素C结构式）$+ 2HI$

维生素 C 的半反应式为：

$$C_6H_6O_6 + 2H^+ + 2e \rightleftharpoons C_6H_8O_6 \qquad E^{\ominus}_{C_6H_6O_6/C_6H_8O_6} = +0.18V$$

由于维生素 C 的还原性很强，在空气中极易被氧化，尤其在碱性介质中更甚，测定时应加入 HAc 使溶液呈现弱酸性，以减少维生素 C 的副反应。

维生素 C 含量的测定方法是：准确称取含维生素 C 试样，溶解在新煮沸且冷却的蒸馏水中，以 HAc 酸化，加入淀粉指示剂，迅速用 I_2 标准溶液滴定至终点（呈现稳定的蓝色）。

维生素 C 在空气中易被氧化，所以在 HAc 酸化后应立即滴定。由于蒸馏水中溶解有氧，因此蒸馏水必须事先煮沸，否则会使测定结果偏低。如果试液中有能被 I_2 直接氧化的物质存在，则对测定有干扰。

第四节　其他氧化还原滴定法

一、高锰酸钾法

（一）概述

$KMnO_4$ 是一种强氧化剂，其氧化能力随酸度不同而有较大差异。如：

在强酸性溶液中（通常为 H_2SO_4，$[H^+]$ 为 1～2mol/L，一般避免使用 HCl 和 HNO_3）与还原剂作用时本身全部还原为 Mn^{2+}：

$$MnO_4^- + 5e + 8H^+ \rightleftharpoons Mn^{2+} + 4H_2O \qquad E^{\ominus}_{MnO_4^-/Mn^{2+}} = 1.51V$$

在弱酸、弱碱或中性溶液中，MnO_4^- 一般被还原为褐色的水合二氧化锰沉淀：

$$MnO_4^- + 3e + 2H_2O \rightleftharpoons MnO_2 + 4OH^- \qquad E^{\ominus}_{MnO_4^-/MnO_2} = 0.588V$$

在强碱性溶液中（$[OH^-] > 2mol/L$），很多有机物能与 $KMnO_4$ 反应，$KMnO_4$ 被还原为绿色的 MnO_4^{2-}：

$$MnO_4^- + e \rightleftharpoons MnO_4^{2-} \qquad E^{\ominus}_{MnO_4^-/MnO_4^{2-}} = 0.564V$$

在使用 $KMnO_4$ 法时，可根据被测组分的性质，选择不同的酸度条件和不同的滴定方法：

1. 直接滴定法

许多还原性较强的物质，如 Fe^{2+}、Sb^{3+}、AsO_3^{3-}、H_2O_2、$C_2O_4^{2-}$、NO_2^-、W^{5+}、U^{4+} 等均可用 $KMnO_4$ 标准溶液直接滴定。

2. 返滴定法

某些氧化性物质不能用 $KMnO_4$ 溶液直接滴定，但可用返滴定法测定。如 MnO_2 可在 H_2SO_4 溶液中加入一定量过量的 $Na_2C_2O_4$ 标准溶液，待 MnO_2 与 $Na_2C_2O_4$ 反应完全后，再用 $KMnO_4$ 标准溶液滴定剩余的 $Na_2C_2O_4$。

3. 间接滴定法

某些非氧化还原性物质，如 Ca^{2+}，可向其中加入一定量过量的 $Na_2C_2O_4$ 标准溶液，使 Ca^{2+} 全部沉淀为 CaC_2O_4，沉淀经过滤洗涤后，再用稀 H_2SO_4 溶解，最后用 $KMnO_4$ 标准溶液滴定沉淀溶解释放出的 $C_2O_4^{2-}$，从而求出 Ca^{2+} 的含量。

此外，某些有机物，如甲醇、甲醛、甲酸、甘油、乙醇酸、酒石酸、柠檬酸、水杨酸、葡萄糖、苯酚等，亦可用间接法测定。测定时，在强碱性溶液中进行。以甲醇测定为例，先向试样中加入一定量过量的 $KMnO_4$ 标准溶液，反应如下：

$$6MnO_4^- + CH_3OH + 8OH^- \rightleftharpoons CO_3^{2-} + 6MnO_4^{2-} + 6H_2O$$

待反应完全后，溶液酸化，MnO_4^{2-} 歧化为 MnO_4^- 和 MnO_2；再加入一定量的 $FeSO_4$ 标准溶液，将反应剩余的 MnO_4^-、歧化反应生成的 MnO_4^- 和 MnO_2 全部还原为 Mn^{2+}；最后以 $KMnO_4$ 标准溶液返滴剩余的 $FeSO_4$。根据 $KMnO_4$ 两次的用量和 $FeSO_4$ 的用量及各反应物之间的关系，即可求出试样中甲醇的含量。

（二）$KMnO_4$ 标准溶液的配制与标定

1. 配制

因 $KMnO_4$ 不易制纯，且蒸馏水中常含有微量还原性物质等因素，故一般先配成近似需要的浓度，然后再进行标定。为了配制较稳定的 $KMnO_4$ 溶液，常采取以下措施：

（1）称取稍多于理论量的 $KMnO_4$，溶于一定体积的蒸馏水中。

（2）将配好的 $KMnO_4$ 溶液加热至沸，并保持微沸约 1 小时，然后放置 2～3 天。

（3）用垂熔玻璃滤器过滤，去除沉淀。

（4）过滤后的 $KMnO_4$ 溶液贮存在棕色瓶中，置阴凉干燥处存放，待标定。

2. 标定

标定 $KMnO_4$ 溶液常用的基准物质有 $Na_2C_2O_4$、$H_2C_2O_4 \cdot 2H_2O$ 等。在酸性溶液中，$KMnO_4$ 与 $C_2O_4^{2-}$ 的反应如下：

$$2MnO_4^- + 5C_2O_4^{2-} + 16H^+ \rightleftharpoons 2Mn^{2+} + 10CO_2\uparrow + 8H_2O$$

为了使此反应能定量较迅速地进行，应注意滴定条件：

（1）*温度*　室温下此反应进行较慢，因此需要加热至 75～85℃，但温度不宜过高，以防 $H_2C_2O_4$ 分解。

（2）*酸度*　溶液应保持一定酸度，滴定开始时 $[H^+]$ 为 0.5～1mol/L，滴定终点时为 0.2～0.5mol/L。酸度过低时反应产物常混有 MnO_2 沉淀，过高时又会促使 $H_2C_2O_4$ 分解。

（3）*滴定速度*　滴定开始时，$KMnO_4$ 溶液应慢滴，随着反应生成的 Mn^{2+} 增多，可适当加快滴定速度。

（4）*滴定终点*　由于 $KMnO_4$ 溶液本身具有较深的颜色，生成 Mn^{2+} 后红色褪去，终点后稍微过量的 $KMnO_4$ 溶液呈现红色，指示滴定终点（自身指示剂）。但该终点不稳定，由于 $KMnO_4$ 在空气中分解，而使红色消失，所以经半分钟不褪色即可认为已经达到滴定终点。

（三）应用实例

1. H_2O_2 的测定

H_2O_2 可用 $KMnO_4$ 标准溶液在酸性条件下直接进行滴定，反应如下：

$$2MnO_4^- + 5H_2O_2 + 6H^+ \rightleftharpoons 2Mn^{2+} + 5O_2\uparrow + 8H_2O$$

反应在室温下进行。开始滴定时速度不宜太快，这是由于此时 MnO_4^- 与 H_2O_2 反应速率较慢的缘故。但随着 Mn^{2+} 的生成，反应速率逐渐加快。亦可预先加入少量 Mn^{2+} 作催化剂。由滴定反应可知：

$$1mol\ KMnO_4 \Longleftrightarrow \frac{5}{2}mol\ H_2O_2 \quad 故：$$

$$H_2O_2\% = \frac{(CV)_{KMnO_4} \times \frac{5}{2} \times \frac{M_{H_2O_2}}{1000}}{V} \times 100\%$$

2. Fe^{2+} 的测定

在酸性条件下，Fe^{2+} 与 MnO_4^- 按下式进行反应：

$$MnO_4^- + 5Fe^{2+} + 8H^+ \rightleftharpoons Mn^{2+} + 5Fe^{3+} + 4H_2O$$

上述反应宜在室温下进行。温度越高，空气中 O_2 氧化 Fe^{2+} 越严重。可适当提高滴定速度。为

避免 Fe^{3+} 黄色对 $KMnO_4$ 自身指示剂的影响，可加入适量 H_3PO_4，使之与 Fe^{3+} 生成 $FeHPO_4^+$，以降低［Fe^{3+}］；加入适量 H_3PO_4，亦可起到降低 $E_{Fe^{3+}/Fe^{2+}}$ 值，使反应迅速完全。

由滴定反应可知：

1mol $KMnO_4$ ══○══ 5mol Fe^{2+}　故：

$$Fe^{2+}\% = \frac{(CV)_{KMnO_4} \times \frac{5M_{Fe^{2+}}}{1000}}{S} \times 100\%$$

二、重铬酸钾法

（一）概述

$K_2Cr_2O_7$ 是一种常用的强氧化剂，在酸性介质中与还原性物质作用时，本身被还原为 Cr^{3+}：

$$Cr_2O_7^{2-} + 6e + 14H^+ \rightleftharpoons 2Cr^{3+} + 7H_2O \qquad E^{\ominus}_{Cr_2O_7^{2-}/Cr^{3+}} = 1.33V$$

$K_2Cr_2O_7$ 法与 $KMnO_4$ 法比较，有如下优点和特点：

（1）$K_2Cr_2O_7$ 易制纯，纯品在 120℃干燥到恒重后，可直接精密称取一定量的该试剂后配成标准溶液，无需再行标定。

（2）$K_2Cr_2O_7$ 标准溶液非常稳定，可长期保存使用。

（3）$K_2Cr_2O_7$ 的氧化能力较 $KMnO_4$ 弱，在 1mol/L HCl 溶液中的 $E^{\ominus\prime} = 1.00V$，室温下不与 Cl^- 作用（$E^{\ominus\prime}_{Cl_2/Cl^-} = 1.33V$）。故可在 HCl 溶液中用 $K_2Cr_2O_7$ 标准溶液滴定 Fe^{2+}。

（4）$Cr_2O_7^{2-}/Cr^{3+}$ 的 $E^{\ominus\prime}$ 值随酸的种类和浓度不同而异，见表 8-3。

表 8-3　不同介质中 $Cr_2O_7^{2-}/Cr^{3+}$ 电对的 $E^{\ominus\prime}$ 值

	1mol/L HCl	3mol/L HCl	1mol/$HClO_4$	2mol/L H_2SO_4	4mol/L H_2SO_4
$E^{\ominus\prime}$	1.00V	1.08V	1.025V	1.10V	1.15V

（5）终点的确定：虽然 $K_2Cr_2O_7$ 本身显橙色，但其还原产物 Cr^{3+} 显绿色，对橙色的观察有严重影响，故不能用自身指示终点，常用二苯胺磺酸钠作指示剂。

应用 $K_2Cr_2O_7$ 法可以测定 Fe^{2+}、VO_2^{2+}、Na^+、COD 及土壤中有机质和某些有机化合物的含量。

（二）应用实例

土壤中有机质含量的测定：

土壤中有机质含量的高低，是判断土地肥力的重要指标，其原理以化学反应方程式表示如下：

$$\underset{(过量)}{2K_2Cr_2O_7} + 8H_2SO_4 + \underset{(风干土中的碳)}{3C} \xrightarrow[Ag_2SO_4]{170\sim180℃} 2K_2SO_4 + 2Cr_2(SO_4)_3 + 3CO_2\uparrow + 8H_2O$$

$$\underset{(余量)}{K_2Cr_2O_7} + 6FeSO_4 + 7H_2SO_4 \rightleftharpoons Cr_2(SO_4)_3 + K_2SO_4 + 3Fe_2(SO_4)_3 + 7H_2O$$

$$C\% = \frac{\frac{1}{6} \times C_{Fe^{2+}}(V_0 - V)_{Fe^{2+}} \times \frac{3}{2} \times \frac{12.01}{1000}}{S_{风干土}} \times 100\%$$

式中：V_0 为空白试验时消耗 $FeSO_4$ 的体积（毫升数）；V 为分析样品时消耗 $FeSO_4$ 的体积

（毫升数）。

因为 1g 碳相当于 1.724g 有机质（因一般有机质中含碳量为 58%），故：

$$有机质\% = 1.724 \times C\%$$

又因为本方法不能将有机质全部氧化，一般只氧化 96%，故最后有机质含量为：

$$有机质\% = 1.724 \times C\% \times 1.04$$

三、溴酸钾法及溴量法

（一）概述

1. 溴酸钾法

以 $KBrO_3$ 标准溶液在酸性溶液中直接滴定还原性物质的方法，称为溴酸钾法。$KBrO_3$ 在酸性溶液中是一种强氧化剂，易被一些还原性物质还原为 Br^-：

$$BrO_3^- + 6e + 6H^+ \rightleftharpoons Br^- + 3H_2O \qquad E^{\ominus}_{BrO_3^-/Br^-} = 1.44V$$

滴定反应到达化学计量点后，稍过量的 BrO_3^- 与 Br^- 作用产生黄色的 Br_2，指示终点的到达：

$$BrO_3^- + 5Br^- + 6H^+ \rightleftharpoons \underset{（黄）}{3Br_2} + 3H_2O$$

但这种指示终点的方法灵敏度不高，常用甲基橙或甲基红作指示剂。化学计量点前，指示剂在酸性溶液中显红色；化学计量点后，稍过量的 BrO_3^- 立即破坏甲基橙或甲基红的呈色结构，红色消失，指示终点到达。由于指示剂的这种颜色变化是不可逆的，在终点前常因 $KBrO_3$ 溶液局部过浓而与指示剂作用，因此，最好在近终点加入，或在近终点时再补加一点指示剂。

$KBrO_3$ 法可以测定 Al^{3+}、Sb^{3+}、Sn^{2+}、Cu^+、Fe^{2+}、I^- 及联胺等。

2. 溴量法

溴量法是以溴的氧化作用和溴代作用为基础的滴定分析方法。许多有机物可与 Br_2 定量地发生取代反应或加成反应，可先向试液中加入一定量、过量的 Br_2 标准溶液，待反应进行完全后，再加入过量 KI，析出与剩余 Br_2 等摩尔的 I_2，最后用 $Na_2S_2O_3$ 标准溶液滴定 I_2。根据 Br_2 和 $Na_2S_2O_3$ 两种标准溶液的浓度和用量，可求出待测组分的含量。由于 Br_2 易挥发，故常配成一定浓度 $KBrO_3$ 的 KBr 溶液，二者加到酸性溶液中后即生成一定量的 Br_2。

溴量法用于测定能与 Br_2 发生取代和加成反应的有机物。

（二）应用实例

1. Sb^{3+} 的测定

在酸性溶液中，以甲基橙为指示剂，用 $KBrO_3$ 标准溶液直接滴定。滴定反应：

$$3Sb^{3+} + BrO_3^- + 6H^+ \rightleftharpoons 3Sb^{5+} + Br^- + 3H_2O$$

到达化学计量点时，稍过量的 $KBrO_3$ 即可使甲基橙的红色褪去，指示终点。

2. 苯酚的测定

在苯酚的酸性溶液中，加入一定量、过量的 Br_2 标准溶液（实际是 $KBrO_3$ 的 KBr 溶液），反应如下：

$$BrO_3^- + 5Br^- + 6H^+ \rightleftharpoons 3Br_2 + 3H_2O \qquad \text{（标准溶液在酸性条件下的反应）}$$

$$C_6H_5OH + 3Br_2 \rightleftharpoons C_6H_2Br_3OH + 3HBr \text{（生成的} Br_2 \text{与苯酚发生取代反应）}$$

待反应完全后，向溶液中加入过量 KI，与过量的 Br_2 反应：

$$Br_2 + 2I^- \rightleftharpoons I_2 + 2Br^-$$

析出的 I_2 用 $Na_2S_2O_3$ 标准溶液滴定，以淀粉为指示剂：

$$I_2 + 2S_2O_3^{2-} \rightleftharpoons S_4O_6^{2-} + 2I^-$$

四、铈量法

（一）概述

铈量法是以 Ce^{4+} 为氧化剂，在酸性溶液中测定具有还原性物质的含量，本身还原为 Ce^{3+}。Ce^{4+} 的氧化还原半反应为：

$$Ce^{4+} + e \rightleftharpoons Ce^{3+} \quad E^{\ominus\prime}_{Ce^{4+}/Ce^{3+}} = 1.61V\ (1mol/L\ HNO_3\ 溶液)$$

酸的种类和浓度不同，Ce^{4+}/Ce^{3+} 的 $E^{\ominus\prime}$ 值亦不同，见表 8-4。

表 8-4　不同介质中 Ce^{4+}/Ce^{3+} 的 $E^{\ominus\prime}$ 值（V）

酸的浓度(mol/L)	$HClO_4$	HNO_3	H_2SO_4	HCl
0.5			1.44	
1	1.70	1.61	1.44	
2	1.71	1.62	1.44	
4	1.75	1.61	1.43	
6	1.82			
8	1.87	1.65	1.42	1.28

因为在 1mol/L HCl 溶液中，Ce^{4+} 可缓慢氧化 Cl^-，故一般很少用 HCl 作滴定介质，常用 H_2SO_4 和 $HClO_4$。一般能用 $KMnO_4$ 溶液滴定的物质，都可用 $Ce(SO_4)_2$ 溶液滴定，且 $Ce(SO_4)_2$ 溶液具有以下优点：

（1）$Ce(SO_4)_2$ 标准溶液很稳定，虽经长时间曝光、加热、放置，均不会导致浓度改变。

（2）容易制纯 $Ce(SO_4)_2 \cdot 2(NH_4)_2SO_4 \cdot 2H_2O$，因而可以直接用其配制标准溶液，无需再行标定。

（3）Ce^{4+} 还原为 Ce^{3+} 只有一个电子转移，无中间价态的产物，反应简单且无副反应。

采用 $Ce(SO_4)_2$ 法可以直接滴定 Fe^{2+} 等一些金属低价离子，以及 H_2O_2、某些有机物；间接滴定法可以测定某些氧化性物质，如过硫酸盐等，亦可测定一些还原性物质，如羟胺等。采用间接滴定法测定还原性物质，大多是因为直接滴定时反应较慢的缘故。

（二）应用实例

酒石酸、甲酸混合液的分析

在 4mol/L $HClO_4$ 中，酒石酸按下式被 Ce^{4+} 氧化：

$$HOOCCHOHCHOHCOOH + 6Ce^{4+} + 2H_2O \rightleftharpoons 2HCOOH + 6Ce^{3+} + 2CO_2\uparrow + 6H^+$$

在 3mol/L H_2SO_4 溶液中，酒石酸按下式被 Ce^{4+} 氧化：

$$HOOCCHOHCHOHCOOH + 10Ce^{4+} + 2H_2O \rightleftharpoons 10Ce^{3+} + 4CO_2\uparrow + 10H^+$$

在 $HClO_4$ 溶液中，甲酸不被 Ce^{4+} 氧化，而在 H_2SO_4 溶液中可以被氧化：

$$HCOOH + 2Ce^{4+} \rightleftharpoons 2Ce^{3+} + CO_2\uparrow + 2H^+$$

因此，可取一定体积的试样，在 3mol/L H_2SO_4 条件下，加入一定量、过量的 Ce^{4+} 标准溶液，煮沸1小时（注：此时酒石酸、甲酸按上述反应式反应完全），然后用 Fe^{2+} 标准溶液回滴剩余的 Ce^{4+}；另取同样量的试样，在4mol/L $HClO_4$ 条件下，加入一定量、过量的 Ce^{4+} 标准溶液，放置15分钟（注：此时 Ce^{4+} 氧化酒石酸），然后用 $Na_2C_2O_4$ 标准溶液回滴剩余的 Ce^{4+}。根据反应式所表示的计量关系和 Ce^{4+}、Fe^{2+}、$Na_2C_2O_4$ 三种标准溶液的用量，即可计算出酒石酸、甲酸各自的浓度。

第五节　氧化还原滴定结果的计算

氧化还原滴定结果的计算，关键是正确确定待测组分与滴定剂间的计量关系，即不管分析过程中有多少相关的化学反应，必须求得待测组分与滴定剂的计量关系。根据此计量关系求出待测组分的含量。如待测组分为A，一系列相关化学反应得到被滴物为D，最后用滴定剂T滴定之。各相关化学反应确定的计量关系如下：

$$aA \Longleftrightarrow bB \Longleftrightarrow cC \Longleftrightarrow dD \Longleftrightarrow tT$$ 则：

待测组分A与滴定剂T间的计量关系为：

$$aA \Longleftrightarrow tT$$ 则：

试样中待测组分A的质量克数为：

$$m_A = C_T V_T \times \frac{a}{t} \times \frac{M_A}{1000}$$

则组分A的含量（%）为：

$$A\% = \frac{C_T V_T \times \frac{a}{t} \times \frac{M_A}{1000}}{S} \times 100\%$$

例8-4　检测漂白粉的质量。取漂白粉5.000g，加水研化溶解后定容为500mL。取此溶液50mL，加入过量KI和适量HCl，游离出的 I_2 用0.1010mol/L的 $Na_2S_2O_3$ 标准溶液滴定至终点，用去40.20mL，计算漂白粉中有效氯的含量。（已知：M_{Cl}=35.45g/mol）

解：相关化学反应如下：

$$CaClOCl + 2HCl \rightleftharpoons CaCl_2 + HOCl + HCl$$

$$HOCl + HCl \rightleftharpoons Cl_2 + H_2O$$

$$Cl_2 + 2I^- \rightleftharpoons 2Cl^- + I_2$$

$$I_2 + 2Na_2S_2O_3 \rightleftharpoons Na_2S_4O_6 + 2NaI$$

由上述反应可知：

$$1mol\ CaClOCl \Longleftrightarrow 1mol\ HOCl \Longleftrightarrow 1mol\ Cl_2 \Longleftrightarrow 1mol\ I_2 \Longleftrightarrow 2mol\ Na_2S_2O_3$$

亦即：$1mol\ Cl \Longleftrightarrow 1mol\ Na_2S_2O_3$　则：

$$Cl\% = \frac{(CV)_{Na_2S_2O_3} \times \frac{M_{Cl}}{1000}}{\frac{S}{500} \times 50} \times 100\% = \frac{0.1010 \times 40.20 \times \frac{35.45}{1000}}{\frac{5.000}{500} \times 50} \times 100\%$$

$$= 28.8\%$$

例8-5　一定量的 KHC_2O_4 基准物，用待标定的 $KMnO_4$ 标准溶液在酸性条件下滴定至终点，用去15.24mL；同样量的该 KHC_2O_4 基准物，恰好被0.1200mol/L的NaOH标准溶液中和完全

时，用去15.95mL。求$KMnO_4$标准溶液的浓度。

解：相关化学反应式为：

$$2MnO_4^- + 5HC_2O_4^- + 11H^+ \rightleftharpoons 2Mn^{2+} + 10CO_2\uparrow + 8H_2O$$

$$HC_2O_4^- + OH^- \rightleftharpoons C_2O_4^{2-} + H_2O$$

由第一个反应式知：

$$2mol\ KMnO_4 \Longleftrightarrow 5mol\ KHC_2O_4$$

由第二个反应式知：

$$1mol\ KHC_2O_4 \Longleftrightarrow 1mol\ NaOH$$

故

$$2mol\ KMnO_4 \Longleftrightarrow 5mol\ NaOH,$$

$$(CV)_{KMnO_4} \times \frac{5}{2} = (CV)_{NaOH}$$

解得：$C_{KMnO_4} = 0.05024$（mol/L）

例 8-6 COD的测定。取水样100.0mL，用H_2SO_4酸化，加入0.02000mol/L $K_2Cr_2O_7$标准溶液25.00mL，将水样中还原性物质全部氧化。再用0.1000mol/L $FeSO_4$标准溶液滴定剩余的$K_2Cr_2O_7$，终点时用去16.00mL。计算此水样中的COD。

解：滴定反应：$Cr_2O_7^{2-} + 6Fe^{2+} + 14H^+ \rightleftharpoons 2Cr^{3+} + 6Fe^{3+} + 7H_2O$

可知：$1mol\ K_2Cr_2O_7 \Longleftrightarrow 6mol\ FeSO_4$

$$1mol\ K_2Cr_2O_7 \Longleftrightarrow \frac{3}{2}\ O_2 \Longleftrightarrow 6e$$

故：COD（以mg/L表示）的浓度为：

$$C = \frac{\left[(CV)_{K_2Cr_2O_7} - \frac{1}{6}(CV)_{FeSO_4}\right] \times \frac{3}{2}M_{O_2}}{V_{水}}$$

$$= \frac{[(0.02000 \times 25.00) - \frac{1}{6}(0.1000 \times 16.00)] \times \frac{3}{2} \times 32.00}{100.0 \times 10^{-3}}$$

$$= 112(mg/L)$$

习　题

1. 熟记以下基本概念

(1)电对

(2)电极电位

(3)诱导作用与诱导反应

(4)标准电极电位与条件电极电位

2. 影响条件电极电位的因素有哪些？

3. 是否反应的平衡常数越大，反应越完全？影响反应程度的因素有哪些？

4. 对于$mOx_1 + nRed_2 = mRed_1 + nOx_2$的反应，$m=1, n=3$（或$n=1, m=3$），反应若能进行完全，两电对的$\Delta E^{\ominus\prime}$（或$E^{\ominus}$）为何值？一般当$\Delta E^{\ominus\prime}$（或$E^{\ominus}$）为何值时，上述反应可作为氧化还原法的滴定反应？

5. 氧化还原滴定终点如何确定？如何选择氧化还原指示剂？

6. 氧化还原指示剂若只有部分变色电位范围在滴定突跃内，如何设法使该指示剂成为适宜的指示剂？

7. 碘量法(间接碘量法)使用的适宜酸度条件为何？为什么？

8. 碘量法误差的主要来源及其减免措施为何？

9. 以淀粉为指示剂确定碘量法终点时，应注意哪些问题？

10. 试设计中药胆矾中 $CuSO_4$ 含量测定的方法(间接碘量法)，说明每步操作的理由。

11. Cl^-、Br^-、I^- 三种离子共存，若要使 I^- 氧化为 I_2，而 Cl^-、Br^- 不被氧化，可供选择的氧化剂是 $KMnO_4$、$K_2Cr_2O_7$、$Fe_2(SO_4)_3$、$Ce(SO_4)_2$、H_2SO_4 中的哪一种？

12. 配制 $Na_2S_2O_3$ 标准溶液时应注意哪些问题？

13. 配制 $KMnO_4$ 标准溶液时应注意哪些问题？

14. 用 $Na_2C_2O_4$ 或 $H_2C_2O_4$ 基准物标定 $KMnO_4$ 溶液时应注意哪些问题？

15. 已知：$E^{\ominus}_{Cu^{2+}/Cu^{+}}=0.16V$，$E^{\ominus}_{I_2/I^-}=0.535V$，试通过计算说明当 $[Cu^{2+}]=[I_2]=[I^-]=1mol/L$ 时，下述反应向何方向进行？有何启示？

$$2Cu^{2+}+4I^- \rightleftharpoons 2CuI\downarrow+I_2$$

16. 已知：$E^{\ominus}_{I_2/I^-}=0.535V$，$E^{\ominus}_{AsO_4^{3-}/AsO_3^{3-}}=0.559V$，试说明在 pH＝10.0 时，可以用 AS_2O_3 基准物标定 I_2 溶液。

17. 用一定量的 H_3AsO_4 氧化过量的 KI，析出的 I_2 用 $Na_2S_2O_3$ 溶液滴定至终点用去 30.00mL；同样量的 H_3AsO_4 恰好被 0.1000mol/L 的 NaOH 溶液中和至第一计量点时，用去 30.00mL，试计算 $Na_2S_2O_3$ 溶液的浓度。(已知：$M_{H_3AsO_4}=141.9$)

(0.2000mol/L)

18. 取 10 片盐酸黄连素片精密称量并研细，精密称取相当于 3 片量的样品，溶解，定量转移至 250mL 容量瓶中并精密加入 0.01667mol/L $K_2Cr_2O_7$ 溶液 50mL，加水至刻度，摇匀，过滤，弃去初滤液，精密量取续滤液 100mL 于 250mL 碘量瓶中，加入 KI 5g，HCl 10mL，密封，于暗处放置 10 分钟。析出的 I_2 用 0.1098mol/L $Na_2S_2O_3$ 溶液滴定至终点，用去 10.25mL。计算每片样品中盐酸小檗碱的含量，以 g/片计；若其标示量为 0.1g/片，《中国药典》规定其含量应为标示量的 93.0%～107.0%，问该被检样品是否合格？(已知：1mol 0.1667mol/L 的 $K_2Cr_2O_7$ ⇔ 13.60mg 盐酸小檗碱)

(每片含盐酸小檗碱 0.099g，该样品合格)

19. 某样品只含有 $KMnO_4$ 和 $K_2Cr_2O_7$。现取此样品 0.2400g 溶解，酸化，加入过量 KI，析出的 I_2 用 0.1000mol/L $Na_2S_2O_3$ 溶液滴定至终点，用去 60.00mL，计算样品中 $KMnO_4$、$K_2Cr_2O_7$ 各为多少克？(已知：$M_{KMnO_4}=158.0$，$M_{K_2Cr_2O_7}=294.2$)

(0.1417g，0.0983g)

20. 有 $Na_2C_2O_4$ 样品 0.2203g，用 $KMnO_4$ 溶液滴定至终点用去 29.30mL。已知：1mL $KMnO_4$ ⇔ 0.006023g Fe。求试样中 $Na_2C_2O_4$ 的含量。($M_{Na_2C_2O_4}=134.0$，$M_{Fe}=55.85$)

(96.10%)

21. 测血液中 Ca^{2+} 时，一般是将 Ca^{2+} 沉淀为 CaC_2O_4，用 H_2SO_4 溶解 CaC_2O_4，游离出的 $C_2O_4^{2-}$ 用 $KMnO_4$ 滴定。今将 5.00mL 血样稀释至 50.00mL，取此稀释血样 10.00mL，经上述处理后，用 0.002000mol/L $KMnO_4$ 溶液滴定至终点用去 1.15mL。求血中 Ca^{2+} 的含量。(以 mg/100mL

计，已知 M_{Ca} = 40.08）

（23.05mg/100mL）

22. 有苯酚样品 0.2401g，用 NaOH 溶液溶解后，定容至 250.0mL。取此试液 25.00mL，加入 $KBrO_3$ 和 KBr 混合溶液 25.00mL 及 5mLHCl，稍后加入过量 KI，析出的 I_2 用 0.1084mol/L 的 $Na_2S_2O_3$ 溶液滴定至终点，用去 30.00mL。另取 25.00mL $KBrO_3$ 和 KBr 混合溶液，做空白试验，用去上述 $Na_2S_2O_3$ 标准溶液 41.60mL。计算苯酚的含量。（已知：$M_{C_6H_5OH}$ = 94.11）

（96.52%）

23. 已知：$E^{\ominus}_{Fe^{3+}/Fe^{2+}} = 0.77V$，$E^{\ominus}_{I_2/I^-} = 0.535V$，计算反应 $2Fe^{3+} + 2I^- \rightleftharpoons 2Fe^{2+} + I_2$ 的平衡常数。

（9.2×10^7）

24. 计算在 3.0mol/L HCl 介质中，当 $Cr_2O_7^{2-}$ 浓度为 0.10mol/L，Cr^{3+} 浓度为 0.030mol/L 时，电对 $Cr_2O_7^{2-}/Cr^{3+}$ 的电极电位。

（1.20V）

第九章

沉淀滴定法

沉淀滴定法（precipitation titration）又称容量沉淀法，是以沉淀反应为基础的滴定分析方法。虽然沉淀反应很多，但是能用于沉淀滴定的并不多，因为沉淀滴定法的反应必须满足以下几点要求：

（1）沉淀的溶解度足够小（$\leqslant 10^{-6}$g/mL），滴定才能有敏锐的终点和准确的结果。

（2）沉淀反应必须具有确定的计量关系，反应迅速、定量，沉淀物组成恒定。

（3）沉淀的吸附作用不影响滴定结果及终点判断。

（4）必须有适当的方法，确定滴定终点。

由于以上条件的限制，故能用于沉淀滴定法的主要是生成难溶性银盐的反应。例如：

$$Ag^{+}+Cl^{-} \rightleftharpoons AgCl\downarrow \qquad (K_{sp}=1.8\times10^{-10})$$

$$Ag^{+}+SCN^{-} \rightleftharpoons AgSCN\downarrow \qquad (K_{sp}=1.0\times10^{-12})$$

利用生成难溶性银盐沉淀的滴定方法称为银量法（argentometry）。银量法可用来测定卤离子、类卤离子，如Cl^{-}、Br^{-}、I^{-}、CN^{-}、SCN^{-}，以及Ag^{+}等离子，也可以测定经处理后定量转化为这些离子的有机化合物，是本章讨论的重点。

除了银量法外，还有一些其他沉淀反应，例如，$K_4[Fe(CN)_6]$与Zn^{2+}的沉淀反应：

$$2K_4[Fe(CN)_6]+3Zn^{2+} \rightleftharpoons K_2Zn_3[Fe(CN)_6]_2\downarrow+6K^{+}$$

某些有机沉淀剂参加的反应，例如，四苯硼酸钠［$NaB(C_6H_5)_4$］与K^{+}、Tl^{+}、R_4N^{+}等形成的沉淀反应：

$$NaB(C_6H_5)_4+K^{+} \rightleftharpoons KB(C_6H_5)_4\downarrow+Na^{+}$$

这些反应也可用于滴定分析，但其实际应用不及银量法普遍，因此本章不予讨论。

第一节　银量法

一、基本原理

银量法是以硝酸银为标准溶液，测定能与Ag^{+}生成沉淀的物质，反应原理是：

$$Ag^{+}+X^{-} \rightleftharpoons AgX\downarrow$$

其中X^{-}代表Cl^{-}、Br^{-}、I^{-}、CN^{-}及SCN^{-}等离子。

（一）滴定曲线

沉淀滴定法在滴定过程中，溶液中离子浓度的变化情况与酸碱滴定法相似，可用滴定曲线表

示。以 $AgNO_3$ 溶液（0.1000mol/L）滴定 20.00mL NaCl 溶液（0.1000mol/L）为例进行讨论：

$$Ag^{+}+Cl^{-1} \rightleftharpoons AgCl\downarrow \text{（白色）} \qquad K_{sp}=1.8\times10^{-10}$$

1. 滴定前

溶液中 Cl^- 浓度为溶液的初始浓度。

$[Cl^-]=0.1000mol/L \qquad pCl=-lg[Cl^-]=1.00$

2. 滴定开始至化学计量点前

溶液中 Cl^- 浓度取决于剩余 NaCl 的浓度。当加入 $AgNO_3$ 溶液 19.98mL 时（−0.1%相对误差），溶液中 Cl^- 的浓度为：

$$[Cl^-]=\frac{0.1000\times0.02}{20.00+19.98}=5.0\times10^{-5}mol/L \qquad pCl=4.30$$

因为

$$[Ag^+][Cl^-]=K_{sp}=1.8\times10^{-10}$$

$$pAg+pCl=-lgK_{sp}=9.74$$

$$pAg=9.74-4.30=5.44$$

3. 化学计量点时

溶液是 AgCl 的饱和溶液，Cl^- 来源于 AgCl 沉淀的溶解平衡。

$$[Ag^+]=[Cl^-]=\sqrt{K_{sp}}=\sqrt{1.8\times10^{-10}}=1.34\times10^{-5}(mol/L)$$

$$pCl=pAg=\frac{1}{2}pK_{sp}=4.87$$

4. 化学计量点后

当滴入 $AgNO_3$ 溶液 20.02mL 时（+0.1%相对误差），溶液中 Ag^+ 浓度由过量的 $AgNO_3$ 浓度决定，则：

$$[Ag^+]=\frac{0.1000\times0.02}{20.00+20.02}=5.0\times10^{-5}(mol/L) \qquad pAg=4.30$$

$$pCl=pK_{sp(AgCl)}-pAg=9.74-4.30=5.44$$

利用上述方法可求得滴定过程中的一系列数据（表 9-1），以 $AgNO_3$ 溶液滴入百分数（或体积）为横坐标，以相应的 pX 为纵坐标，绘制滴定曲线如图 9-1、图 9-2 所示。

表 9-1　以 0.1000mol/L $AgNO_3$ 溶液滴定 20.00mL 0.1000mol/L Cl^-、Br^-、I^- 溶液时 pX 和 pAg 的变化情况

滴入 $AgNO_3$ 的量		滴定 Cl^-		滴定 Br^-		滴定 I^-	
V_{AgNO_3}(mL)	百分率(%)	pCl	pAg	pBr	pAg	pI	pAg
0.00	0.0	1.00	—	1.00	—	1.00	—
18.00	90.0	2.28	7.46	2.28	10.02	2.28	13.80
19.80	99.0	3.30	6.44	3.30	9.00	3.30	12.78
19.98	99.9	4.30	5.44	4.30	8.00	4.30	11.78
20.00	100.0	4.87	4.87	6.15	6.15	8.04	8.04
20.02	100.1	5.44	4.30	8.00	4.30	11.78	4.30
20.20	101.0	6.44	3.30	9.00	3.30	12.78	3.30
22.00	110.0	7.42	2.32	10.00	2.30	13.78	2.30
40.00	200.0	8.26	1.48	10.82	1.48	14.60	1.48

（二）滴定突跃

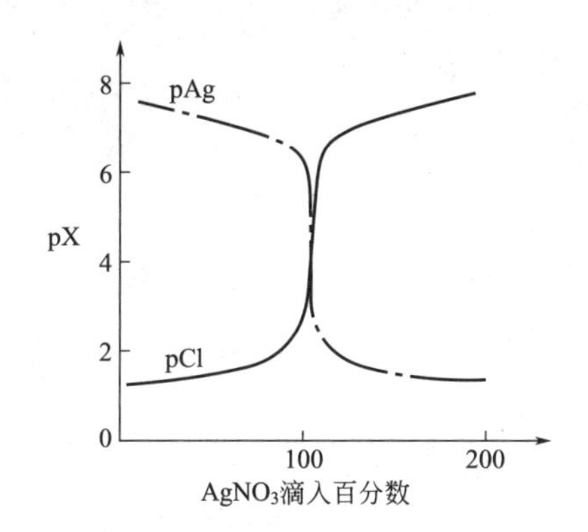

图 9-1 $AgNO_3$ 滴定 Cl^- 的滴定曲线

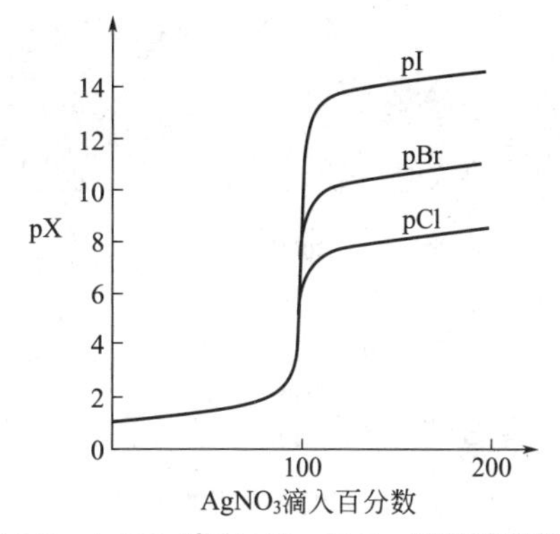

图 9-2 $AgNO_3$ 滴定 Cl^-、Br^-、I^- 的滴定曲线

由图 9-1、图 9-2 可见：

1. 滴定开始时溶液中 X^- 浓度较大，滴入 Ag^+ 所引起的 X^- 浓度改变不大，曲线比较平坦；近化学计量点时，溶液中 X^- 浓度已很小，再滴入少量的 Ag^+ 即可引起 X^- 浓度发生很大的变化而形成滴定突跃。

2. pX 与 pAg 两条滴定曲线以化学计量点对称。这表示随着滴定的进行，溶液中 Ag^+ 浓度增加时，X^- 浓度以相同的比例减小；而化学计量点时，两种离子浓度相等，即两条曲线在化学计量点相交。

3. 突跃范围的大小取决于沉淀的溶度积 K_{sp} 和溶液浓度。当溶液的浓度一定时，K_{sp} 越小突跃范围越大，如卤化银 $K_{sp(AgI)}<K_{sp(AgBr)}<K_{sp(AgCl)}$，所以相同浓度的 Cl^-、Br^- 和 I^- 与 Ag^+ 的滴定曲线，$\Delta pI>\Delta pBr>\Delta pCl$，突跃范围依次增大；当 K_{sp} 一定时，溶液浓度越小突跃范围越小，这与酸碱滴定法相类似。

二、银量法指示终点方法

根据确定终点所用指示剂不同，银量法指示终点方法分为三种：铬酸钾指示剂法（Mohr 法）、铁铵矾指示剂法（Volhard 法）及吸附指示剂法（Fajans 法）。

（一）铬酸钾指示剂法（莫尔法，Mohr 法）

铬酸钾指示剂法以 $AgNO_3$ 为标准溶液，铬酸钾为指示剂，直接测定氯化物或溴化物的滴定方法。

1. 原理

以 $AgNO_3$ 标准溶液滴定 Cl^- 为例：

终点前： $Ag^+ + Cl^- \rightleftharpoons AgCl\downarrow$（白色） $K_{sp}=1.8\times10^{-10}$

终点时： $2Ag^+ + CrO_4^{2-} \rightleftharpoons Ag_2CrO_4\downarrow$（砖红色） $K_{sp}=1.1\times10^{-12}$

由于 AgCl 的溶解度（1.3×10^{-5} mol/L）小于 Ag_2CrO_4 的溶解度（6.7×10^{-5} mol/L），根据分步沉淀原理，在滴定过程中 AgCl 沉淀先生成。终点时稍过量 Ag^+ 即出现砖红色的 Ag_2CrO_4 沉淀，指示滴定终点的到达。

2. 滴定条件

（1）指示剂的用量 指示剂的用量要适当。溶液中指示剂 CrO_4^{2-} 的浓度与滴定终点出现的迟早有着密切的关系，并直接影响分析结果的准确度。根据溶度积原理，可以计算出滴定反应至

计量点时，恰能生成 Ag_2CrO_4 沉淀所需 $[CrO_4^{2-}]$ 的理论值。

计量点时，Ag^+ 与 Cl^- 的物质量恰好相等，即在 AgCl 的饱和溶液中，$[Ag^+]=[Cl^-]$

由于 $$[Ag^+][Cl^-]=K_{sp(AgCl)}=1.8\times10^{-10}$$

则 $$[Ag^+]^2=K_{sp(AgCl)}=1.8\times10^{-10}$$

此时，要求刚好析出 Ag_2CrO_4 沉淀以指示终点，因为 $[Ag^+]^2[CrO_4^{2-}]=K_{sp(Ag_2CrO_4)}=1.1\times10^{-12}$，代入 $[Ag^+]^2$ 即可计算出：

$$[CrO_4^{2-}]=\frac{K_{sp(Ag_2CrO_4)}}{[Ag^+]^2}=\frac{1.1\times10^{-12}}{1.8\times10^{-10}}=6.1\times10^{-3}(mol/L)$$

由计算可知，只要控制被测溶液中的 $[CrO_4^{2-}]$ 为 6.1×10^{-3} mol/L，到达计量点时，稍过量的 $AgNO_3$ 溶液恰好能与 CrO_4^{2-} 作用生成砖红色 Ag_2CrO_4 沉淀。

由于 K_2CrO_4 指示剂的黄色较深，在其中不易观察砖红色 Ag_2CrO_4 沉淀的形成，所以实际用量比理论用量少。实践证明，在 50～100mL 的总体积溶液中，加入 5%(g/mL) K_2CrO_4 指示液 1mL 即可，此时 $[CrO_4^{2-}]$ 为 2.6×10^{-3}～5.2×10^{-3} mol/L，$AgNO_3$ 溶液过量引起的误差很小，可忽略不计。

(2) 溶液的酸度　滴定应在中性或弱碱性溶液中进行。因 K_2CrO_4 是弱酸盐，在酸性溶液中 CrO_4^{2-} 与 H^+ 结合，使 $[CrO_4^{2-}]$ 降低，在化学计量点附近不能形成 Ag_2CrO_4 沉淀，以指示终点到达。

$$2CrO_4^{2-}+2H^+\longrightarrow 2HCrO_4^-\longrightarrow Cr_2O_7^{2-}+H_2O$$

也不能在碱性强的溶液中进行，因为 Ag^+ 将形成 Ag_2O 沉淀：

$$2Ag^++2OH^-\longrightarrow 2AgOH\downarrow$$
$$\downarrow$$
$$Ag_2O\downarrow+H_2O$$

滴定也不能在氨性溶液中进行，因 AgCl 和 Ag_2CrO_4 皆可生成 $Ag(NH_3)_2{}^+$ 而溶解。因此，莫尔法只能在近中性或弱碱性（pH 值 6.5～10.5）溶液中进行滴定。若溶液的酸性较强，可用适当的方法中和，如加入 $Na_2B_4O_7$ 或 $NaHCO_3$、$CaCO_3$ 等，或改用铁铵矾指示剂法；若溶液的碱性太强，可用稀 HNO_3 中和。

(3) 滴定时应充分振摇　因 AgCl 沉淀能吸附 Cl^-，AgBr 沉淀能吸附 Br^-，使溶液中的 Cl^-、Br^- 浓度降低，以致终点提前而引入误差。因此，滴定时必须充分振摇，使被吸附的 Cl^- 或 Br^- 释放出来。

(4) 预先分离干扰离子　凡是溶液中含有能与 CrO_4^{2-} 生成沉淀的阳离子，如 Ba^{2+}、Pb^{2+}、Bi^{3+} 等离子；与 Ag^+ 生成沉淀的阴离子，如 PO_4^{3-}、AsO_4^{3-}、S^{2-}、CO_3^{2-}、$C_2O_4^{2-}$ 等离子；或有大量有色离子存在，影响终点的判断，如 Cu^{2+}、Co^{2+}、Ni^{2+} 等离子；以及在中性、弱碱性溶液中容易发生水解的高价金属离子，如 Al^{3+}、Fe^{3+}、Bi^{3+} 等离子都会干扰滴定，应预先分离除去，否则不能用本法测定。

3. 应用范围

本法主要用于 Cl^-、Br^- 的测定，在弱碱性溶液中也可测定 CN^-。本法不宜测定 I^- 和 SCN^-，因为 AgI 和 AgSCN 沉淀有较强的吸附作用，致使终点颜色变化不明显。本法不适用 NaCl 标准溶液滴定 Ag^+，因为在 Ag^+ 溶液中加入 K_2CrO_4 指示剂，会立即生成 Ag_2CrO_4 沉淀，

而滴定过程中 Ag_2CrO_4 转化为 AgCl 的速率很慢，会造成终点延迟，滴定误差大。

（二）铁铵矾指示剂法（佛尔哈德法，Volhard 法）

铁铵矾指示剂法是以 NH_4SCN（或 KSCN）为标准溶液，铁铵矾［$NH_4Fe(SO_4)_2 \cdot 12H_2O$］为指示剂，在酸性溶液中滴定 Ag^+ 的方法。本法可分为直接滴定法和返滴定法。

1. 原理

（1）直接滴定法　测定 Ag^+ 滴定反应为：

终点前　$Ag^+ + SCN^- \rightleftharpoons AgSCN\downarrow$　（白色）

终点时　$Fe^{3+} + SCN^- \rightleftharpoons Fe(SCN)^{2+}$　（淡棕红色）

在滴定过程中，不断有 AgSCN 沉淀形成，由于它具有强烈的吸附作用，会有部分 Ag^+ 被吸附于其表面上，使终点提前出现。所以在采用直接法测定［Ag^+］时，必须充分摇动溶液，使被吸附的 Ag^+ 及时释放出来。

（2）返滴定法　在含有卤素离子 X^- 的 HNO_3 溶液中，定量加入过量的 $AgNO_3$ 标准溶液，使 Ag^+ 与 X^- 作用生成 AgX 沉淀。以铁铵矾为指示剂，用 NH_4SCN 标准溶液滴定剩余的 $AgNO_3$。滴定反应为：

$$Ag^+_{(定量、过量)} + X^- \rightleftharpoons AgX\downarrow$$

$$Ag^+_{(剩余量)} + SCN^- \rightleftharpoons AgSCN\downarrow \quad （白色）$$

终点时　$Fe^{3+} + SCN^- \rightleftharpoons Fe(SCN)^{2+}$　（淡棕红色）

本法的滴定是在 HNO_3 介质中进行，如 PO_4^{3-}、AsO_4^{3-}、S^{2-} 等弱酸根离子都不干扰测定，所以此方法选择性高。

用该法测定氯化物达到计量点时，若用力振摇，会使已生成的 $Fe(SCN)^{2+}$ 配位离子的红色消失。因为计量点时溶液中同时存在 AgCl 和 AgSCN 两种难溶性银盐，由于 AgSCN 的溶解度（1.0×10^{-6}mol/L）小于 AgCl 的溶解度（1.3×10^{-5}mol/L）。当 Ag^+ 被滴定完后，SCN^- 就会将 AgCl 沉淀中的 Ag^+ 转化为 AgSCN 沉淀而使 Cl^- 重新释出，使 $Fe(SCN)^{2+}$ 的红色消失，其转化反应为：

$$AgCl \rightleftharpoons Ag^+ + Cl^-$$
$$+$$
$$Fe(SCN)^{2+} \rightleftharpoons SCN^- + Fe^{3+}$$
$$\Updownarrow$$
$$AgSCN\downarrow$$

根据平衡移动原理，溶液中存在下列关系时，沉淀转化才会停止：

$$\frac{[Cl^-]}{[SCN^-]} = \frac{K_{sp(AgCl)}}{K_{sp(AgSCN)}} = \frac{1.8\times10^{-10}}{1.0\times10^{-12}} = 180$$

这样，在计量点之后又消耗较多的 NH_4SCN 标准溶液，造成较大的滴定误差。

为了减少滴定误差，可以通过提高指示剂 Fe^{3+} 的浓度来降低滴定终点时 SCN^- 的浓度。实验证明，当溶液中 Fe^{3+} 的浓度达到 0.2mol/L，滴定误差<0.01%。

为了避免上述转化反应的发生，可以采取下列措施：

① 将生成的 AgCl 沉淀滤出，再用 NH_4SCN 标准溶液滴定。但这一方法需要过滤、洗涤等操作，手续烦琐。

② 在用 NH_4SCN 标准溶液回滴前，向待测 Cl^- 的溶液中加入 1～3mL 硝基苯等有机溶剂，使其包裹在 AgCl 的沉淀表面上，减少 AgCl 沉淀与溶液中的 SCN^- 的接触，防止沉淀的转化。此法操作简便易行。

本法测定 Br^- 或 I^- 时，由于 AgBr 和 AgI 的溶解度都比 AgSCN 的小，所以不存在沉淀转化问题。

2. 滴定条件

（1）滴定应在酸性溶液中进行，中性或碱性溶液中，Fe^{3+} 易水解生成 $Fe(OH)_3$ 沉淀而失去指示剂的作用。因此，酸度一般控制在 0.1～1mol/L。

（2）测定氯化物时，临近终点应轻轻振摇，以免沉淀转化，直到溶液出现稳定的淡棕红色为止。

（3）在测定碘化物时，应先加入准确量的 $AgNO_3$ 标准溶液，才能加入铁铵矾指示剂。否则 Fe^{3+} 可氧化 I^- 生成 I_2，造成误差。其反应为：

$$2Fe^{3+}+2I^- \rightleftharpoons 2Fe^{2+}+I_2$$

（4）测定不宜在较高温度下进行，否则红色配合物褪色，不能指示终点。

（5）强氧化剂及 Cu^{2+}、Hg^{2+} 等离子与 SCN^- 作用，干扰测定，可预先除去。

3. 应用范围

采用直接滴定法可测定 Ag^+ 等。采用返滴定法可测定 Cl^-、Br^-、I^-、SCN^-、PO_4^{3-} 和 AsO_4^{3-} 等离子。由于莫尔法影响因素较多，而本法干扰少，故更多用该法返滴定测定以上阴离子含量。

（三）吸附指示剂法（法扬司法，Fajans 法）

吸附指示剂法是以 $AgNO_3$ 为标准溶液，吸附指示剂确定滴定终点，测定卤化物的滴定方法。

1. 原理

吸附指示剂是一类有机染料，在溶液中能部分离解，其解离的离子被溶液中的胶态沉淀所吸附而导致结构改变，由于结构改变而引起颜色变化以指示滴定终点的到达。这类指示剂在滴定过程中的吸附和解吸是可逆的，故称吸附指示剂。吸附指示剂分为两类：一类是酸性染料，有机弱酸，解离出阴离子，如荧光黄及其衍生物等；另一类是碱性染料，有机弱碱，解离出阳离子，如甲基紫、罗丹明 6G 等。常见吸附指示剂见表 9-2。

表 9-2　常用的吸附指示剂

指示剂名称	待测离子	滴定剂	适用的 pH 范围
荧光黄	Cl^-	Ag^+	7～10
二氯荧光黄	Cl^-	Ag^+	4～10
曙红	Br^-、I^-、SCN^-	Ag^+	2～10
甲基紫	SO_4^{2-}、Ag^+	Ba^{2+}、Cl^-	1.5～3.5
橙黄素Ⅳ 氨基苯磺酸 溴酚蓝	Cl^-、I^- 混合液及生物碱盐类	Ag^+	微酸性
二甲基二碘荧光黄	I^-	Ag^+	中性

以 $AgNO_3$ 滴定 Cl^-，荧光黄（$K_a=10^{-7}$）指示剂为例，滴定开始时溶液中存在的大量的

Cl^-优先被AgCl沉淀吸附，使颗粒表面带负电荷（AgCl）·Cl^-。由于同种电荷相斥，此时指示剂的阴离子不被吸附，溶液显荧光黄阴离子（FI^-）的黄绿色。计量点时Cl^-浓度与Ag^+浓度相等，到达终点后溶液中稍过量的Ag^+，即被AgCl沉淀吸附使其表面带正电荷（AgCl）·Ag^+，并立即吸附荧光黄指示剂的阴离子，使其发生构型和颜色变化，形成微红色的（AgCl）Ag^+·FI^-指示终点到达。其滴定过程中变化可表示为：

$$HFI \rightleftharpoons H^+ + FI^- \text{（黄绿色）}$$

	过量离子	沉淀表面	与 FI^- 作用	FI^- 存在状态	溶液颜色
终点前：	Cl^-	（AgCl）·Cl^-	排斥	游离	黄绿色
终点时：	Ag^+	（AgCl）·Ag^+	吸附	（AgCl）Ag^+·FI^-	微红色

2. 滴定条件

（1）吸附指示剂的颜色变化发生在沉淀表面。因此，应尽可能使卤化银沉淀呈胶体状态，具有较大的比表面积。为此，在滴定前应将溶液稀释并加入糊精、淀粉等亲水性高分子化合物以形成保护胶体。同时应避免大量中性盐存在，因为中性盐能使胶体凝聚。

（2）沉淀对指示剂离子的吸附力应略小于对被测离子的吸附力，否则指示剂将在计量点前变色，但对指示剂离子的吸附力也不能太小，否则计量点后不能立即变色。滴定卤化物时，卤化银对卤化物和几种常用吸附指示剂的吸附力大小次序如下：

I^-＞二甲基二碘荧光黄＞Br^-＞曙红＞Cl^-＞荧光黄

因此，在测定Cl^-时不选用曙红，而应选用荧光黄指示剂。

（3）溶液的pH应适当。常用的吸附指示剂多为有机弱酸，起指示剂作用的主要是其阴离子。因此，溶液的pH应有利于吸附指示剂的解离，使指示剂在溶液中保持离解状态。也就是说离解常数小的吸附指示剂，溶液的pH就要偏高些；而离解常数大的吸附指示剂，溶液的pH可偏低些。如荧光黄是有机弱酸（$K_a=10^{-7}$），所以用荧光黄作指示剂滴定Cl^-时，要在中性或弱碱性（pH值7～10）的溶液中使用。而荧光黄的卤化物是一较强酸，滴定可在pH较低的溶液中进行，如二氯荧光黄，其$K_a=10^{-4}$，可在pH值4～10的溶液中使用。曙红（四溴荧光黄），其$K_a=10^{-2}$，酸性更强，故溶液的pH值小至2时仍可指示终点。

（4）指示剂的呈色离子与加入标准溶液离子应带有相反电荷。如用Cl^-滴定Ag^+时，可用甲基紫（MV^+Cl^-）作吸附指示剂。

（5）滴定应避免在强光照射下进行。因为带有吸附指示剂的卤化银胶体对光极为敏感，遇光溶液很快变为灰色或黑色。

3. 应用范围

本法可用于Cl^-、Br^-、I^-、SCN^-和Ag^+等离子的测定。

第二节　标准溶液与基准物质

银量法常用的基准物质是硝酸银（$AgNO_3$）和氯化钠（NaCl）。

硝酸银可以得到符合分析要求的基准试剂，但在实际工作中通常是用于测定样品相同的方法，以NaCl基准物标定其浓度，这样既可以消除方法系统误差，又可以避免$AgNO_3$试剂在存放过程发生变化对分析结果造成误差。

氯化钠有基准试剂出售，亦可用一般试剂规格的氯化钠精制。氯化钠极易吸潮，应置于干燥器中保存。

一、硝酸银标准溶液的配制与标定

配制：取分析纯的 $AgNO_3$ 17.5g，加蒸馏水使溶解成 1000mL，摇匀，置具塞棕色瓶中，密闭保存。

标定：精密称取在 270℃（±10℃）干燥至恒重的基准 NaCl 0.2g，置 250mL 锥形瓶中，加蒸馏水 50mL 使溶解，再加入糊精溶液（1→50）5mL 与荧光黄指示剂 5 滴，用以上 $AgNO_3$ 溶液滴定至混浊液由黄绿色转变为微红色即为终点。

二、硫氰酸铵标准溶液的配制与标定

硫氰酸铵（或硫氰酸钾）标准溶液可直接用硝酸银标准溶液标定，也可用氯化钠作基准物质，以铁铵矾指示剂法一次同时标定硝酸银与硫氰酸铵两种溶液的浓度。

配制：取 NH_4SCN 8g，加蒸馏水使溶解成 1000mL，摇匀。

标定：精密量取 0.1000mol/L $AgNO_3$ 标准溶液 25.00mL，置锥形瓶中，加蒸馏水 50mL、硝酸 2mL 与铁铵矾指示剂 2mL，用待标定 0.1mol/L NH_4SCN 溶液滴定至溶液淡棕红色，剧烈振摇后仍不褪色，即为终点。根据 NH_4SCN 溶液的消耗量计算其浓度。

第三节　应　用

一、无机卤化物和有机氢卤酸盐的测定

1. 普罗碘铵的含量测定（铬酸钾指示剂法）

取本品约 0.4g，精密称定，加水 20mL 溶解，加铬酸钾指示液 1.0mL，用硝酸银滴定液（0.1mol/L）滴定至出现橘红色沉淀。每 1mL 硝酸银滴定液（0.1mol/L）相当于 21.51mg 的 $C_9H_{24}I_2N_2O$。

本品为二碘化（2-羟基-1,3-亚丙基）双（三甲铵）。《中国药典》（2020 年版）规定，按干燥品计算，含 $C_9H_{24}I_2N_2O$ 不得少于 99.0%。

2. 白硇砂中氯化物的含量测定（铁铵矾指示剂法）

取本品约 1.2g 精密称定，加蒸馏水溶解后，定量转移至 250mL 容量瓶中，用蒸馏水稀释至刻度摇匀，静置至澄清。吸取上层清液 25.00mL，加蒸馏水 25mL、硝酸 3mL，准确加入 0.1000mol/L $AgNO_3$ 标准溶液 40.00mL 摇匀，再加硝基苯 3mL，用力振摇，加铁铵矾指示剂 2mL，用 0.1000mol/L NH_4SCN 标准溶液滴定至溶液呈淡棕红色。

$$NH_4Cl\% = \frac{[(CV)_{AgNO_3} - (CV)_{NH_4SCN}] \times M_{NH_4Cl}}{S \times \frac{25}{250}} \times 100\%$$

3. 大青盐的含量测定（吸附指示剂法）

取本品细粉约 0.15g，精密称定，置锥形瓶中，加水 50mL 溶解，加 2%糊精溶液 10mL、碳酸钙 0.1g 与 0.1%荧光黄指示液 8 滴，用硝酸银滴定液（0.1mol/L）滴定至浑浊液由黄绿色变为微红色，即得。每 1mL 硝酸银滴定液（0.1mol/L ）相当于 5.844mg 的氯化钠（NaCl）。

《中国药典》（2020 年版）规定，本品含氯化钠（NaCl）不得少于 97.0 % 。

二、有机卤化物的测定

由于有机卤化物中卤素结合方式不同，多数不能直接采用银量法进行测定，必须经过适当的处理，使有机卤素转变成卤素离子后再用银量法测定。

有机卤素转变成卤离子的常用方法是：

1. NaOH 水解法

将试样与 NaOH 水溶液加热回流水解，使有机卤素以卤离子形式进入溶液中。其反应可用下式表示：$R-X+NaOH \longrightarrow R-OH+NaX$

本法常用于脂肪族卤化物或卤素结合于侧链上类似脂肪族卤化物的有机化合物，因其卤素比较活泼，在碱性溶液中加热水解，有机卤素即以 X^- 形式进入溶液，再用银量法测定。

例如，溴米那，其结构式为：

$$(CH_3)_2CH-CH(Br)-CONH-CONH_2$$

对硝基-α-溴代苯乙酮，其结构式为：$O_2N-C_6H_4-COCH_2-Br$；均采用 NaOH 水解后再用银量法进行测定。

2. Na_2CO_3 熔融法

将试样与无水碳酸钠置于坩埚中混合均匀，灼烧至内容物完全灰化，冷却，用水溶解，调成酸性，用银量法测定。

本法常用于结合在苯环或杂环上的有机卤素化合物的测定，因其有机卤素比较稳定，有机卤化物结构比较复杂，一般可采用 Na_2CO_3 熔融法，使其转变成无机卤化物后，再进行测定。

例如，α-溴-β萘酚，其结构为（1-溴-2-萘酚，Br、OH），可采用本法使有机溴转变成 Br^-，再进行测定。

3. 氧瓶燃烧法

本法是将试样包入滤纸中，夹在燃烧瓶的铂丝下部，瓶内加入适当的吸收液（NaOH、H_2O_2 或 NaOH、H_2O_2 的混合液），然后充入氧气，点燃，待燃烧完全后，充分振摇至瓶内白色烟雾完全被吸收为止。有机碘化物可用碘量法测定，有机溴化物和氯化物可用银量法测定。

例如，二氯酚（5,5′-二氯-2,2′-二羟基二苯甲烷）可采用本法进行有机破坏，使有机氯以 Cl^- 形式进入溶液中，用 NaOH、H_2O_2 的混合液为吸收液，用银量法测定。

$$(Cl-C_6H_3(OH))-CH_2-(C_6H_3(OH)-Cl) \xrightarrow[NaOH+H_2O_2]{[O]} NaCl+CO_2\uparrow+H_2O$$

习　题

1. 沉淀滴定法的概念？能够用于滴定分析的沉淀反应必须具备哪些条件？

2. 试述银量法中三种指示终点方法的基本原理。

3. 为什么莫尔法只能在溶液的 pH=6.5～10.5 范围内进行测定？为什么佛尔哈德法在酸性溶液中进行？

4. 为什么莫尔法一定要控制指示剂的用量？

5. 下列各情况中，分析结果是准确的，还是偏低或偏高，为什么？

（1）pH≈4 时，莫尔法测定 Cl^-。

（2）佛尔哈德法测定 Cl^- 时，未加硝基苯。

（3）法扬司法测定 Cl^- 时，用曙红为指示剂。

（4）佛尔哈德法测定 I^- 时，先加入铁铵钒指示剂，然后再加 $AgNO_3$ 标准溶液。

6. 试样 NH_4Cl、$BaCl_2$、KSCN、含有 Na_2CO_3 的 NaCl、NaBr、KI，如用银量法测其含量，用何种指示剂较好？为什么？

7. 称取基准物质 $AgNO_3$ 2.3180g，置 500mL 容量瓶中，溶解后加水稀释至刻线，精密量取 20.00mL，置 250mL 容量瓶中稀释至刻线。计算：

（1）物质的量浓度。

（2）每毫升中含多少克银离子。　　（0.002183，0.0002356）

8. 如果将 30.00mL $AgNO_3$ 溶液作用于 0.1173g NaCl，过量的 $AgNO_3$ 需用 3.20mL NH_4SCN 溶液滴定至终点，已知滴定 20.00mL $AgNO_3$ 需用 21.00mL NH_4SCN，计算：

（1）$AgNO_3$ 溶液的浓度。

（2）该 $AgNO_3$ 溶液对 Cl^- 的滴定度。

（3）NH_4SCN 溶液的物质的量浓度。　　（0.07444，0.002638，0.07089）

9. 称取大青盐 0.2025g，溶于水后，以荧光黄作指示剂，用 0.1045mol/L $AgNO_3$ 标准溶液滴定至终点，用去 32.29mL，计算大青盐中 NaCl 的百分含量。　　（97.46%）

10. 取尿样 5.00mL，加入 0.09500mol/L $AgNO_3$ 溶液 20.00mL，过剩的 $AgNO_3$ 用 0.1100mol/L NH_4SCN 溶液滴定，用去 8.00mL，计算 1.5L 尿液中含有 NaCl 多少克。

（17.90g）

11. 有纯的 KCl 和 KBr 混合物 0.3074g，溶于水后，以 K_2CrO_4 为指示剂，用 0.1007mol/L $AgNO_3$ 标准溶液滴定至终点，用去 30.98mL，计算试样中 KCl 和 KBr 百分含量各为多少。

（34.84%，65.16%）

12. 取 NaCl 样品溶液 20.00mL，加入铬酸钾指示剂，用 0.1143mol/L $AgNO_3$ 标准溶液滴定，用去 24.45mL，求溶液中含 NaCl 的浓度。　　（0.1397mol/L）

第十章

电位法及双指示电极电流滴定法

扫一扫，查阅本章数字资源，含PPT、音视频、图片等

电位法（potentiometry）和双指示电极电流滴定法（amperometric titration with two indicator electrodes）属于电化学分析法（electrochemical analysis）。电化学分析法是建立在物质电化学性质基础上的一类分析方法。通常是将待测溶液与适当的电极组成化学电池（electrochemical cell），通过测量电学参数（如电位、电流、电导、电量等）的强度或变化，对待测组分进行分析的方法。它是最早应用的仪器分析法，根据测量参数不同分类如下：

（1）电位法：直接电位法、电位滴定法。

（2）伏安法：极谱法、溶出伏安法、电流滴定法（单指示电极电流滴定法和双指示电极电流滴定法）。

（3）电导法：直接电导法、电导滴定法。

（4）电解法：电重量法、库仑法、库仑滴定法。

高鸿先生的爱国情怀

电化学分析法因其仪器简便、灵敏度高，是分析化学的一个重要分支。中华人民共和国成立以来，多位分析化学领域的专家均对电化学分析方法的理论和应用做出过杰出贡献，高鸿先生是其中的代表性人物。

高鸿先生是中国近代仪器分析学科奠基人之一，分析化学家、教育家，中国科学院资深院士。高鸿先生成长于战乱中的中国，留学美国伊利诺伊大学，获得博士学位并留校任教，中华人民共和国成立前，高鸿先生终止了未到期的工作合同回国任教。新中国第一个五年计划时期，为适应国家建设急需分析化学人才和仪器分析方面教材的需要，高鸿先生编写了中国第一部《仪器分析》教科书。该教材远销海外，诺贝尔奖获得者李远哲先生在日本购得高鸿先生的《仪器分析》，深受启发。该教材屡次获奖，国内年龄在50岁以上的化学界同仁几乎人人都读过此教材。

高鸿先生长期致力于电化学领域研究，特别是极谱分析领域。完成了球形电极扩散电流公式的验证，在国际上率先提出并验证了球形汞齐电极的扩散电流公式等，解决了近代极谱分析中的一些基础理论问题，同时开辟了新的电滴定分析领域——示波分析。该方法灵敏度高，可较好地应用于药物分析等领域，并得到国际纯粹与应用化学联合会（IUPAC）电分析化学委员会的重视，为国家在该领域研究赢得国际社会的尊重做出了突出贡献。

晚年的高先生忆及当年回国的决定，感慨地说："梁园虽好，并非久留之地，我应该为我的祖国和同胞服务，我的事业在祖国。"

电化学分析法具有仪器设备简单、分析快速，灵敏度、准确度高，有较好的重现性、稳定性和较高的选择性，适于自动、连续、遥控和在线分析等特点，在解决分析化学问题中被广泛应用。特别是近年来随着现代科技的进步，新技术、新材料的应用，各种微电极、修饰电极的相继问世，电化学分析法应用于自然科学、生命科学等许多研究领域，前景十分广阔。本章重点介绍的电位法和双指示电极电流滴定法是我国目前药品生产和研究领域最常用的电化学分析法。

电位法是通过测量电池电动势确定待测物质含量的分析方法。其中，根据指示电极的电极电位与试液中待测离子活（浓）度之间的函数关系，直接得到待测离子活（浓）度的方法称为直接电位法；根据滴定过程中电池电动势的变化来确定滴定终点的方法称为电位滴定法。

电流滴定法是在两个相同的电极上加一个微小电压，根据滴定过程中电流的变化来确定滴定终点的方法。

电位法和双指示电极电流滴定法除具有电化学分析的特点外，还不受试样颜色、浊度等因素的干扰。直接电位法不破坏试样且检测灵敏度高，更适合于微量组分的测定；电位滴定法和双指示电极电流滴定法是用仪器替代指示剂确定滴定终点的滴定分析法，它们的应用扩大了滴定分析法的适用范围，使终点的判断更为客观、准确。

第一节　电位法的基本原理

一、电化学电池

电化学电池是化学能与电能互相转化的一种电化学反应器，由电极（electrode）、电解质溶液及外电路所组成。化学反应自发地进行，将化学能转变成电能的装置为原电池（galvanic cell）；外电源供给能量促使非自发的化学反应进行，将电能转变成化学能的装置为电解池（electrolytic cell）。

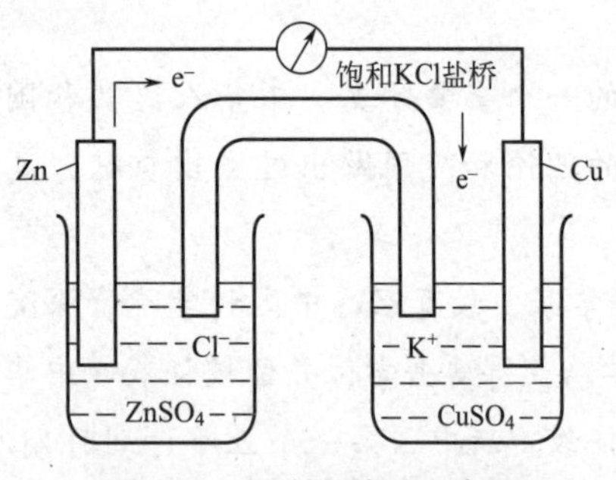

图 10-1　铜-锌原电池示意图

电化学电池中，发生氧化反应的电极称为阳极（anode），发生还原反应的电极称为阴极（cathode）。图 10-1 所示的铜-锌原电池中，阳极和阴极上发生的氧化还原反应如下：

阳极（锌极、负极）：$Zn-2e \rightleftharpoons Zn^{2+}$

$E^{\ominus}=-0.763V$

阴极（铜极、正极）：$Cu^{2+}+2e \rightleftharpoons Cu$

$E^{\ominus}=+0.337V$

锌电极发生氧化反应，锌棒上的 Zn 原子由固相进入液相成为 Zn^{2+}；铜电极发生还原反应，溶液中的 Cu^{2+} 由液相进入固相成为 Cu 原子，电子的传递和转移通过连接两电极的外电路导线完成。因为在原电池内部电子由锌极流向铜极（即由负极流向正极），故锌极为负极，铜极为正极。

在电池内部，两电解质溶液通过 KCl 盐桥（the salt brige）相接触。当电极发生氧化还原反应时，由于 Zn 失去电子，锌极溶液富正电荷，Cu^{2+} 得到电子，铜极溶液富负电荷，这时盐桥中的 Cl^- 向 $ZnSO_4$ 溶液中迁移，K^+ 向 $CuSO_4$ 溶液中迁移，不断补充正负电荷，由此构成电流回路。

铜-锌原电池的总反应为：$Cu^{2+}+Zn \rightleftharpoons Cu+Zn^{2+}$

原电池的符号可表示为：$(-)Zn|ZnSO_4(1mol/L)\|CuSO_4(1mol/L)|Cu(+)$

在不耗电流的情况下，测量这个原电池的电动势（electromotive force，*EMF* 或 *E*）为：

$$EMF = E_{+} - E_{-} = 0.0337 - (-0.763) = 1.100(\text{V})$$

当外加电源正极接到铜极、负极接锌极，且外加电压大于原电池的电动势 1.100V，则铜-锌原电池变成电解池：

阳极（铜极、正极）：$Cu - 2e \rightleftharpoons Cu^{2+}$

阴极（锌极、负极）：$Zn^{2+} + 2e \rightleftharpoons Zn$

电解池的总反应为　$Zn^{2+} + Cu \rightleftharpoons Zn + Cu^{2+}$

上述反应是铜锌原电池反应的逆反应，有方向相反的电解电流产生。显然，对同一结构的电池，在改变实验条件时原电池和电解池可以相互转化。在电位法中使用的测量电池均为原电池，电流滴定法中使用的测量电池为电解池。

二、液接电位

当组成不同或浓度不同的两种电解质溶液接触形成界面（即有液体接界电池）时，两电解液用离子可透过的隔膜或盐桥分开，由于离子扩散速率不同，在界面两侧产生的电位差称为液体接界电位（liquid junction potential），简称液接电位，记为 E_j。如 0.1mol/L HCl（Ⅰ）与 0.01mol/L HCl（Ⅱ）接触时 E_j 大约为 40mV，如图 10-2a 所示。由于 E_j 很难准确测量，而进行电位法测量的电化学电池多存在液接电位，因此必须设法消除或减小其影响。一般通用的做法是在两个电极溶液之间设置盐桥，内充高浓度 KCl（或其他合适的电解质）溶液。由于 K^+ 和 Cl^- 的扩散速率很接近，所以当盐桥与电解质溶液接触时，占压倒优势的扩散将是Ⅲ相中 K^+ 和 Cl^- 几乎同时进入Ⅰ相和Ⅱ相（图 10-2b），由此使 E_j 变得很小（1～2mV），一般可以忽略不计。

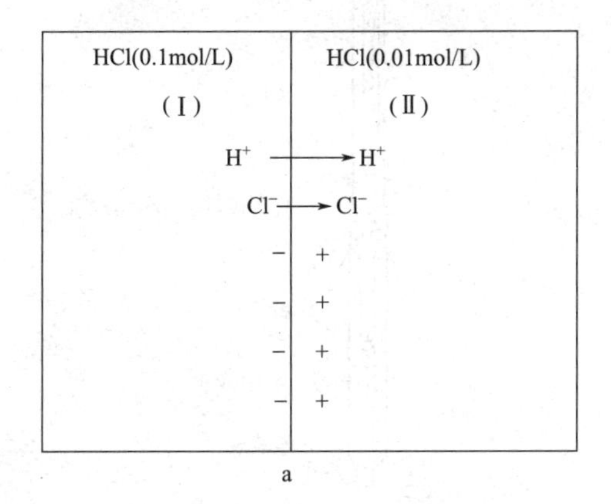

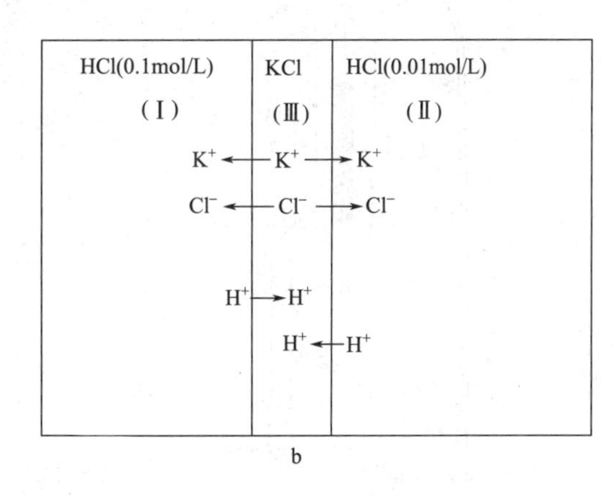

图 10-2　液接电位的形成及盐桥消除或减小液接电位示意图

电位法中，盐桥的作用是：将正负两极电解质溶液分开，避免其互相混合；沟通内电路；消除或减小液接电位；保持反应过程中的电荷平衡使反应顺利进行；稳定电极电位。作为盐桥的一般条件是：盐桥中正负离子扩散速度大致相等；与电解质溶液接触时，以盐桥中正负离子扩散为主；不与组成电池的溶液发生反应。

三、电位法电池中的电极

（一）参比电极

参比电极（reference electrode）是在一定条件下电极电位恒定，其大小与待测试液无关的电

极。通常使用的参比电极应具备以下基本要求：①可逆性好；②电极电位稳定；③重现性好，简单耐用。标准氢电极（standard hydrogen electrode，SHE）是最早使用的参比电极，其组成为：

$$Pt(镀铂黑)|H_2(101.3kPa)H^+(1mol/L)$$

但由于其制作麻烦、使用不便，故通常并不用它作为参比电极。在实际测量中经常使用以下几类参比电极：

1. 饱和甘汞电极（saturated calomel electrode，SCE）

饱和甘汞电极由金属汞、甘汞（Hg_2Cl_2）及饱和 KCl 溶液组成，结构如图 10-3 所示。

甘汞电极组成可表示为：Hg，$Hg_2Cl_2(s)|KCl(sat.)$

电极反应为：$Hg_2Cl_2+2e \rightleftharpoons 2Hg+2Cl^-$

电极电位为：$E=E^{\ominus}_{Hg_2Cl_2/Hg}-0.0592\lg a_{Cl^-}$ （25℃） (10-1)

甘汞电极的电极电位与 Cl^- 活度和温度有关，当 KCl 溶液浓度和温度一定时，其电极电位为一固定值（表 10-1）。SCE 构造简单，电位稳定，使用方便，是最常用的参比电极。

表 10-1 25℃时甘汞电极的电极电位（相对 SHE）

名　称	KCl 溶液浓度	电极电位 E/V
饱和甘汞电极	饱和溶液	0.2412
标准甘汞电极	1mol/L	0.2801
0.1mol/L 甘汞电极	0.1mol/L	0.3337

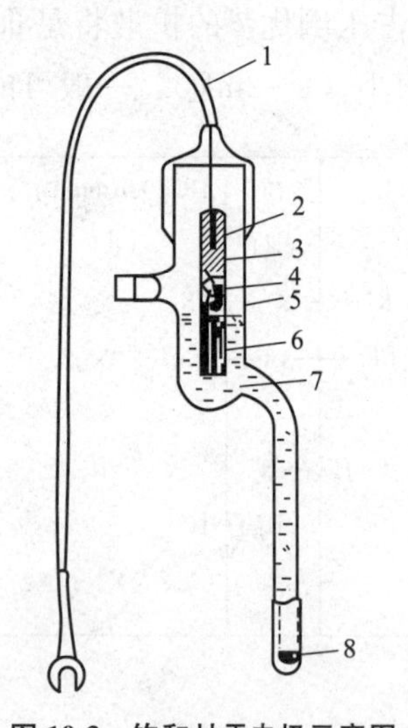

图 10-3 饱和甘汞电极示意图

1. 电极引线；2. 玻璃管；3. 汞；4. 甘汞糊（Hg_2Cl_2 和 Hg 研成的糊）；5. 玻璃外套；6. 石棉或纸浆；7. 饱和 KCl 溶液；8. 素烧瓷片

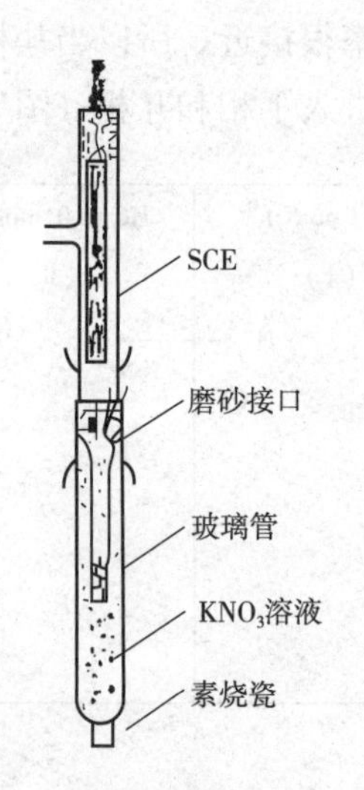

图 10-4 双盐桥饱和甘汞电极示意图

2. 双盐桥饱和甘汞电极（bis-salt bridge SCE）

双盐桥饱和甘汞电极亦称双液接 SCE，结构见图 10-4 所示，是在 SCE 下端接一玻璃管，内充适当的电解质溶液（常为 KNO_3）。当使用 SCE 遇到下列情况时，应采用双盐桥饱和甘汞电极：

（1）SCE 中 KCl 与试液中的离子发生化学反应。如测 Ag^+ 时，SCE 中 Cl^- 与 Ag^+ 反应生成 AgCl 沉淀。其结果既降低了测量的准确度，也会堵塞盐桥通道使测量无法进行。

（2）被测离子为 Cl^- 或 K^+，SCE 中 KCl 渗透到试液中将引起误差。

（3）试液中含有 I^-、CN^-、Hg^{2+} 和 S^{2-} 等离子时，会使 SCE 的电位随时间缓慢有序地改变（漂移），严重时甚至破坏 SCE 电极功能。

（4）SCE 与试液间的残余液接电位大且不稳定时，如在非水滴定中使用较多。

（5）试液温度较高或较低时，双盐桥饱和甘汞电极可保持一定的温度梯度，减少 SCE 的温度滞后效应。

3. 银-氯化银电极（silver-silver chloride electrode，SSE）

银-氯化银电极由在银丝上涂镀一层 AgCl，浸在一定浓度的 KCl 溶液中构成。

电极组成可表示为：Ag，AgCl|KCl(a)

电极反应为：$AgCl+e \rightleftharpoons Ag+Cl^-$

电极电位为：$E=E^{\ominus}_{AgCl/Ag}-0.0592\lg a_{Cl^-}$　（25℃）　(10-2)

当 Cl^- 活度和温度一定时，SSE 的电极电位为恒定不变值（表 10-2）。由于 Ag-AgCl 电极构造简单，常用作玻璃电极和其他离子选择性电极的内参比电极，以及复合电极的内、外参比电极。此外，Ag-AgCl 电极可以制成很小的体积，并且还可以在高于 60℃的体系中使用。

表 10-2　25℃时银-氯化银电极的电极电位（相对 SHE）

名　称	KCl 溶液浓度	电极电位 E/V
饱和银-氯化银电极	饱和溶液	0.199
标准银-氯化银电极	1mol/L	0.222
0.1mol/L 银-氯化银电极	0.1mol/L	0.288

（二）指示电极

指示电极（indicator electrode）是电极电位随待测离子活（浓）度变化而改变的一类电极。作为指示电极应符合下列条件：①电极电位与待测组分活（浓）度间符合 Nernst 方程式的关系；②对所测组分响应快，重现性好；③简单耐用。

常见的指示电极分为以下两类：

1. 金属基电极

以金属为基体，基于电子转移反应的一类电极，按其组成不同分为下列几种：

（1）*金属-金属离子电极*　由能发生氧化还原反应的金属插入该金属离子的溶液组成，简称金属电极。此类电极只有一个相界面故也称第一类电极。

如 Ag-Ag^+ 组成的银电极：

电极组成为：Ag|Ag^+(a)

电极反应为：$Ag^++e \rightleftharpoons Ag$

电极电位为：$E=E^{\ominus}_{Ag^+/Ag}+0.0592\lg a_{Ag^+}$　（25℃）　(10-3)

该类电极的电极电位与相应金属离子的活（浓）度有关，可用于测定相应金属离子的活（浓）度。这些金属还包括铜、锌、汞、镉、铅等。

（2）*金属-金属难溶盐电极*　由表面涂布同一种金属难溶盐的金属，插入该金属难溶盐的阴离子溶液组成。该类电极的电极电位能反映难溶盐阴离子活（浓）度。

如 Ag-AgCl 电极：

电极组成为：Ag，AgCl|KCl(a)

电极反应为：$AgCl+e \rightleftharpoons Ag+Cl^-$

电极电位为：$E=E^{\ominus}_{AgCl/Ag}-0.0592\lg a_{Cl^-}$　(25℃)　(10-4)

由于电极反应 $AgCl+e \rightleftharpoons Ag+Cl^-$ 是 $AgCl \rightleftharpoons Ag^+ +Cl^-$ 和 $Ag^+ +e \rightleftharpoons Ag$ 两步反应的总反应，通过沉淀平衡 $a_{Ag^+}\cdot a_{Cl^-}=K_{sp}$，即可建立 Ag-AgCl 电极、银电极标准电极电位和 AgCl 溶度积之间的关系：$E=E^{\ominus}_{AgCl/Ag}=E^{\ominus}_{Ag^+/Ag}+0.0592\lg K_{sp(AgCl)}$，因此，该类电极还可以用于测定一些难溶盐的 K_{sp}。

（3）金属-金属难溶氧化物电极　如锑电极，由高纯金属锑涂镀一层 Sb_2O_3 插入 H^+ 溶液中制成。

电极组成为：$Sb,Sb_2O_3|H^+(a)$

电极反应为：$Sb_2O_3+6H^+ +6e = 2Sb+3H_2O$

电极电位为：$E=E^{\ominus}_{Sb_2O_3/Sb}+0.0592\lg a_{H^+}=E^{\ominus}_{Sb_2O_3/Sb}-0.0592pH$　(25℃)　(10-5)

由 Nernst 方程式可知，锑电极是氢离子指示电极。因氧化锑能溶于强酸性或强碱性溶液，所以锑电极只宜于在 pH 值 3～12 的溶液中使用。

（4）汞-EDTA 电极　由金属汞（或汞齐丝）浸入含少量 Hg^{2+}-EDTA 配合物及被测金属离子 M^{n+} 的溶液组成，且 M^{n+} 与 EDTA 配合物的稳定常数 K_{MY} 小于 K_{HgY}，则此电极体系就成为该金属离子的指示电极。如测定 Ca^{2+} 的电极：

$$Hg|HgY^{2-}(a_1),CaY^{2-}(a_2),Ca^{2+}(a_3)$$

该电极体系涉及三步反应：①$Hg^{2+}+2e \rightleftharpoons Hg$；②$Hg^{2+}+Y^{4-} \rightleftharpoons HgY^{2-}$；③$Ca^{2+}+Y^{4-} \rightleftharpoons CaY^{2-}$。由于 $K_{CaY}<K_{HgY}$，以保证 Ca^{2+} 不能从 HgY^{2-} 中置换出 Y^{4-}。根据 Nernst 方程式有：

$$E=E^{\ominus}_{Hg^{2+}/Hg}+\frac{0.0592}{2}\lg a_{Hg^{2+}} \quad (25℃) \quad (10\text{-}6)$$

根据配位平衡，即得到以下 Nernst 方程表达式：

$$E=E^{\ominus}_{Hg^{2+}/Hg}+\frac{0.0592}{2}\lg\frac{K_{CaY^{2-}}\,a_{HgY^{2-}}}{K_{HgY^{2-}}\,a_{CaY^{2-}}}+\frac{0.0592}{2}\lg a_{Ca^{2+}} \quad (25℃) \quad (10\text{-}7)$$

实际工作中，该电极体系被用于 EDTA 滴定 Ca^{2+}，在试样溶液中加入少量 HgY^{2-}（使其浓度约在 10^{-4}mol/L)，插入汞电极和饱和甘汞电极。用 EDTA 标准溶液滴定 Ca^{2+}，近计量点时 $a_{CaY^{2-}}$ 可视为定值，$K_{CaY^{2-}}$ 和 $K_{HgY^{2-}}$ 两项即为常数。因 HgY^{2-} 非常稳定，以至于在整个滴定过程中浓度保持不变，则上式可改写为：

$$E=常数+\frac{0.0592}{2}\lg a_{Ca^{2+}} \quad (25℃) \quad (10\text{-}8)$$

此类电极涉及三个化学平衡，被称为第三类电极或 pM 汞电极，该类电极可测定三十多种金属离子，其电极电位与金属离子 M^{n+} 活（浓）度关系的通式为：

$$E=常数+\frac{0.0592}{2}\lg a_{M^{n+}}=常数-\frac{0.0592}{2}pM \quad (25℃) \quad (10\text{-}9)$$

（5）惰性金属电极　由惰性金属（Pt 或 Au）插入同一元素的两种不同氧化态的离子溶液中构成。

如：$Pt|Fe^{3+}，Fe^{2+}$

电极反应为：$Fe^{3+}+e \rightleftharpoons Fe^{2+}$

电极电位为：$E=E^{\ominus}_{Fe^{3+}/Fe^{2+}}+0.0592\lg\frac{a_{Fe^{3+}}}{a_{Fe^{2+}}}$　(25℃)　(10-10)

Pt 丝在此仅起传递电子的作用，本身不参加电极反应。该电极的电极反应是在均相中进行，故又称为零类电极。

2. 离子选择电极（ion selective electrode，ISE）

ISE 是由对待测离子敏感的膜制成的一类电化学传感器，亦称为膜电极（membrane electrode），该电极对溶液中的待测离子产生选择性响应。这类电极不同于上述几类电极，在膜电极上没有电子得失，电极电位的产生基于响应离子在膜上的交换和扩散等作用，其电位与溶液中待测离子活度的对数成线性关系。

ISE 是电位法中发展速度快、应用广泛的指示电极，目前商品电极已有很多种类，如 pH 玻璃电极、钾电极、钠电极、钙电极、氟电极和在药学研究领域中使用的多种药物电极等。

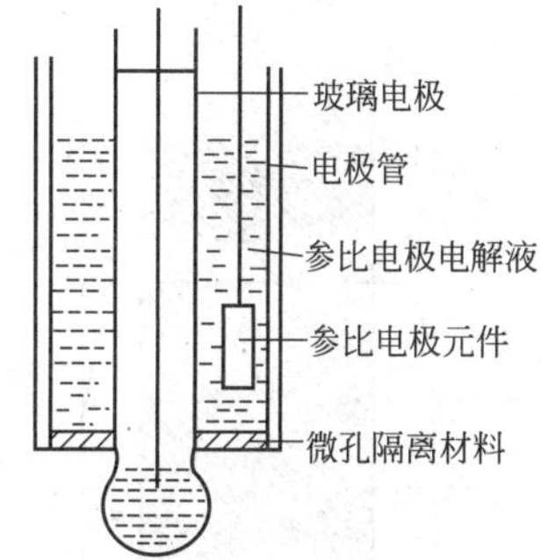

图 10-5　复合 pH 电极

（三）复合电极

复合电极（combination electrode）是一种将指示电极和参比电极在制作时组合在一起的电极形式。如在 pH 测量中被广泛使用的复合 pH 电极，通常是由 pH 玻璃电极（指示电极）和 Ag-AgCl 电极（参比电极）组成，如图 10-5 所示。由于两电极整合为一体，使得结构简单，使用更为方便。

第二节　直接电位法

选择合适的指示电极和参比电极插入试样溶液中组成原电池，测量电池的电动势。根据 Nernst 方程式电极电位与待测离子活（浓）度的函数关系，求出待测组分含量的方法称为直接电位法。

溶液 pH 值的测定是直接电位法一项最早和最广泛的应用。玻璃膜电极对 H^+ 的选择性不仅促成 pH 玻璃电极的研制，同时还启示人们研究设计对其他离子具有选择性的电极。20 世纪 60 年代以来，随着离子选择电极的迅速发展，直接电位法的应用有了新的拓展，成为电化学领域一个新兴的重要分支。

一、氢离子活度的测定

测量溶液氢离子活度（pH），可采用的指示电极有玻璃电极、锑电极、醌-氢醌电极和氢电极等，其中最常用的是玻璃电极。通常使用的参比电极是 SCE。

（一）pH 玻璃电极

1. 构造

pH 玻璃电极是最早研制的膜电极。对溶液中 H^+ 产生选择性响应的是厚度小于 0.1mm 的球形玻璃膜，由 SiO_2 和 Na_2O 及少量 CaO 烧制而成。球泡内通常充 0.1mol/L HCl 或含 KCl 的 pH 缓冲液作为内参比液，插入 Ag-AgCl 作为内参比电极，其构造如图 10-6 所

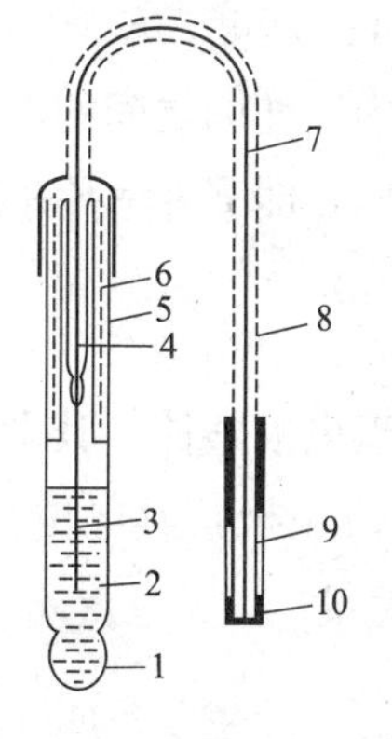

图 10-6　pH 玻璃电极示意图

1. 球形玻璃膜；2. 缓冲溶液；3. Ag-AgCl 内参比电极；4. 电极引线；5. 玻璃管；6. 静电隔离层；7. 电极导线；8. 金属隔离罩；9. 塑料高绝缘；10. 电极接头

示。因为玻璃电极的内阻很高（＞100MΩ），电极引出线和导线都要高度绝缘，并装有屏蔽层，以防漏电和静电干扰。

2. 原理

一般认为，玻璃膜的水化、H^+-Na^+（或其他一价阳离子）交换平衡和 H^+ 扩散平衡是产生玻璃电极膜电位的三个主要过程。由于硅酸盐结构对 H^+ 具有较大的亲和性，当玻璃电极的敏感膜浸泡在水中（即水化）时，能吸收水分形成厚度为 10^{-5}～10^{-4} mm 的水化凝胶层（或称溶胀层），该层中的 Na^+ 与溶液中 H^+ 进行下列交换反应：

$$H^+(\text{溶液})+Na^+Gl^-(\text{玻璃膜})\rightleftharpoons Na^+(\text{溶液})+H^+Gl^-(\text{玻璃膜})$$

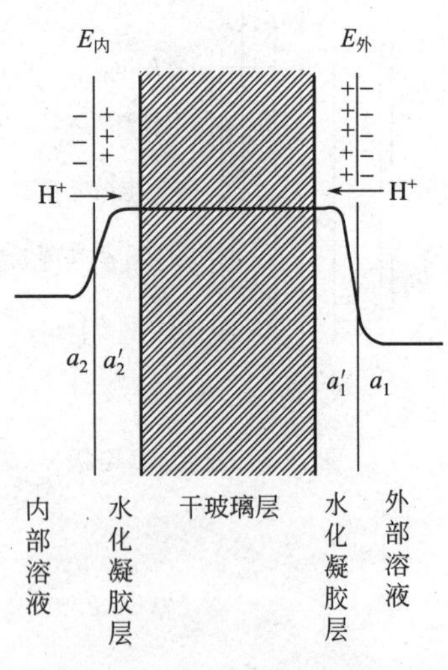

图 10-7　pH 玻璃电极膜电位形成示意图

该反应平衡常数很大，使玻璃膜表面的 Na^+ 点位几乎全被 H^+ 占据，越进入凝胶层内部，这种点位的交换数目越少，至干玻璃层几乎全无 H^+，如图 10-7 所示。测定时，由于溶液中 H^+ 活（浓）度与水化凝胶层 H^+ 活（浓）度不同，H^+ 将由活度高的一方向活度低的一方扩散（阴离子及高价阳离子难以进出玻璃膜故无扩散），余下过剩的阴离子，在两相界面间形成一双电层，产生电位差。当扩散作用达到动态平衡时电位差也达到稳定，这个电位差便是相界电位（$E_{外}$）；同理，膜内表面与内参比溶液两相界面也产生相界电位（$E_{内}$）。

可以看出，整个玻璃膜的电位 $E_{膜}$ 是两个相界电位 $E_{外}$、$E_{内}$ 之差。则

$$E_{膜}=E_{外}-E_{内}$$

相界电位的大小与两相间 H^+ 活度有关，其关系按下式遵循 Nernst 方程式：

$$E_{外}=K_{外}+\frac{2.303RT}{F}\lg\frac{a_{外}}{a'_{外}} \tag{10-11}$$

$$E_{内}=K_{内}+\frac{2.303RT}{F}\lg\frac{a_{内}}{a'_{内}} \tag{10-12}$$

式中，$a_{外}$、$a_{内}$ 分别为膜外和膜内溶液中 H^+ 活度，$a'_{外}$、$a'_{内}$分别为膜外表面和膜内表面水化凝胶层中 H^+ 活度，$K_{外}$、$K_{内}$ 为与玻璃膜外、内表面物理性能有关的常数。

玻璃膜内、外侧之间的电位差形成了玻璃膜电位（$E_{膜}$）。对于同一支玻璃电极，膜内外表面性质基本相同，即 $K_{外}=K_{内}$、$a'_{外}=a'_{内}$，因此有：

$$E_{膜}=\frac{2.303RT}{F}\lg\frac{a_{外}}{a_{内}} \tag{10-13}$$

作为玻璃电极整体，其电极电位（$E_{玻}$）应为玻璃膜电位和内参比电极电位之和。内参比电极是 Ag-AgCl 电极，其电位为一定值；$a_{内}$ 亦为一定值，由此得到 pH 玻璃电极电位与试液中 H^+ 活度的关系

$$E_{玻}=E_{内参比}+E_{膜}=K+\frac{2.303RT}{F}\lg a_{外}=K-\frac{2.303RT}{F}\text{pH} \tag{10-14}$$

式中，$K=E_{内参比}-(2.303RT/F)\lg a_{内}$ 称为电极常数。(10-14) 式表明，玻璃电极的电位与膜外试液中 H^+ 活度的对数之间呈线性关系，故可用于溶液 pH 的测量。

3. 性能

(1) 转换系数　玻璃电极的转换系数系指溶液每改变一个 pH 单位引起玻璃电极电位变化值，用 S 表示。

$$S=\frac{-\Delta E}{\Delta \mathrm{pH}} \tag{10-15}$$

在（10-15）式中 S 为 E-pH 曲线的斜率，称为电极斜率（slope），理论值为 $2.303RT/F$ 伏，25℃时为 0.0592V，即溶液的 pH 改变一个单位，电极电位改变 59.2mV。玻璃电极经长期使用会老化，实际转换系数变小。当 25℃时，S 低于 52mV/pH 该电极就不宜再使用。

(2) 不对称电位　由式（10-13）可知，如果玻璃膜两侧 H^+ 活度相同，则膜电位应等于零，但实际上并不为零，而是有几毫伏的电位存在，该电位称为不对称电位（asymmetry potential）。它是因为制作时内、外膜受热和受张力不同，使用时水化程度不同，以及膜外表面受到机械磨损、化学腐蚀、脱水、沾污等作用，而导致内、外膜表面结构和性质不完全一致。干玻璃电极的不对称电位很大，在使用前将电极敏感膜置纯水中浸泡 24 小时以上（水化），其目的是充分活化电极，减小并稳定不对称电位。

(3) 碱差和酸差　已知玻璃电极的电极电位与溶液 pH 值之间呈线性关系，但这种线性关系只适合一定 pH 范围，在强酸强碱条件下则会偏离线性。在 pH>9 的碱性溶液中，玻璃电极对 Na^+ 等碱金属离子也有响应，结果由电极电位反映出来的 H^+ 活度高于真实值，即 pH 低于真实值，产生负误差，这种现象称为碱差（the alkaline error）或钠差。为了消除钠差的影响，在 pH>9 的碱性溶液中测定可采用锂玻璃电极，其膜结构中由 Li_2O 替代普通玻璃电极中的 Na_2O，可测至 pH=14 也不产生误差。而在pH<1的酸性溶液中，普通玻璃电极测得的 pH 值高于真实值产生正误差，这种现象称为酸差（the acid error）。不同型号的玻璃电极由于玻璃膜成分的差异，pH 测量范围不完全一样。

(4) 电极内阻　玻璃电极内阻很大，一般在数十至数百兆欧。内阻大小与玻璃膜成分、膜厚度及温度有关，并随着使用时间的增长而加大（俗称电极老化）。内阻增加将使测定灵敏度下降，所以当玻璃电极老化至一定程度时应予以更换。用玻璃电极组成化学电池测量电池电动势时，参比电极和试液的电阻与玻璃电极的内阻比较可忽略不计。为了减小由于电池内阻引起的电压降，要求测定在零电流或仅有微弱电流通过的条件下进行，即 $I\to 0$，则 $I\cdot r\to 0$。所以测定溶液 pH 必须使用仅允许微弱电流通过的电子电位计，而不能使用通过电流很大的一般伏特计，否则会产生较大的测量误差。酸度计（或称 pH 计）是专门为测量试液 pH 或电池电动势设计的一种电子电位计，可以测量 pH 和电位值（pH 读数和±mV 读数通过换挡按键切换）。酸度计输入阻抗极高，当利用高输入阻抗的电子电位计时，测量通过的电流可小至 10^{-12}A 以下，这样对内阻很高的电池所引起的电压降极小，由此引起的 pH 测量误差可忽略不计。

(5) 使用温度　玻璃电极使用温度过低会增大电极内阻，温度过高降低使用寿命。如国产 221 和 231 型玻璃电极使用温度在 5～60℃。

（二）测量原理和方法

1. 测量原理

直接电位法测量溶液 pH，常用 pH 玻璃电极作为指示电极、SCE 为参比电极与待测溶液组成的原电池，可表示为：

$$(-)\mathrm{Ag,AgCl}\,|\,\mathrm{HCl}(a)\,|\,\text{玻璃膜}\,|\,\text{试液}(a_{\mathrm{H^+}})\,\|\,\mathrm{KCl(sat.)}\,|\,\mathrm{Hg_2Cl_2,Hg}(+)$$

则电池电动势为：

$$EMF = E_{SCE} - E_{玻} = E_{SCE} - \left(K - \frac{2.303RT}{F}\text{pH}\right) = K' + \frac{2.303RT}{F}\text{pH} \quad (10\text{-}16)$$

式中，K'是包括饱和甘汞电极电位、玻璃电极常数等的复合常数，在一定条件下为一定值。故电池电动势与试液 pH 值之间呈线性关系，这就是直接电位法测定 pH 的理论依据。

在 25℃时，

$$EMF = K' + 0.0592\text{pH} \quad (10\text{-}17)$$

2. 测量方法

式(10-17) 表明，只要测得电池电动势 EMF，便可确定待测溶液的 pH。但在实际中，由于每一支玻璃电极的电极常数、试液组成各不相同，液接电位不确定等诸多因素使得K'值不能准确测定和计算。因此，在 pH 测量中，通常采用“两次测量法”抵消 K'。首先采用 pH 准确已知的标准缓冲溶液测定 EMF_S（这一过程为“定位”，即校正仪器及电极系统，使仪器的示值指示 pH_S。其作用是使仪器产生一个大小与 K'相等，符号相反的电位，抵消 K')，然后在同样条件下测定未知试液的 EMF_X。EMF_S、EMF_X 分别表示在 25℃时测量标准缓冲液和试液的电池电动势：

$$EMF_S = K' + 0.0592\text{pH}_S \quad (10\text{-}18)$$

$$EMF_X = K' + 0.0592\text{pH}_X \quad (10\text{-}19)$$

式（10-18）与式（10-19）相减并项得：

$$\text{pH}_X = \text{pH}_S + \frac{EMF_X - EMF_S}{0.0592} \quad (10\text{-}20)$$

根据式（10-20)，只要测出 EMF_X 和 EMF_S，即可得到试液的 pH_X。

《中国药典》(2020 年版）收载了五种 pH 标准缓冲液在 0～60℃温度下的 pH，是药品检验中 pH 测量的统一标准，可供选择使用。在两次测量法中，由于饱和甘汞电极在标准缓冲溶液和待测溶液中的液接电位不可能完全相同，二者之差称为残余液接电位。但只要标准缓冲液与待测液离子强度和 pH 接近，残余液接电位引起的误差可忽略。

3. 测量时注意事项

（1）玻璃电极应在电极适用 pH 范围内使用，避免产生钠差、酸差。

（2）所选标准缓冲溶液 pH_S 与试样溶液 pH_X 尽量接近，一般相差在 3 个 pH 之内 $|pH_X - pH_S| < 3$。

（3）标准缓冲溶液与试样溶液温度必须一致。

（4）玻璃电极在使用前要浸在蒸馏水中水化 24 小时以上，复合玻璃电极应长期浸在 3mol/L KCl 溶液中水化保存。

（5）测定时要不断搅动，有足够的平衡时间，一般几秒钟即可，对于缓冲不好的溶液常需平衡数分钟。

（6）在排除了电极和仪器的因素后，pH 测定的准确度取决于标准缓冲溶液的准确度。标准缓冲溶液要用新煮沸的冷蒸馏水配制，保存在密塞的容器中一般可达 2～3 个月，若发现有浑浊、发霉或沉淀等现象时，则不能继续使用。

（7）两次测量法不适宜测非水溶液的 pH。用标准缓冲水溶液定位校正后，测定非水溶液 pH 没有准确意义，但在只需测定 pH 变化的场合，如非水酸碱滴定时可以使用。

二、其他离子活（浓）度的测定

电位法测定其他离子的关键是选择为待测离子所响应的指示电极。其中应用最多、最重要的指示电极是离子选择电极。

离子选择电极（ISE）是一种对溶液中待测离子有选择性响应的电极，电极结构中的化学敏感膜是产生电极电位的关键。其电极电位与响应离子活度（或浓度）的对数成线性关系。

前面讲述的测量溶液 pH 的玻璃电极就是一种对氢离子有选择性响应的离子选择性膜电极，它是使用最早、研究最多、应用最有效的离子选择电极。因此，有关玻璃电极的基本构造、膜电位形成与特性、分析原理、测定方法等方面的讨论，原则上也适用于其他离子选择性电极。

20 世纪 60 年代后期用 LaF_3 单晶制成的 F^- 选择电极的问世，推动了离子选择电极的迅速发展。各种晶体膜电极、流动载体电极以及敏化电极相继出现，使离子选择电极呈现出迅速发展的势头，至今仍处在快速发展的阶段。目前国内外已有五六十个主要品种的离子选择电极用于分析测定。其中对 Na^+、K^+、Li^+、F^-、NH_4^+、NO_3^-、CO_2、NH_3、SO_2 等组分测定的离子选择电极已被广泛应用。

（一）离子选择电极的基本构造与性能

1. 基本构造与电极电位

离子选择电极构造上一般都包括电极膜、电极管（支持体）、内参比电极和内参比溶液四个基本部分，构造如图 10-8 所示。

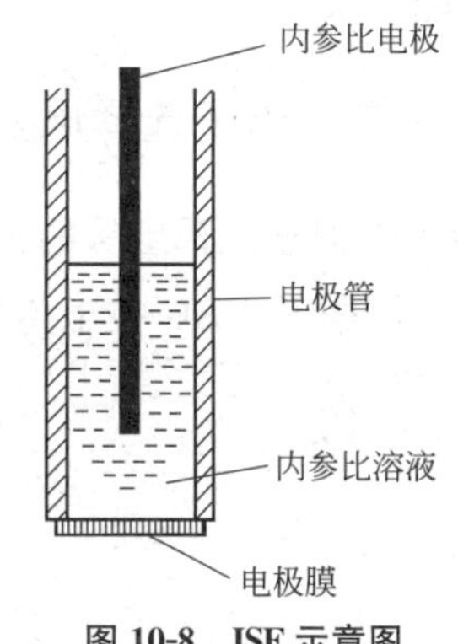

图 10-8 ISE 示意图

电极的选择性随电极膜特性而异，当把电极膜浸入试液时，膜内、外有选择性响应的离子通过离子交换或扩散作用在膜两侧产生电位差，平衡后形成膜电位。由于内参比溶液组成恒定，故离子选择电极电位仅与试液中响应离子的活度有关：

$$E_{\text{ISE}}=K\pm\frac{2.303RT}{nF}\lg a=K'\pm\frac{2.303RT}{nF}\lg C \tag{10-21}$$

式中，K 和 K' 分别为电极电位活度式和浓度式的电极常数；n 为响应离子电荷数；响应离子为阳离子取“＋”号，为阴离子取“－”号。

应当指出，有些离子选择电极的电极电位不只是通过离子交换和扩散作用建立的，还与离子缔合、配位等作用有关，另有一些离子选择电极的作用机制目前还不十分清楚。

2. 离子选择电极性能

（1）Nernst 响应线性范围和检测下限　离子选择电极的电位（或原电池电动势）与响应离子活度的对数在一定浓度范围内有线性关系，称为 Nernst 响应线性范围。实际测定时待测离子的浓度应在电极的 Nernst 响应线性范围内。

检测下限指用电极能够进行检测的试液中离子的最低浓度。其高低与电极膜的性能、试液的组成和测试温度等因素有关。

（2）选择性　理想的 ISE 只对一种特定的离子产生电位响应。而实际试液中其他共存离子也会不同程度地在电极膜上进行交换而产生电极电位。IUPAC 以电位选择性系数 K 作为衡量 ISE 选择性的参数。K 是一实验值，通常商品电极在说明书中附有相应数值，可用来粗略地估算共存离子干扰情况。若待测离子、干扰离子分别以 X、Y 表示，a_X、a_Y 表示活度，n_X、n_Y 表示离子电荷，电位选择性系数（potentiometric selectivity coefficient，$K_{X,Y}^{pot}$）可表示为：

$$K_{X,Y}^{pot}=\frac{a_X}{(a_Y)^{n_X/n_Y}} \tag{10-22}$$

$K_{X,Y}^{pot}$ 表示离子选择性电极对同一溶液中 X 和 Y 所引起电位响应能力的比较。$K_{X,Y}^{pot}$ 愈小，该电极对被测离子 X 的选择性就愈高，Y 的干扰愈小。例如，一支玻璃电极的 $K_{H^+,Na^+}^{pot}=10^{-11}$，说明该电极对 H^+ 的响应比对 Na^+ 的高 10^{11} 倍。

3. 响应时间（或响应速度）

响应时间指从离子选择电极与参比电极一起接触试液开始到电池电动势达到稳定值（变化在1mV以内）所经过的时间，一般为数秒钟到几分钟。响应时间长短与电极和待测离子浓度有关，溶液浓度愈低，响应时间愈长，搅拌可缩短响应时间。这一特性在测定响应离子浓度接近检测下限的溶液时要特别注意。

4. 有效 pH 范围

一般而言，离子选择电极存在一定的有效 pH 使用范围，超出该范围使用就会产生较大的测量误差或者缩短电极的寿命。通常用缓冲液来保证测量溶液的 pH 范围。

除了上述重要性能外，离子选择电极还有电极内阻、膜不对称电位、温度系数和使用寿命等性能参数。

（二）离子选择电极分类及常见电极

1. 离子选择电极的分类

根据IUPAC关于离子选择电极命名和分类建议，离子选择电极分类如下：

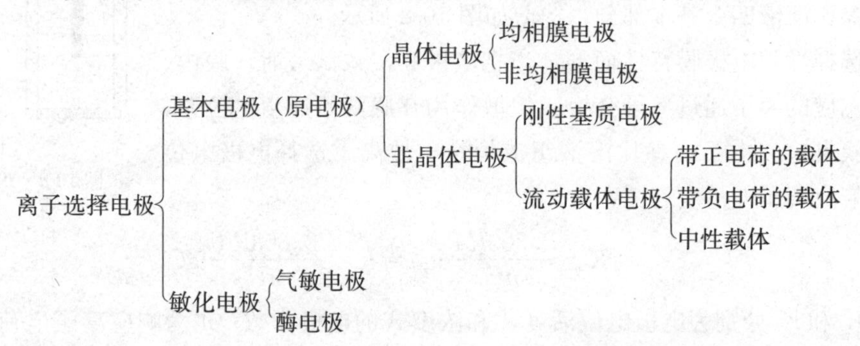

（1）基本电极（primary electrode） 又称原电极，是电极膜直接响应待测离子的离子选择电极，根据电极膜材料的不同，又分为晶体电极和非晶体电极。

晶体电极（crystalline electrode）是指电极膜由电活性物质难溶盐晶体制成的一类电极。根据电极膜的制备方法不同，晶体电极又分为均相膜电极（homogeneous membrane electrode）和非均相膜电极（heterogeneous membrane electrode）。其中由难溶盐的单晶、多晶或混晶化合物均匀混合制成电极膜的电极称为均相膜电极；而由电活性物质均匀分散在憎水性惰性材料（如聚氯乙烯等）中制成电极膜的电极称为非均相膜电极。

非晶体电极（non-crystalline electrode）是指电极膜由非晶体材料组成，根据膜的状态又分为刚性基质电极和流动载体电极。其中电极膜由特定玻璃吹制而成的玻璃电极为刚性基质电极；将与相应离子有作用的活性载体（配位剂或缔合剂）溶于与水不相混溶的有机溶剂中组成一种液体离子交换剂，将其吸收（或吸附）到一种微孔物质（纤维素、醋酸纤维素、聚氯乙烯等）上制成电极膜的电极为流动载体电极（electrode with a mobile carrier），亦称液膜电极（liquid membrane electrode）。根据活性载体的带电性质，又进一步分为带电荷的流动载体电极和中性流动载体电极。

（2）敏化电极（sensitized ion-selective electrode） 此类电极是利用界面反应敏化的离子电极。通过界面反应将待测物质等转化为可供基本电极测定的离子，实现待测物的间接测定。根据界面反应的性质不同，又可分为气敏电极和酶电极。

气敏电极（gas sensing electrode）是由基本电极、参比电极、内电解液（中介液）和憎水性

透气膜等组成的复合电极。

酶电极（enzyme electrode）是在基本电极上覆盖一层能和待测物发生酶催化反应的生物酶膜或酶底物膜制成。酶是生化反应的高效催化剂，具有高选择性。酶催化反应的产物，可以用一种离子选择性电极加以测定。

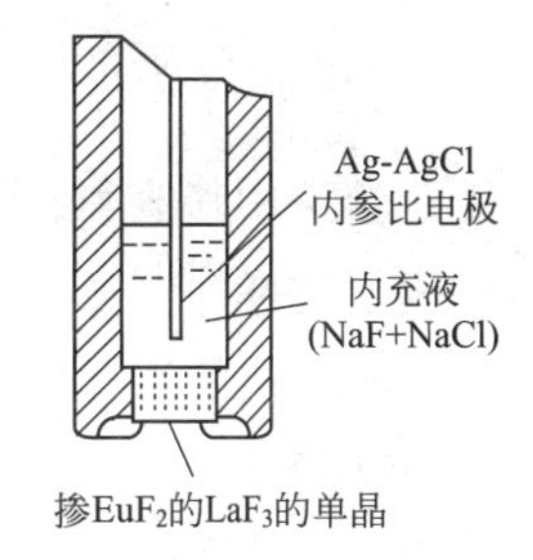

图 10-9　晶体膜电极（氟离子选择电极）

2. 常见离子选择电极

（1）*氟电极*　由氟化镧单晶（添加少量的 EuF_2 以增加导电性）切片制成电极膜，用环氧树脂封粘在塑料管的一端，管内装 0.1mol/L NaF-0.1mol/L NaCl 溶液作为内参比溶液，以 Ag-AgCl 电极作内参比电极构成氟离子选择电极，结构如图 10-9 所示。由式（10-21）得其电极电位为：

$$E_{ISE}=K-\frac{2.303RT}{F}\lg a_{F^-}$$

氟电极对 F^- 的选择性比对其他常见阴离子高约 1000 倍，可以在 pH 值 5.0～6.0 的溶液中测定 $1\sim10^{-6}$ mol/L 的 F^-。其他成功的晶体膜电极有由 AgCl、AgBr、AgI、CuS、PbS 或 Ag_2S 等制成的银离子、卤素离子、铜离子、铅离子、硫离子等离子选择电极。

（2）*刚性基质电极*　包括各种玻璃电极，除了 pH 玻璃电极外还有钠电极、钾电极、锂电极等。玻璃电极对阳离子的选择性与玻璃膜的成分有关，改变玻璃膜的化学组成或含量可改变其选择性。例如，pH 玻璃电极膜：22% Na_2O-6% CaO-72% SiO_2；钠电极膜：11% Na_2O-18% Al_2O_3-71% SiO_2；钾电极膜：27% Na_2O-5% Al_2O_3-68% SiO_2；锂电极膜：15% Li_2O-25% Al_2O_3-60% SiO_2。

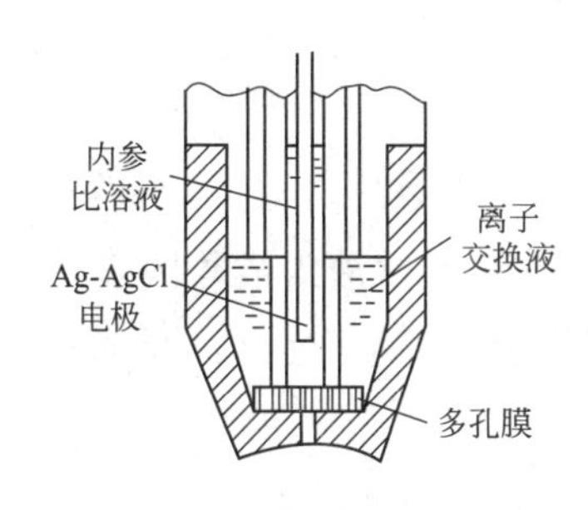

图 10-10　流动载体电极（钙电极）

（3）*钙电极*　Ca^{2+} 选择电极结构如图 10-10 所示，电极内装有两种溶液，一种是 0.1mol/L 的 $CaCl_2$ 内参比溶液，其中插入 Ag-AgCl 内参比电极；另一种是憎水的液体离子交换剂（0.1mol/L 二癸基磷酸钙的苯基磷酸二辛酯溶液），浸入惰性多孔性膜中形成液态膜。此种液体离子交换剂作为活性载体对钙有选择性响应，Ca^{2+} 可以自由迁移穿过液膜，而溶液中与待测离子电荷相反的离子不能进入膜内，导致膜两侧电荷分布不均匀，形成双电层产生电位差。构成的 Ca^{2+} 离子选择电极，其浓度在 $10^{-1}\sim10^{-5}$ mol/L 范围内有 Nernst 响应。

（4）*氨气敏电极*　以 pH 玻璃电极为基本电极，聚四氟乙烯微孔薄片为透气膜，二者之间充有 0.1mol/L NH_4Cl 作为内充液，用来测定溶液中的 NH_4^+。测定时将待测溶液中加入一定量的 NaOH 溶液，使 NH_4^+ 转变为氨气并通过透气膜进入 0.1mol/L NH_4Cl 内充液，使其 pH 发生改变，通过玻璃电极电位的变化进行测定。

除了氨气敏电极，还有 CO_2、SO_2、H_2S、NO_2、HCN 和 Cl_2 等气敏电极被研究和应用。

（5）*尿素酶电极*　将尿素酶固定在凝胶内涂布在 NH_4^+ 玻璃电极敏感膜上制成的电极。将此电极插入试液，试液中的尿素进入酶膜，尿素在尿素酶催化下发生以下反应：

$$NH_2CONH_2+2H_2O\xrightarrow{催化酶}2NH_4^+ +CO_3^{2-}$$

反应生成的 NH_4^+ 可用铵离子玻璃电极产生的电位响应来间接测定尿素的含量。

（三）定量分析的条件和方法

测定溶液中其他阴、阳离子与测定溶液 pH 的原理和方法相似，选择对待测离子有 Nernst 响应的离子选择性电极，与参比电极（常用 SCE）插入试液中组成原电池，测量电池电动势，即可求得待测物质的活（浓）度或含量。

1. 定量条件

（1）*离子强度的影响*　由于 Nernst 方程式表示的是电极电位与待测离子活度之间的关系，所以测得的是离子活度而不是浓度。对一般分析检测来说，要求测量离子浓度而不是活度。因为 $a=\gamma \cdot C$，而活度系数 γ 与离子强度有关，因此在实际测量中常采用离子强度调节剂来保证活度系数恒定不变。

（2）*溶液酸度的影响*　因为溶液的 pH 可能影响被测离子的存在形式，并且 ISE 的使用存在有效 pH 范围，因此定量分析中常要控制溶液的 pH。

考虑以上影响因素，将活度系数和分布系数式 $a=\gamma \cdot \delta \cdot C$ 代入式（10-21），则有：

$$E_{\mathrm{ISE}}=K \pm \frac{2.303RT}{nF}\lg\gamma \cdot \delta \cdot C=K \pm S\lg\gamma \cdot \delta \pm S\lg C \tag{10-23}$$

当试液组成确定时，γ、δ 可视为恒定值，并入常数项。

$$E_{\mathrm{ISE}}=K' \pm S\lg C \tag{10-24}$$

式中，$K'=K \pm S\lg\gamma \cdot \delta$，与试液的离子强度、pH 及共存组分等有关。$S$ 为转换系数，又称电极斜率（或响应斜率），理论值为：

$$S=\frac{2.303RT}{nF} \tag{10-25}$$

设 SCE 为正极，测定阴、阳离子时，电池电动势为：

$$EMF=E_{\mathrm{SCE}}-E_{\mathrm{ISE}}=E_{\mathrm{SCE}}-(K' \pm S\lg C)=K'' \pm S\lg C \tag{10-26}$$

式中的 K'' 包括参比电极电位、液接电位、指示电极的电极常数以及试液组成等因素，具有不确定性。在直接电位法测定中，必须用已知准确浓度的标准溶液定位。为了使电极在试液和标准溶液中的 K'' 相等，可采取以下方法：

① 试样组成已知时，用与试样本身相似的组成（待测组分除外）制备标准溶液。

② 试样组成复杂且变化较大时，则可使用加入“总离子强度调节缓冲剂”（total ion strength adjustment buffer，TISAB。TISAB 系由对被测离子无干扰的高浓度电解质溶液、调节溶液 pH 的缓冲剂和消除干扰的配位剂组成）的办法，将 TISAB 加到标准溶液和试样溶液中。TISAB 有三个方面的作用：第一，高浓度电解质溶液使试液与标准溶液有相同的总离子强度，都达到几乎同样的高水平；第二，缓冲剂控制溶液的 pH；第三，配位剂掩蔽共存的干扰离子。如用氟电极测定天然水中 F^- 浓度时，可用氯化钠-柠檬酸钠-醋酸-醋酸钠作为 TISAB。NaCl 用以保持溶液的离子强度恒定；柠檬酸钠掩蔽 Fe^{3+}、Al^{3+} 等干扰离子；HAc-NaAc 缓冲液则使试液 pH 值控制在 5.5～6.5。

③ 采用标准加入法或结合使用 TISAB。

2. 定量方法

（1）*两次测量法*　又称直接比较法或标准对照测量法，此法与用玻璃电极测量溶液的 pH 相似，先选择一个与待测离子浓度相近的标准溶液，在相同的测定条件下，分别测定标准溶液（S）

和试液（X）的电池电动势，按（10-26）式，得

$$EMF_S = K'' \pm S\lg C_S \tag{10-27}$$

$$EMF_X = K'' \pm S\lg C_X \tag{10-28}$$

两式相减，得：

$$\lg C_X = \lg C_S \pm \frac{EMF_S - EMF_X}{S} \tag{10-29}$$

在式（10-29）中，阳离子取“+”，阴离子取“-”。

（2）标准曲线法　此法是仪器分析常用的方法之一，根据（10-26）式 EMF 与 $\lg C$ 的线性关系，用待测离子的对照品配制若干个浓度不同的标准溶液（基质应与试液相同），在相同条件下按浓度从低到高分别测定组成电池的电动势。以测得的 EMF_S 对 $\lg C_S$ 作图，在一定范围内是一条直线，称为标准曲线（或校正曲线）。在同样条件下测量试液的 EMF_X，要求 EMF_X 在标准曲线的线性范围内，即可由标准曲线确定试液中待测离子的浓度 C_X，如图 10-11 所示。

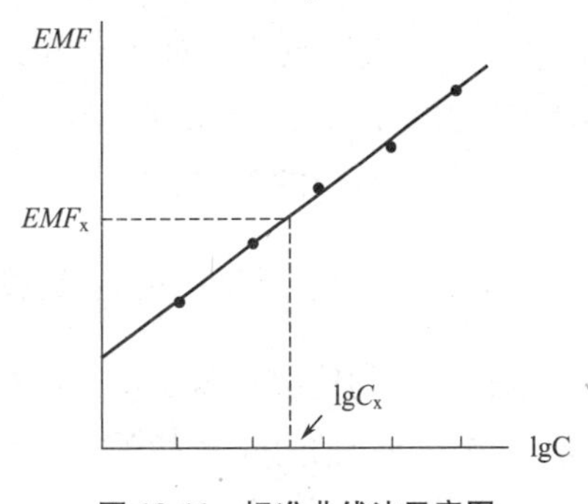

图 10-11　标准曲线法示意图

标准曲线法要求标准溶液与试液有相近的组成和离子强度，因此适用于较简单的样品体系。其优点是即使 S 偏离理论值，也能得到较满意的结果。

（3）标准加入法　将小体积（比试液体积小 10～100 倍）、高浓度（比试液浓度大 10～100 倍）的标准溶液加入试样溶液中，通过测量加入前后的电池电动势，得到待测离子浓度。操作方法为：先测定体积为 V_0，浓度为 C_0 的待测试液的电池电动势 EMF_1，然后向试液中加入浓度为 C_S，体积为 V_S 的待测离子标准溶液，测定电池电动势 EMF_2。根据（10-26）式有：

$$EMF_1 = K_1'' \pm S\lg C_0 \tag{10-30}$$

$$EMF_2 = K_2'' \pm S\lg \frac{C_0V_0 + C_SV_S}{V_0 + V_S} \tag{10-31}$$

由于加入的标准溶液是小体积，对试液的组成和离子强度影响较小，可以认为：$K_1'' = K_2''$，令 $\Delta E = EMF_2 - EMF_1$，则：

$$\Delta E = S\lg \frac{C_0V_0 + C_SV_S}{(V_0 + V_S)C_0} \tag{10-32}$$

整理得：

$$C_0 = \frac{C_SV_S}{(V_0 + V_S) \cdot 10^{\Delta E/S} - V_0} \tag{10-33}$$

式中，V_0、C_S 和 V_S 为已知值，25℃时 $S = 0.0592/n$，也可由实验测得。将电池电动势的测量值 EMF_1、EMF_2 得到的 ΔE 代入计算，便可求得试样溶液的浓度 C_0。

标准加入法适合较复杂的样品体系，将小体积的标准溶液加入样品溶液中，可减免标准溶液和试液之间离子强度和组成不同所造成的测量误差。使用标准加入法一般不需要加入 TISAB，操作简便、快速。

三、直接电位法的测量误差

直接电位法测量时，由于电极电位的不稳定性、液接电位的不确定性、温度波动等诸多因素的影响，使得直接电位法在测量电池电动势上存在不低于 ±1mV 误差，电池电动势的测量误差（ΔE）导致试样浓度相对误差的大小可据 10-26 式微分，求得：

$$\Delta E=\frac{RT}{nF}\times\frac{\Delta C}{C} \tag{10-34}$$

在25℃时：

$$\frac{\Delta C}{C}(\%)\approx 3900n\Delta E\% \tag{10-35}$$

若电池电动势的测量误差 $\Delta E=\pm 1\text{mV}$，在25℃时测量一价离子的误差为3.9%、二价离子为7.8%，故直接电位法对高价离子测定有较大的测量误差，而相对误差与待测离子的浓度无关，即稀溶液和浓溶液具有相同的测定精密度。因此直接电位法适合于低价离子、低浓度（$10^{-5}\sim10^{-6}\text{mol/L}$）组分的测定。

四、电化学生物传感器技术及微电极技术简介

电化学生物传感技术及微电极技术是近年来电化学分析中发展迅速的新技术，它融生物学、化学、物理学、信息学及相关技术为一体，广泛地应用于生物医药等生命科学研究中，成为具有广阔应用前景的研究领域。下面仅就电化学生物传感器及微电极技术作一简介。

（一）电化学生物传感器

电化学生物传感器（electro chemical biosensor）是以电化学电极为信号转换器的生物传感器。具有选择性高，操作简便、快速、准确，可连续重复使用，不破坏样品，不受颜色影响等特点。电化学生物传感器由生物敏感元件和转换器两部分构成，如图10-12所示。生物敏感元件包括酶、抗原、抗体、激素、DNA、RNA或生物体本身如细胞、细胞器、组织等。以电化学电极等为信号转换器，将各种信息（生物、化学、物理）转化为电信号作为特征检测信号。

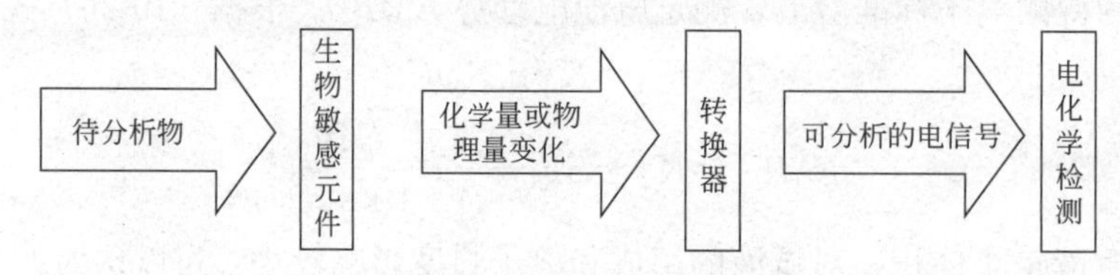

图10-12　电化学生物传感器原理示意图

根据敏感元件所用生物材料的不同，电化学生物传感器分为酶电极传感器、微生物电极传感器、电化学免疫传感器、电化学DNA传感器等。

DNA是一切生物的基本遗传物质，对DNA的研究是生命科学领域中极为重要的内容。两条来源不同的单链DNA（ssDNA）分子如果完全互补，则可以通过氢键特异性结合而形成双螺旋（dsDNA）结构，这就是DNA分子的杂交。由于ssDNA与其互补靶系列杂交具有高度的序列选择性，若将该ssDNA修饰在电极上，则该修饰电极具有极强的分子识别功能。

电化学DNA传感器是利用单链ssDNA探针作为敏感元件，通过共价键合或化学吸附等修饰固定在固体电极（金电极、玻璃电极和碳糊电极等）表面，加上识别杂交信息的电活性指示剂（称为杂交指示剂）共同构成的检测特定基因的装置。其工作原理是利用固定在电极表面的某一特定序列的DNA与溶液中互补序列DNA的特异识别作用（分子杂交）形成双链dsDNA，同时借助一能识别ssDNA和dsDNA的杂交指示剂的电化学响应信号的改变来检测基因是否存在，达到定性的目的。同时当互补序列DNA的浓度发生改变时，指示剂嵌入后的响应信号也会发生相应变化，一定范围内指示剂的响应信号与待测DNA物质的量或浓度成线性关系，从而得以检测基因含量，达到定量的目的。

电化学DNA传感器的研究工作虽然还处于起步阶段，但它开辟了电化学与分子生物学的新领域，为生命科学的研究提供了一种全新的方法，对临床医药学和遗传工程的研究具有深远的意义和应用价值。

（二）微电极

微电极（microelectrode）是指大小尺寸为微米级或以下的电极的总称，分为常规微电极和超微电极。

常规微电极（conventional microelectrode）是尖端直径在微米级的小型化电极，如图10-13所示。如以针灸针为基体，将钙离子敏感材料、增塑剂、添加剂、PVC粉按一定比例配制的PVC膜复合其上，制成的全固态钙离子选择微电极，用来对针刺治疗过程中腧穴组织内钙离子活度进行在体实时动态监测；采用钾离子选择微电极对严重烧伤早期心肌细胞K^+浓度的测定。

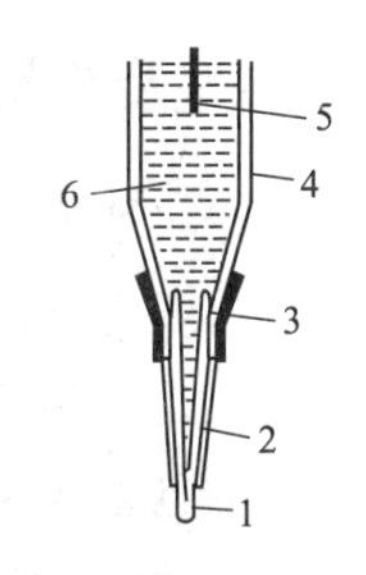

图10-13　pH玻璃微电极示意图

1. pH敏感玻璃尖；2. 绝缘层；3. 玻璃封接处；4. 玻璃毛细管；5. Ag-AgCl内参比电极；6. 内参比液

超微电极（ultra-microelectrode）是指电极的一维（半径或宽度）尺寸为10^{-6}m至10^{-9}m的一类电极，当电极的尺寸从毫米级降低至微米级时，表现出以下优良的电化学特性：高传质速率、小时间常数、低IR降、高信噪比、高电流密度等，这些优点都是毫米级的电极所无法比拟的。其优良的电化学特性体现出超微电极在分析测试上具有高灵敏度、高分析精度、低检测限等优势。更适用于微量、痕量物质的测定。如超微电极作为生物传感器，在临床分析、药物研究等生命科学研究中，对生物活体组织、细胞中的化学物质进行检测；作为气体传感器在环境分析中广泛用于检测空气中的NO、NO_2等气体，电位型离子选择性超微电极，在环境分析中测定多种重金属离子等。总之超微电极为人们探索物质的微观特性提供了一种有力的手段。电极修饰是当前超微电极应用研究中活跃的领域，随着超微电极制备技术的不断完善，进一步拓展了分析对象，使超微电极在生物化学、环境保护、应用医药学等领域得到更广泛的应用。

纳米微电极（nanometer-scale electrode）是指电极至少有一维尺寸为1至100nm的超微电极。当电极尺度降至纳米级时，则出现不寻常的传质过程，其优良的电化学性能表现在极高的传质速率和极高的分辨率两方面，更适合快速和痕量检测，是电化学研究中的新领域。纳米微电极制作方法有纳米压印起离法、等离子轰击法、模板法、刻蚀涂层法。其中刻蚀涂层法制备是将金属丝用电化学或火焰烧蚀法刻蚀成锐利的尖；然后涂上一层绝缘物（玻璃或聚合物），通过升高温度使绝缘层收缩、固化，恰好将金属丝的最尖端露出来。操作控制金属丝尖端的活化面积，进而得到预期的电极尺寸。如纳米级的铂电极、铂铱合金电极、碳纤维电极等都是用此方法制备的。纳米微电极具有高选择性、高灵敏度、快速响应时间和超小体积的特点，最适于在体连续监控，单分子检测，活体单个细胞、细胞突触间隙或就单个囊泡的动态化学变化研究。纳米传感器、修饰纳米微电极为细胞工程、蛋白质工程、酶工程研究、临床疾病诊断、药理研究等提供了新的工具和手段。另外纳米微电极在扫描电化学显微镜的研究、电化学动力学参数的测定、电催化反应电极材料等众多研究领域显示出巨大的应用潜能。

第三节　电位滴定法

电位滴定法（potentiometric titration）是利用滴定过程中指示电极电位的变化来确定滴定终点

的滴定分析法。可用于酸碱、沉淀、配位、氧化还原及非水等各类滴定。电位滴定法与用指示剂确定终点的滴定相比，具有客观性强、准确度高、不受溶液有色、浑浊等限制，易于实现滴定分析自动化等优点；对于使用指示剂难以判断终点或没有合适指示剂可以利用的场合，电位滴定法更为有利；在制定新的指示剂滴定方法时，也常需借助电位滴定法进行对照，确定指示剂的变色终点，检查新方法的可靠性；应用电位滴定法还可以确定一些热力学常数。

一、原理及装置

电位滴定法基于滴定反应在化学计量点附近，待测物和滴定剂的浓度会发生急剧的变化，且以化学计量点的浓度变化率最大。计量点前后浓度的突变导致电位的突变，故指示电极的电位变化率最大点即为滴定终点。电位滴定基本装置如图 10-14 所示。

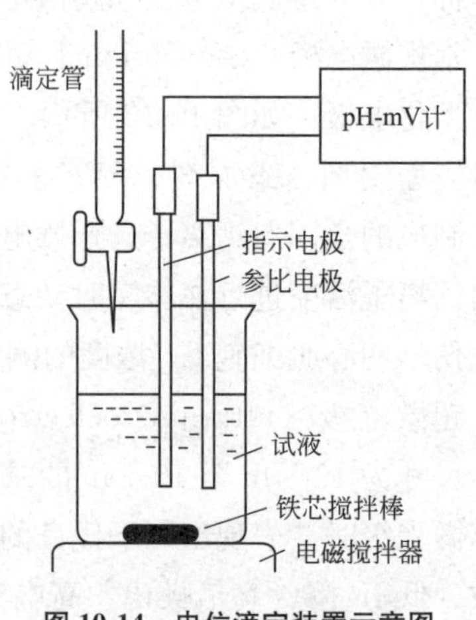

图 10-14　电位滴定装置示意图

二、终点确定方法

进行电位滴定时，每加一次滴定剂测量一次电池电动势，直到化学计量点以后。为了滴定曲线的测量准确和数据处理简便，一般在远离化学计量点处滴定剂滴加体积稍大；在计量点附近，应减小滴定剂的加入体积，最好每加一小份（0.10～0.05mL）记录一次数据，并保持每次加入滴定剂的体积相等。表 10-3 为0.1000mol/L $AgNO_3$ 滴定 NaCl 的电位滴定数据记录和处理表。现以该表数据为例，介绍电位滴定终点确定方法。

（一）E-V 曲线法

以滴定剂体积（V）为横坐标，以电动势为纵坐标作图得到一条 S 形曲线，如图 10-15a 所示。曲线的转折点（拐点）所对应的横坐标值即为滴定终点。该法应用简便，但要求滴定突跃明显；若突跃不明显，则可用一级或二级微商法。

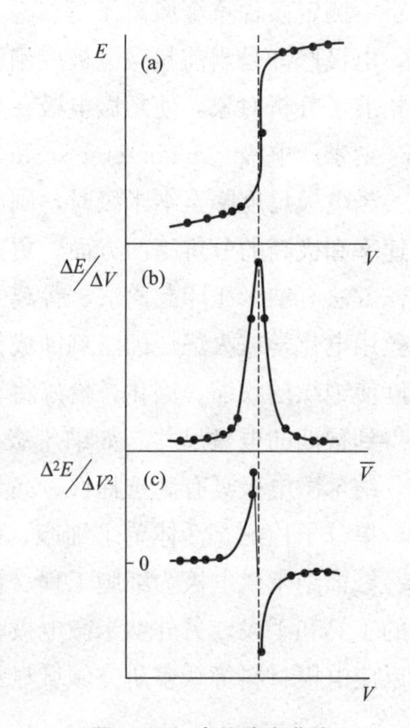

图 10-15　电位滴定曲线

（a）E-V 曲线；（b）$\Delta E/\Delta V$-$\bar{V}$ 曲线；（c）$\Delta^2E/\Delta V^2$-V 曲线

（二）$\Delta E/\Delta V$-$\bar{V}$ 曲线法（一级微商法）

$\Delta E/\Delta V$ 表示滴定剂单位体积变化引起电动势的变化值，以 $\Delta E/\Delta V$ 为纵坐标，以相邻两次加入滴定剂体积的算术平均值 $\bar{V}$ 为横坐标，得到 $\Delta E/\Delta V \sim \bar{V}$ 一峰状曲线，如图 10-15b 所示。根据函数微商性质可知，该曲线的最高（极值）点所对应的体积即为滴定终点体积，与 E-V 曲线拐点对应的横坐标一致。因为极值点较拐点容易准确判断，所以用 $\Delta E/\Delta V$-$\bar{V}$ 曲线法确定终点较为准确。

（三）$\Delta^2E/\Delta V^2$-V 曲线法（二级微商法）

$\Delta^2E/\Delta V^2$ 表示在一级微商的基础上，滴定剂单位体积变化所引起 $\Delta E/\Delta V$ 的变化，即 $\Delta(\Delta E/\Delta V)/\Delta V$。以 $\Delta^2E/\Delta V^2$ 为纵坐标对 V 做图，得到一条具有两个极值的曲线，如图 10-

15c 所示。该法的依据是函数曲线的拐点在一级微商图上是极值点，在二级微商图上则是等于零的点，即 $\Delta^2E/\Delta V^2=0$ 时的横坐标为滴定终点。由于计量点附近的曲线近似于直线，所以应用该方法可以通过简单的“内插法”计算得到滴定终点。例如用表 10-3 的数据计算滴定终点：首先根据第 5 列 $\Delta E/\Delta V$ 最大值（0.83）找到与之相对应的第 9 列 $\Delta^2E/\Delta V^2$ 正、负变化的两点（4.4，−5.9），查出这两点对应的滴定剂体积（在第 1 列）24.30mL、24.40mL，根据线段的比例关系，采用“内插法”解出 $\Delta^2E/\Delta V^2=0$ 时对应的体积即为滴定终点（V_{ep}）。

$$\begin{array}{ccc} 24.30 & V_{ep} & 24.40 \\ | & | & | \\ \hline 4.4 & 0 & -5.9 \end{array} \qquad \frac{V_{ep}-24.30}{0-4.4}=\frac{24.40-24.30}{-5.9-4.4}$$

整理，得　$V_{ep}=24.30+0.04=24.34(\text{mL})$

应该指出，上述确定终点的方法比较费时，因此除非要研究滴定的全过程，通常只需要准确测量计量点前、后 E、V 数据，并保持每次加入滴定剂的体积相等，则会使数据处理较为简便。如对表 10-3 的数据，只需选 V、E 4 组数据，经处理后用内插法计算滴定终点。

在电位滴定操作和数据处理中，还可用 Gran 作图法、线性滴定图解法、两点电位滴定法等。如果对一个滴定反应预先测得终点电位，还可以通过自动电位滴定仪实现自动电位滴定。常用的自动电位滴定仪有两种类型：一类是自动控制滴定终点，当到达终点电位时，自动关闭滴定装置，显示滴定剂用量；另一类则可以在滴定过程中自动绘制滴定曲线，并给出滴定终点。

表 10-3　0.1000mol/L $AgNO_3$ 滴定 NaCl 的电位滴定数据记录和处理表

1 V (mL)	2 E (V)	3 ΔE (V)	4 ΔV (mL)	5 $\Delta E/\Delta V$ (V/mL)	6 $\overline{V}$ (mL)	7 $\Delta(\Delta E/\Delta E)$ (V/mL)	8 $\Delta\overline{V}$ (mL)	9 $\Delta^2E/\Delta V^2$ (V/mL^2)
22.0	0.123							
		0.015	1.00	0.015	22.50			
23.00	0.138					0.021	1.00	0.021
		0.036	1.00	0.036	23.50			
24.00	0.174					0.054	0.55	0.098
		0.009	0.10	0.09	24.05			
24.10	0.183					0.02	0.10	0.2
		0.011	0.10	0.11	24.15			
24.20	0.194					0.28	0.10	2.8
		0.039	0.10	0.39	24.25			
24.30	0.233					0.44	0.10	4.4
		0.083	0.10	0.83	24.35			
24.40	0.316					−0.59	0.10	−5.9
		0.024	0.10	0.24	24.45			
24.50	0.340					−0.13	0.10	−1.3
		0.011	0.10	0.11	24.55			
24.60	0.351					−0.05	0.25	−0.2
		0.024	0.40	0.06	24.80			
25.00	0.375							

三、应用实例

电位滴定法可用于各类滴定分析，如酸碱滴定、沉淀滴定、配位滴定、氧化还原滴定等。滴定反应类型不同所选用的电极系统也不同。各类电位滴定常用的电极系统见表 10-4。

表 10-4　各类电位滴定中常用的电极系统

方　法	电 极 系 统	使 用 说 明
酸碱滴定	pH 玻璃电极-饱和甘汞电极	pH 玻璃电极用后即清洗并浸在纯水中保存
非水(酸碱)滴定	pH 玻璃电极-饱和甘汞电极	SCE 套管内装 KCl 的饱和无水甲醇溶液以避免水渗出的干扰，或采用双盐桥 SCE；pH 玻璃电极处理同上

续表

方法	电极系统	使用说明
沉淀滴定(银量法)	银电极-硝酸钾盐桥-饱和甘汞电极	SCE 中的 Cl^- 对测定有干扰，因此需要用硝酸钾盐桥将试液与甘汞电极隔开(即采用双盐桥 SCE)
	银电极-pH 玻璃电极	pH 玻璃电极作参比电极。在试液中加入少量酸(HNO_3)，可使玻璃电极的电位保持恒定
	离子选择电极	
氧化还原滴定	铂电极-饱和甘汞电极	铂电极用加少量 $FeCl_3$ 的 HNO_3 溶液或铬酸清洁液浸洗
配位滴定	pM 汞电极-饱和甘汞电极	预先在试液中滴加 3～5 滴 0.05mol/L HgY^{2-} 溶液。适用于和EDTA反应生成的配合物不如 HgY^{2-} 稳定的金属离子，pM 汞电极适用 pH 的范围为 2～11，当 pH<2 时，HgY^{2-} 不稳定；当 pH>11 时，HgY^{2-} 转变成 HgO 沉淀
	离子选择电极	

在一般的滴定分析中，电位滴定法由于操作和数据处理较费时，通常只在水相滴定分析无合适的指示剂或指示剂指示终点现象不明显等情况下使用，但在非水滴定中电位滴定法则是一个基本的方法。《中国药典》（2020 年版）将电位滴定法作为核对指示剂变色域的法定方法。在非水溶液电位滴定中以酸碱滴定应用最多，由于非水溶剂的介电常数大小与滴定突跃范围和电池电动势读数的稳定性有关，在介电常数较小的溶剂中滴定反应易于进行完全，滴定突跃较为明显，但电动势读数不够稳定；在介电常数较大的溶剂中，电动势读数较为稳定，但有时因突跃不明显而不能滴定。因此在非水电位滴定时，常在介电常数较大的溶剂中加一定比例介电常数较小的溶剂，这样既易得到较稳定的电动势，又能获得较大的电位突跃范围。

电位滴定法除了用于定量分析，还可以用来测量某些酸碱的解离常数、沉淀的溶度积和配合物的稳定常数。例如，利用表 10-3 数据绘制 E-V 曲线，在图上查出终点电位或由二级微商“内插法”计算终点电位。根据终点电位，便可计算 AgCl 的溶度积。

$$\frac{E_{ep}-0.233}{0-4.4}=\frac{0.316-0.233}{-4.4-5.9} \qquad E_{ep}=0.268\text{V (vs. SCE)}$$

根据滴定过程中电位的变化，可以判断银电极是正极。因此，$E_{Ag^+/Ag}=0.268+0.241=0.509\text{V}$ 终点时，

$$[Ag^+]=\sqrt{K_{sp}}$$

由 $E_{Ag^+/Ag}=E^{\ominus}_{Ag^+/Ag}+0.0592\lg[Ag^+]$ 即得 AgCl 的溶度积为：$K_{sp}=7.56\times10^{-10}$

第四节 双指示电极电流滴定法

双指示电极电流滴定法又称为永停滴定法（dead-stop titration）。测量时是将两支相同的指示电极（常用微 Pt 电极）插入试液中，在电极间外加一个小电压（10～200mV），然后进行滴定。根据滴定过程中电流变化确定滴定终点，属于电流滴定法。

双指示电极电流滴定法快速简便，终点判断直观、准确，所用仪器简单，易于实现自动滴定。

一、原理及装置

若溶液中同时存在某电对的氧化态及对应的还原态物质，如 Fe^{3+} 及 Fe^{2+} 的溶液，插入一支铂电极，其电极电位符合 Nernst 方程式关系：

$$E=E^{\ominus}_{Fe^{3+}/Fe^{2+}}+0.0592\lg\frac{a_{Fe^{3+}}}{a_{Fe^{2+}}}\qquad (25℃)$$

若溶液中同时插入两支相同的铂电极，此时两电极电位相等，电极间电位差为零，无电流通过。但若在两极间外加一个小电压，则：

在正极端（阳极）发生氧化反应：$Fe^{2+} \rightleftharpoons Fe^{3+}+e$

在负极端（阴极）发生还原反应：$Fe^{3+}+e \rightleftharpoons Fe^{2+}$

即发生电解反应，产生电解电流。由于两极同时发生反应，外电路才有电流通过，具有此性质的电极称为可逆电极（或可逆电对 reversible system）。在永停滴定法中常见的可逆电对除了 Fe^{3+}/Fe^{2+} 外，还有 Ce^{4+}/Ce^{3+}、I_2/I^-、Br_2/Br^- 和 HNO_2/NO 等。

某些氧化还原电对不具有上述性质，如 $S_4O_6^{2-}/S_2O_3^{2-}$ 电对，当同样插入两支铂电极，外加一个小电压，由于只能在阳极发生$2S_2O_3^{2-} \longrightarrow S_4O_6^{2-}+2e$，而在阴极不能同时发生 $S_4O_6^{2-}+2e \longrightarrow 2S_2O_3^{2-}$，所以电路中无电流通过。这样的电极称为不可逆电极（或不可逆电对 irreversible system）。

双指示电极电流滴定法就是根据在外加小电压下，溶液中存在可逆电对就有电流，无可逆电对就无电流的现象；依据电流的大小取决于可逆电对中浓度小的氧化态或还原态的浓度，当氧化态和还原态的浓度相等时电流值最大的特点，通过观察滴定过程中电流随滴定剂体积增加而变化的情况来确定滴定终点。

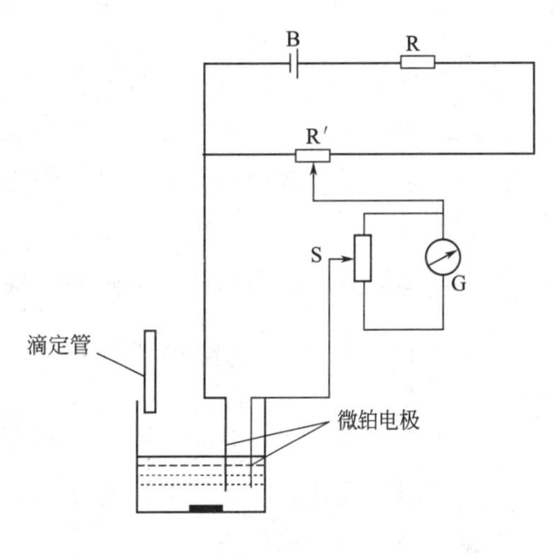

图 10-16　双指示电极电流滴定装置示意图

双指示电极电流滴定仪装置如图 10-16 所示：两个微 Pt 电极与试液组成电解池，外加小电压的电源电路；测量电解电流的灵敏检流计。图中 B 为 1.5V 电池，R 为 5000Ω 电阻，R′为绕线电阻(500Ω)。调节 R′可得到所需的外加电压。S 为分流电阻，调节 S 可得检流计 G（10^{-7}～10^{-9} A/分度）合适的灵敏度。

二、终点确定方法

按照滴定过程中电流的变化确定终点，一般分为三种情况：

（一）可逆电对滴定可逆电对

如 Ce^{4+}滴定 Fe^{2+}溶液，滴定前，溶液中只存在 Fe^{2+} 而无 Fe^{3+}，不发生电解反应，不能产生电解电流。

滴定开始至计量点前，发生如下滴定反应：

$$Ce^{4+}+Fe^{2+} \rightleftharpoons Ce^{3+}+Fe^{3+}$$

溶液中存在 Fe^{3+}/Fe^{2+}、Ce^{3+}，在外加小电压作用下，电极发生如下反应：

阳极　$Fe^{2+}-e \rightleftharpoons Fe^{3+}$　　　阴极　$Fe^{3+}+e \rightleftharpoons Fe^{2+}$

此时，检流计显示有电流通过。随着滴定剂体积的增大，$[Fe^{3+}]$ 增加，电流增大；当 $[Fe^{3+}]/[Fe^{2+}]=1$ 时电流达最大值；随后电流逐渐减小。

计量点时，溶液中几乎没有 Fe^{2+}，电流降到最小。

计量点后，随着滴定剂体积过量，产生 Ce^{4+}/Ce^{3+} 可逆电对，电极发生如下反应：

阳极　$Ce^{3+} - e \rightleftharpoons Ce^{4+}$　　　阴极　$Ce^{4+} + e \rightleftharpoons Ce^{3+}$

此时，又有电流产生，并且该电流随滴定剂体积增大而加大。记录滴定过程中电流（I）随滴定剂体积（V）变化的曲线如图 10-17 所示，电流由下降至上升的转折点即为滴定终点。

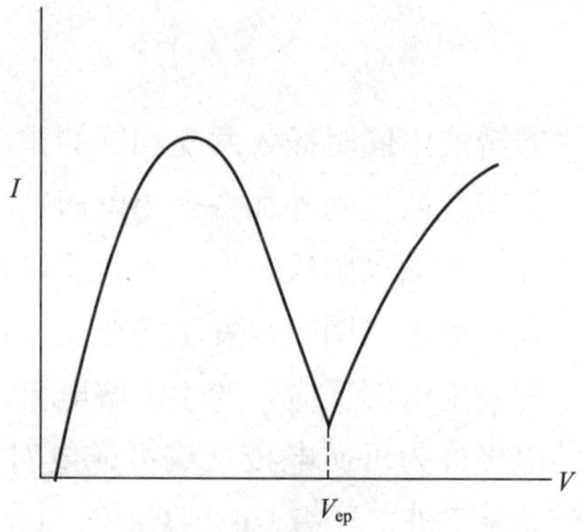

图 10-17　Ce^{4+} 滴定 Fe^{2+} 的 *I-V* 曲线

（二）不可逆电对滴定可逆电对

如 $Na_2S_2O_3$ 滴定含有过量 KI 的 I_2 溶液，滴定反应为：

$$2S_2O_3^{2-} + I_2 \rightleftharpoons 2I^- + S_4O_6^{2-}$$

滴定开始至计量点前，溶液中存在 I_2/I^-，在外加小电压作用下，发生如下反应：

阳极　$2I^- - 2e \rightleftharpoons I_2$　　　阴极　$I_2 + 2e \rightleftharpoons 2I^-$

检流计显示有电流通过，并且随着滴定剂体积逐渐增大，$[I_2]$ 逐渐减小，电流也随之下降。计量点时，溶液中几乎不存在 I_2，电流降到最小。

计量点后，随着滴定剂体积过量，溶液中存在不可逆电对 $S_4O_6^{2-}/S_2O_3^{2-}$ 和 I^-，无电解反应发生，因此没有电流产生。滴定过程中 *I-V* 曲线如图 10-18 所示。这类滴定的终点以检流计指针停止在零或零附近不动为特征，永停滴定法由此得名。

（三）可逆电对滴定不可逆电对

如 I_2 滴定 $Na_2S_2O_3$ 溶液，滴定开始至计量点前，由于溶液中只存在不可逆电对 $S_4O_6^{2-}/S_2O_3^{2-}$，所以检流计显示没有电流通过。

计量点时，仍然是电流 $I=0$。计量点后稍过量的 I_2，溶液中有了 I_2/I^- 可逆电对，电极上产生电解反应，检流计指针开始偏转。随着滴定剂 I_2 的浓度的增大，电流增大。滴定曲线及终点如图 10-19 所示。

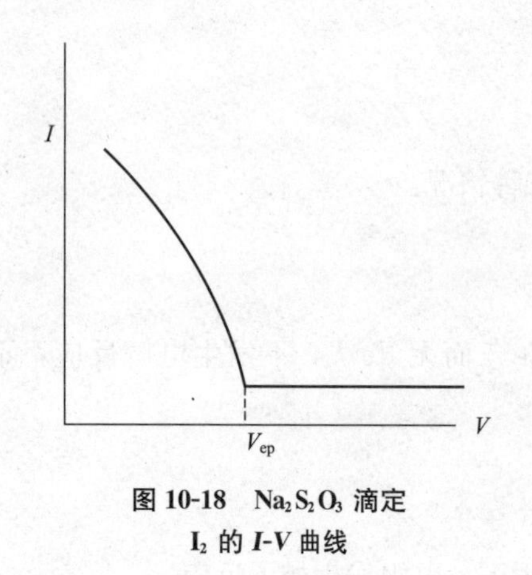

图 10-18　$Na_2S_2O_3$ 滴定 I_2 的 *I-V* 曲线

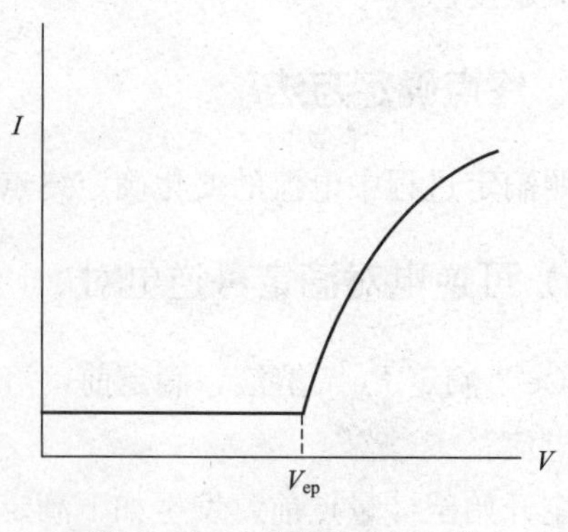

图 10-19　I_2 滴定 $Na_2S_2O_3$ 的 *I-V* 曲线

三、应用实例

双指示电极电流滴定法在药物分析方面应用广泛，以下介绍两个典型例子。

例 10-1　重氮化滴定法的终点确定。重氮化滴定是在酸性条件下，用 $NaNO_2$ 滴定含芳伯胺类化合物的方法，属于可逆电对滴定不可逆电对。滴定反应如下：

$$R-C_6H_4-NH_2 + NaNO_2 + 2HCl \rightleftharpoons R-C_6H_4-\overset{+}{N}\equiv NCl^- + 2H_2O + NaCl$$

计量点后因有 HNO_2/NO 可逆电对存在：

阳极　　$NO + H_2O - e \rightleftharpoons HNO_2 + H^+$

阴极　　$HNO_2 + H^+ + e \rightleftharpoons NO + H_2O$

检流计指针突然偏转，并不再回复，即为滴定终点。用双指示电极电流滴定法确定重氮化滴定法的终点比使用内、外指示剂法更加准确方便。

例 10-2　Karl-Fischer 法测微量水分的终点确定。试样中的水分与 Karl-Fischer 试剂定量反应，属于可逆电对滴定不可逆电对：

$$I_2 + SO_2 + 3\,C_5H_5N + CH_3OH + H_2O = 2\,C_5H_5N^{+}(H)I^{-} + C_5H_5N^{+}(H)SO_4CH_3^{-}$$

计量点前溶液中不存在可逆电对，故检流计指针停滞 0 位，计量点后有稍过量 I_2，存在 I_2/I^- 可逆电对，检流计指针突然偏转并不再回复，即为滴定终点。

习　题

1. 何谓指示电极和参比电极？

2. 试以 pH 玻璃电极为例，简述膜电位的形成机理。

3. 试述总离子强度调节缓冲剂（TISAB）的主要组成和作用。

4. 电位滴定法和双指示电极电流滴定法分别适合哪些类型的滴定反应？哪一种方法用到原电池？哪一种方法用到电解池？

5. 什么是可逆电对和不可逆电对？试叙述双指示电极电流滴定法滴定曲线的形状和滴定终点的确定方法。

6. 测定下列电池在 25℃时的电池电动势为 −82.0mV，计算 Ag^+ 活度。

$$(-)Ag|AgNO_3(0.0440mol/L)\|KNO_3(sat.)\|AgNO_3(x)|Ag(+)$$

$(\alpha_{Ag^+} = 1.79\times10^{-3}mol/L)$

7. 为了测定 Cu(Ⅱ) EDTA 配合物的稳定常数，组装了下列电池：

$$(-)Cu|CuY^{2-}(1.00\times10^{-4}mol/L),Y^{4-}(1.00\times10^{-2}mol/L)\|SHE(+)$$

测得其电位为 0.277V，试计算配合物的稳定常数。

(6.51×10^{18})

8. 用 pH 玻璃电极和 SCE 组成如下测量电池：

(−)pH 玻璃电极|标准缓冲溶液或未知溶液 ‖ SCE(+)

在 25℃时，测得 pH 值为 4.00 的标准缓冲溶液的电动势为 0.218V，若用未知 pH 溶液代替标准缓冲溶液，测得电动势为 0.206V。计算未知溶液的 pH。　(3.80)

9. 用钙离子选择电极测定某溶液钙离子浓度，取含 Ca^{2+} 离子试样溶液 25.00mL，浸入流动载体电极后，所得电位为 0.497V。在加入 2.00mL 的 $5.45\times10^{-2}mol/L$ $CaCl_2$ 标准溶液后，所得电位为 0.412V。试计算此试液中 Ca^{2+} 浓度为多少。

$(5.6\times10^{-6}mol/L)$

10. 已知在25℃时，pH玻璃电极对pH的响应有如下表达：$EMF=K'+0.0592\text{pH}$。当电池电动势的测量有1mV的误差时，导致pH测量误差有多大？

(ΔpH=0.02)

11. 玻璃膜钠离子选择性电极对氢离子的电位选择性系数为1×10^{2}，当钠电极用于测定1×10^{-5}mol/L Na^{+}时，要满足测定的相对误差小于1%，则应控制试液的pH大于多少？

(pH>9)

12. 用镉离子选择电极测量溶液中Cd^{2+}浓度，将其插入100mL试液中，与SCE组成原电池。25℃时测得电动势为0.379V，加入浓度为1.00mol/L的Cd^{2+}标准溶液1.00mL后，电动势为0.414V，计算试液中Cd^{2+}离子浓度。

(6.9×10^{-4}mol/L)

13. 用氟离子选择性电极测量某催化剂中氟盐含量。平行称取2.00g样品2份，分别溶解成25.00mL水溶液。加入25.00mL TISAB，测得电池电动势为236.6mV，向其中一份加50.00mL试剂空白，测得电动势为254.0mV；另一份加氟离子标准溶液（5.00×10^{-2}mol/L）1.00mL，测得电动势为199.0mV。问：

（1）氟电极的响应斜率是多少？（2）每克催化剂中含F多少毫克？

[（1）S=0.0578　（2）0.267mg/g]

14. 已知$E^{\ominus}_{Ag^{+}/Ag}=0.779$V，$E_{SCE}=0.241$V。设计下列电池，测得25℃时该电池电动势为0.662V。

$$(-)Ag|Ag(CN)_2^-(0.00100\text{mol/L}),CN^-(0.0100\text{mol/L})|SCE(+)$$

试计算$Ag(CN)_2^-$稳定常数。

（提示：该问题涉及两步化学反应　① $Ag^{+}+2CN^{-}\rightleftharpoons Ag(CN)_2^-$　② $Ag^{+}+e\rightleftharpoons Ag$）

($K_{稳}=1.86\times10^{21}$)

15. 以下是pH玻璃电极作指示电极，饱和甘汞电极为参比电极，用0.100mol/L NaOH标准溶液滴定10.00mL某三元酸H_3A溶液的部分数据记录：

V_{NaOH}(mL)	pH	V_{NaOH}(mL)	pH	V_{NaOH}(mL)	pH
0.00	1.98	10.30	4.03	10.60	5.19
4.00	2.12	10.35	4.18	10.70	5.30
8.00	2.61	10.40	4.36	10.80	5.42
9.00	2.94	10.45	4.57	11.00	5.59
10.00	3.45	10.50	4.85	12.00	6.00
10.20	3.77	10.55	5.04	15.00	6.68

（1）绘制pH-V滴定曲线。

（2）绘制ΔpH/ΔV-V曲线。

（3）Δ^2pH/ΔV^2-V曲线。

（4）确定滴定终点，计算H_3A溶液浓度。

（5）求H_3A的K_{a1}。

[（4）V_{ep}=10.47mL，H_3A溶液浓度=0.105mol/L；（5）H_3A的$K_{a1}=5.60\times10^{-3}$]

附录一

常用酸、碱在水中的离解常数（25℃）

化合物	分子式	K_a	pK_a
砷酸	H_3AsO_4	$6.3\times10^{-3}(K_{a1})$	2.20
		$1.0\times10^{-7}(K_{a2})$	7.00
		$3.2\times10^{-12}(K_{a3})$	11.50
亚砷酸	H_3AsO_3	6.0×10^{-10}	9.22
硼酸	H_3BO_3	$5.8\times10^{-10}(K_{a1})$	9.24
碳酸	$H_2CO_3(CO_2+H_2O)$，如不计水合CO_2，H_2CO_3的$pK_a=3.76$	$4.2\times10^{-7}(K_{a1})$	6.38
		$5.6\times10^{-11}(K_{a2})$	10.25
氢氰酸	HCN	6.2×10^{-10}	9.21
氰酸	HCNO	1.2×10^{-4}	3.92
铬酸	H_2CrO_4	$0.18(K_{a1})$	0.74
		$3.2\times10^{-7}(K_{a2})$	6.50
氢氟酸	HF	6.6×10^{-4}	3.18
亚硝酸	HNO_2	5.1×10^{-4}	3.29
磷酸	H_3PO_4	$7.6\times10^{-3}(K_{a1})$	2.12
		$6.3\times10^{-8}(K_{a2})$	7.20
		$4.4\times10^{-13}(K_{a3})$	12.36
焦磷酸	$H_4P_2O_7$	$3.0\times10^{-2}(K_{a1})$	1.52
		$4.4\times10^{-3}(K_{a2})$	2.36
		$2.5\times10^{-7}(K_{a3})$	6.60
		$5.6\times10^{-10}(K_{a4})$	9.25
亚磷酸	H_3PO_3	$5.0\times10^{-2}(K_{a1})$	1.30
		$2.5\times10^{-7}(K_{a2})$	6.60
氢硫酸	H_2S	$1.3\times10^{-7}(K_{a1})$	6.88
		$7.1\times10^{-15}(K_{a2})$	14.15
硫酸	H_2SO_4	$1.2\times10^{-2}(K_{a2})$	1.92
亚硫酸	$H_2SO_3(SO_2+H_2O)$	$1.3\times10^{-2}(K_{a1})$	1.90
		$6.3\times10^{-8}(K_{a2})$	7.20
硫氰酸	HSCN	1.4×10^{-1}	0.85
偏硅酸	H_2SiO_3	$1.7\times10^{-10}(K_{a1})$	9.77
		$1.6\times10^{-12}(K_{a2})$	11.8

续表

化合物	分子式	K_a	pK_a
甲酸(蚁酸)	HCOOH	1.8×10^{-4}	3.74
乙酸(醋酸)	CH_3COOH	1.8×10^{-5}	4.74
丙酸	C_2H_5COOH	1.3×10^{-5}	4.87
一氯乙酸	$CH_2ClCOOH$	1.4×10^{-3}	2.86
二氯乙酸	$CHCl_2COOH$	5.0×10^{-2}	1.30
三氯乙酸	CCl_3COOH	0.23	0.64
氨基乙酸盐	$^+NH_3CH_2COOH$	$4.5\times10^{-3}(K_{a1})$	2.35
	$^+NH_3CH_2COO^-$	$2.5\times10^{-10}(K_{a2})$	9.60
抗坏血酸	O═C—C(OH)═C(OH)—CH— (环) CHOH—CH_2OH	$5.0\times10^{-5}(K_{a1})$	4.30
		$1.5\times10^{-10}(K_{a2})$	9.82
乳酸	$CH_3CHOHCOOH$	1.4×10^{-4}	3.86
苯甲酸	C_6H_5COOH	6.2×10^{-5}	4.21
草酸	$H_2C_2O_4$	$5.9\times10^{-2}(K_{a1})$	1.22
		$6.4\times10^{-5}(K_{a2})$	4.19
d-酒石酸	CH(OH)COOH | CH(OH)COOH	$9.1\times10^{-4}(K_{a1})$	3.04
		$4.3\times10^{-5}(K_{a2})$	4.37
酒石酸	$H_2C_4H_4O_6$	$1.0\times10^{-3}(K_{a1})$	2.98
		$4.6\times10^{-5}(K_{a2})$	4.34
邻苯二甲酸	—COOH —COOH	$1.1\times10^{-3}(K_{a1})$	2.95
		$3.9\times10^{-6}(K_{a2})$	5.41
柠檬酸	CH_2COOH | C(OH)COOH | CH_2COOH	$7.4\times10^{-4}(K_{a1})$	3.13
		$1.7\times10^{-5}(K_{a2})$	4.76
		$4.0\times10^{-7}(K_{a1})$	6.40
苯酚	C_6H_5OH	1.1×10^{-10}	9.95
乙二胺四乙酸 (EDTA)	H_6Y^{2+}	$0.1(K_{a1})$	0.90
	H_5Y^+	$3.0\times10^{-2}(K_{a2})$	1.60
	H_4Y	$1.0\times10^{-2}(K_{a3})$	2.00
	H_3Y^-	$2.1\times10^{-3}(K_{a4})$	2.67
	H_2Y^{2-}	$6.9\times10^{-7}(K_{a5})$	6.16
	HY^{3-}	$5.5\times10^{-11}(K_{a6})$	10.26
环已烷二胺四乙酸 (C_yDTA)	H_2C—CH_2—CH—N(CH_2COOH)(CH_2COOH) H_2C—CH_2—CH—N(CH_2COOH)(CH_2COOH)	$3.7\times10^{-3}(K_{a1})$	2.43
		$3.0\times10^{-4}(K_{a2})$	3.52
		$7.6\times10^{-7}(K_{a3})$	6.12
		$2.0\times10^{-12}(K_{a4})$	11.70
乙二醇二乙醚二胺四乙酸(EGTA)	CH_2—O—$(CH_2)_2$—N(CH_2COOH)(CH_2COOH) | CH_2—O—$(CH_2)_2$—N(CH_2COOH)(CH_2COOH)	$1.0\times10^{-2}(K_{a1})$	2.00
		$2.24\times10^{-3}(K_{a2})$	2.65
		$1.41\times10^{-9}(K_{a3})$	8.85
		$3.47\times10^{-10}(K_{a4})$	9.46

续表

化　合　物	分　　子　　式	K_a	pK_a
二乙三胺五乙酸(DTPA)	$(HOOCCH_2)_2N-CH_2-CH_2-N(CH_2COOH)-CH_2-CH_2-N(CH_2COOH)_2$	$1.29\times10^{-2}(K_{a1})$	1.89
		$1.62\times10^{-3}(K_{a2})$	2.79
		$5.13\times10^{-5}(K_{a3})$	4.29
		$2.46\times10^{-9}(K_{a4})$	8.61
		$3.81\times10^{-11}(K_{a5})$	10.48
水杨酸	$C_6H_4OHCOOH$	$1.0\times10^{-3}(K_{a1})$	3.00
		$4.2\times10^{-13}(K_{a2})$	12.38
磺基水杨酸	$C_6H_3SO_3HOHCOOH$	$4.7\times10^{-3}(K_{a1})$	2.33
		$4.8\times10^{-12}(K_{a2})$	11.32
邻硝基苯甲酸	$C_6H_4NO_2COOH$	6.71×10^{-3}	2.17
硫代硫酸	$H_2S_2O_3$	$5\times10^{-1}(K_{a1})$	0.3
		$1\times10^{-2}(K_{a2})$	2.0
苦味酸	$HOC_6H_2(NO_2)_3$	4.2×10^{-1}	0.38
丙烯酸	$H_2CCHCOOH$	5.6×10^{-5}	4.25
羟基乙酸	$HOCH_2COOH$	1.5×10^{-4}	3.83
对羟基苯甲酸	HOC_6H_4COOH	$3.3\times10^{-5}(K_{a1})$	4.48
		$4.8\times10^{-10}(K_{a2})$	9.32
甘氨酸(乙氨酸)	H_2NCH_2COOH	$4.5\times10^{-3}(K_{a1})$	2.35(CO_2H)
		$1.7\times10^{-10}(K_{a2})$	9.78(NH_3)
丙氨酸	H_3CCHNH_2COOH	$4.6\times10^{-3}(K_{a1})$	2.34(CO_2H)
		$1.3\times10^{-10}(K_{a2})$	9.87(NH_3)
丝氨酸	$HOCH_2CHNH_2COOH$	$6.5\times10^{-3}(K_{a1})$	2.19 (CO_2H)
		$6.2\times10^{-10}(K_{a2})$	9.21(NH_3)
苏氨酸	$H_3CCHOHCHNH_2COOH$	$8.1\times10^{-3}(K_{a1})$	2.09(CO_2H)
		$7.9\times10^{-10}(K_{a2})$	9.10(NH_3)
蛋氨酸	$H_3CSC_3H_5NH_2COOH$	$7.4\times10^{-3}(K_{a1})$	2.13(CO_2H)
		$5.4\times10^{-10}(K_{a2})$	9.27(NH_3)
谷氨酸	$C_3H_5NH_2(COOH)_2$	$6.5\times10^{-3}(K_{a1})$	2.19(CO_2H)
		$2.1\times10^{-10}(K_{a2})$	9.67(NH_3)
邻二氮菲	$C_{12}H_8N_2$	1.1×10^{-5}	4.96
8-羟基喹啉	C_9H_6NOH	$9.6\times10^{-6}(K_{a1})$	5.02
		$1.55\times10^{-10}(K_{a2})$	9.81
氨水	$NH_3\cdot H_2O$	5.6×10^{-10}	9.25
联氨	H_2NNH_2	$3.0\times10^{-6}(K_{b1})$	5.52
		$7.6\times10^{-15}(K_{b2})$	14.12
羟胺	NH_2OH	1.1×10^{-6}	5.94
钙	Ca^{2+}	2.5×10^{-13}	12.6
铝	Al^{3+}	1.0×10^{-5}	5.00
钡	Ba^{2+}	4.0×10^{-14}	13.40

续表

化合物	分子式	K_a	pK_a
钠	Na^+	1.6×10^{-15}	14.80
镁	Mg^{2+}	4.0×10^{-12}	11.40
甲胺	CH_3NH_2	2.3×10^{-11}	10.63
乙胺	$C_2H_5NH_2$	2.0×10^{-11}	10.70
二甲胺	$(CH_3)_2NH$	2.1×10^{-11}	10.68
二乙胺	$(C_2H_5)_2NH$	9.5×10^{-12}	11.02
三乙胺	$(C_2H_5)_3N$	1.8×10^{-11}	10.75
乙醇胺	$HOCH_2CH_2NH_2$	3.2×10^{-10}	9.50
三乙醇胺	$(HOCH_2CH_2)_3N$	$5.8\times10^{-7}(K_b)$	6.24
六次甲基四胺	$(CH_2)_6N_4$	7.1×10^{-6}	5.15
乙二胺	$H_2NCH_2CH_2NH_2$	1.2×10^{-10}	9.92
		1.4×10^{-7}	6.86
吡啶	(N)	5.6×10^{-6}	5.25
喹啉	C_9H_7N	$6.3\times10^{-10}(K_b)$	9.20
番木鳖碱(士的宁)	$C_{21}H_{22}NO_2$	5.5×10^{-9}	8.26
苯胺	$C_6H_5NH_2$	2.3×10^{-5}	4.63
对甲氧基苯胺	$CH_3OC_6H_4NH_2$	4.5×10^{-5}	4.35
尿素	NH_2CONH_2	0.79	0.10
马钱子碱	$C_{23}H_{26}N_2O_4$	5.2×10^{-9}	8.28
可待因	$C_{18}H_{21}NO_3$	6.2×10^{-9}	8.21
吗啡	$C_{17}H_{19}NO_3$	6.2×10^{-9}	8.21
烟碱	$C_{10}H_{14}N_2$	9.5×10^{-9}	8.02
		7.6×10^{-4}	3.12

附录二

难溶化合物的溶度积（18～25℃）

难溶化合物	K_{sp}	pK_{sp}	难溶化合物	K_{sp}	pK_{sp}
$Al(OH)_3$(无定形)	4.6×10^{-33}	32.3	$CaWO_4$	8.7×10^{-9}	8.06
Al-8-羟基喹啉	1.0×10^{-29}	29.0	Ca-8-羟基喹啉	7.6×10^{-12}	11.12
Ag_3AsO_4	1×10^{-22}	22.0	$CdCO_3$	5.2×10^{-12}	11.28
AgBr	5.2×10^{-13}	12.28	$Cd_2[Fe(CN)_6]$	3.2×10^{-17}	16.49
Ag_2CO_3	8.1×10^{-12}	11.09	$Cd(OH)_2$ 新析出	2.5×10^{-14}	13.60
AgCl	1.8×10^{-10}	9.75	$CdC_2O_4\cdot3H_2O$	9.1×10^{-8}	7.04
Ag_2CrO_4	1.1×10^{-12}	11.95	$Co_2[Fe(CN)_6]$	1.8×10^{-15}	14.74
AgCN	1.2×10^{-16}	15.92	$CoCO_3$	1.4×10^{-13}	12.84
AgOH	2.0×10^{-8}	7.71	$Co(OH)_2$ 新析出	2.0×10^{-15}	14.7
AgI	8.3×10^{-17}	16.08	$Co(OH)_3$	1.6×10^{-44}	43.80
$Ag_2C_2O_4$	3.5×10^{-11}	10.46	$Co[Hg(SCN)_4]$	1.5×10^{-6}	5.82
Ag_3PO_4	1.4×10^{-16}	15.84	α-CoS	4×10^{-21}	20.4
Ag_2SO_4	1.4×10^{-5}	4.84	β-CoS	2×10^{-25}	24.7
Ag_2S	6×10^{-50}	49.2	$Co_3(PO_4)_2$	2×10^{-35}	34.7
AgSCN	1.0×10^{-12}	12.00	$Cr(OH)_3$	6×10^{-31}	30.2
As_2S_3	2.1×10^{-22}	21.68	CuBr	5.2×10^{-9}	8.28
$BaCO_3$	5.1×10^{-9}	8.29	CuCl	1.2×10^{-6}	5.92
$BaCrO_4$	1.2×10^{-10}	9.93	CuCN	3.2×10^{-20}	19.49
BaF_2	1.0×10^{-6}	6.0	CuI	1.1×10^{-12}	11.96
$BaC_2O_4\cdot H_2O$	2.3×10^{-8}	7.64	CuOH	1×10^{-14}	14.0
Ba-8-羟基喹啉	5.0×10^{-9}	8.3	Cu_2S	2×10^{-48}	47.7
$BaSO_4$	1.1×10^{-10}	9.96	CuSCN	4.8×10^{-15}	14.32
$Bi(OH)_3$	4×10^{-31}	30.4	$CuCO_3$	1.4×10^{-10}	9.86
BiOOH*	4×10^{-10}	9.4	$Cu(OH)_2$	2.2×10^{-20}	19.66
BiI_3	8.1×10^{-19}	18.09	CuS	6×10^{-36}	35.2
BiOCl	1.8×10^{-31}	30.75	Cu-8-羟基喹啉	2.0×10^{-30}	29.7
$BiPO_4$	1.3×10^{-23}	22.89	$FeCO_3$	3.2×10^{-11}	10.50
Bi_2S_3	1×10^{-97}	97.0	$Fe(OH)_2$	8×10^{-16}	15.1
$CaCO_3$	2.9×10^{-9}	8.54	FeS	6×10^{-18}	17.2
CaF_2	2.7×10^{-11}	10.57	$Fe(OH)_3$	4×10^{-38}	37.4
$CaC_2O_4\cdot H_2O$	4.0×10^{-9}	8.40	$FePO_4$	1.3×10^{-22}	21.89
$Ca_3(PO_4)_2$	2.0×10^{-29}	28.70	Hg_2Br_2**	5.8×10^{-23}	22.24
$CaSO_4$	9.1×10^{-6}	5.04	Hg_2CO_3	8.9×10^{-17}	16.05

续表

难溶化合物	K_{sp}	pK_{sp}	难溶化合物	K_{sp}	pK_{sp}
Hg_2Cl_2	1.3×10^{-18}	17.88	PbF_2	2.7×10^{-8}	7.57
$Hg_2(OH)_2$	2×10^{-24}	23.7	$Pb(OH)_2$	1.2×10^{-15}	14.93
Hg_2I_2	4.5×10^{-29}	28.35	PbI_2	7.1×10^{-9}	8.15
Hg_2SO_4	7.4×10^{-7}	6.13	$PbMoO_4$	1×10^{-13}	13.0
Hg_2S	1×10^{-47}	47.0	$Pb_3(PO_4)_2$	8.0×10^{-43}	42.10
$Hg(OH)_2$	3.0×10^{-26}	25.52	$PbSO_4$	1.6×10^{-8}	7.79
HgS 红色	4×10^{-53}	52.4	PbS	8×10^{-28}	27.10
HgS 黑色	2×10^{-52}	51.7	$Pb(OH)_4$	3×10^{-66}	65.5
$MgNH_4PO_4$	2×10^{-13}	12.7	$Sb(OH)_3$	4×10^{-42}	41.4
$MgCO_3$	3.5×10^{-8}	7.46	Sb_2S_3	2×10^{-93}	92.8
MgF_2	6.4×10^{-9}	8.19	$Sn(OH)_2$	1.4×10^{-28}	27.85
$Mg(OH)_2$	1.8×10^{-11}	10.74	SnS	1×10^{-25}	25.0
Mg-8-羟基喹啉	4.0×10^{-16}	15.4	$Sn(OH)_4$	1×10^{-56}	56.0
$MnCO_3$	1.8×10^{-11}	10.74	SnS_2	2×10^{-27}	26.7
$Mn(OH)_2$	1.9×10^{-13}	12.72	$SrCO_3$	1.1×10^{-10}	9.96
MnS 无定形	2×10^{-10}	9.7	$SrCrO_4$	2.2×10^{-5}	4.65
MnS 晶形	2×10^{-13}	12.7	SrF_2	2.4×10^{-9}	8.61
Mn-8-羟基喹啉	2.0×10^{-22}	21.7	$SrC_2O_4\cdot H_2O$	1.6×10^{-7}	6.80
$NiCO_3$	6.6×10^{-9}	8.18	$Sr_3(PO_4)_2$	4.1×10^{-28}	27.39
$Ni(OH)_2$ 新析出	2×10^{-15}	14.7	$SrSO_4$	3.2×10^{-7}	6.49
$Ni_3(PO_4)_2$	5×10^{-31}	30.3	Sr-8-羟基喹啉	5×10^{-10}	9.3
α-NiS	3×10^{-19}	18.5	$Ti(OH)_3$	1×10^{-40}	40.0
β-NiS	1×10^{-24}	24.0	$TiO(OH)_2$***	1×10^{-29}	29.0
γ-NiS	2×10^{-26}	25.7	$ZnCO_3$	1.4×10^{-11}	10.84
Ni-8-羟基喹啉	8×10^{-27}	26.1	$Zn_2[Fe(CN)_6]$	4.1×10^{-16}	15.39
$PbCO_3$	7.4×10^{-14}	13.13	$Zn(OH)_2$	1.2×10^{-17}	16.92
$PbCl_2$	1.6×10^{-5}	4.79	$Zn_3(PO_4)_2$	9.1×10^{-33}	32.04
PbClF	2.4×10^{-9}	8.62	ZnS	1.2×10^{-23}	22.92
$PbCrO_4$	2.8×10^{-13}	12.55	Zn-8-羟基喹啉	5×10^{-25}	24.30

* BiOOH　$K_{sp}=[BiO^+][OH^-]$

** $(Hg_2)_mX_n$　$K_{sp}=[Hg_2^{2+}]^m[X^{-2m/n}]^n$

*** $TiO(OH)_2$　$K_{sp}=[TiO^{2+}][OH^-]^2$

附录三

配位滴定的有关常数

附表 3-1　金属配合物的稳定常数（18～25℃）

金属离子	n	$\lg\beta_n$
氨配合物		
Ag^+	1,2	3.24;7.05
Cd^{2+}	1,…,6	2.65;4.75;6.19;7.12;6.80;5.14
Co^{2+}	1,…,6	2.11;3.74;4.79;5.55;5.73;5.11
Co^{3+}	1,…,6	6.7;14.0;20.1;25.7;30.8;35.2
Cu^+	1,2	5.93;10.86
Cu^{2+}	1,…,5	4.31;7.98;11.02;13.32;12.86
Ni^{2+}	1,…,6	2.80;5.04;6.77;7.96;8.71;8.74
Zn^{2+}	1,…,4	2.27;4.61;7.01;9.06
溴配合物		
Bi^{3+}	1,…,6	4.30;5.55;5.89;7.82;—;9.70
Cd^{2+}	1,…,4	1.75;2.34;3.32;3.70
Cu^+	2	5.89
Hg^{2+}	1,…,4	9.05;17.32;19.74;21.00
Ag^+	1,…,4	4.38;7.33;8.00;8.73
氯配合物		
Hg^{2+}	1,…,4	6.74;13.22;14.07;15.07
Sn^{2+}	1,…,4	1.51;2.24;2.03;1.48
Sb^{3+}	1,…,6	2.26;3.49;4.18;4.72;4.72;4.11
Ag^+	1,…,4	3.04;5.04;5.04;5.30
氰配合物		
Ag^+	1,…,4	—;21.1;21.7;20.6
Cd^{2+}	1,…,4	5.48;10.60;15.23;18.78
Cu^+	1,…,4	—;24.0;28.59;30.3
Fe^{2+}	6	35
Fe^{3+}	6	42
Hg^{2+}	4	41.4
Ni^{2+}	4	31.3
Zn^{2+}	4	16.7
氟配合物		
Al^{3+}	1,…,6	6.13;11.15;15.00;17.75;19.37;19.84
Fe^{3+}	1,…,3	5.28;9.30;12.06

续表

金属离子	n	$\lg\beta_n$
Th^{4+}	1,…,3	7.65;13.46;17.97
TiO^{2+}	1,…,4	5.4;9.8;13.7;18.0
ZrO^{2+}	1,…,3	8.80;16.12;21.94
碘配合物		
Bi^{3+}	1,…,6	3.63;—;—;14.95;16.80;18.80
Cd^{2+}	1,…,4	2.10;3.43;4.49;5.41
Pb^{2+}	1,…,4	2.00;3.15;3.92;4.47
Hg^{2+}	1,…,4	12.87;23.82;27.60;29.83
Ag^{2+}	1,…,3	6.58;11.74;13.68
硫氰酸配合物		
Ag^{+}	1,…,4	—;7.57;9.08;10.08
Cu^{+}	1,…,4	—;11.00;10.90;10.48
Au^{+}	1,…,4	—;23;—;42
Fe^{3+}	1,2	2.95;3.36
Hg^{2+}	1,…,4	—;17.47;—;21.23
硫代硫酸配合物		
Cu^{+}	1,…,3	10.35;12.27;13.71
Hg^{2+}	1,…,4	—;29.86;32.26;33.61
Ag^{+}	1,…,3	8.82;13.46;14.15
乙酰丙酮配合物		
Al^{3+}	1,…,3	8.60;15.5;21.30
Cu^{2+}	1,2	8.27;16.34
Fe^{2+}	1,2	5.07;8.67
Fe^{3+}	1,…,3	11.4;22.1;26.7
Ni^{2+}	1,…,3	6.06;10.77;13.09
Zn^{2+}	1,2	4.98;8.81
柠檬酸配合物		
$Ag_2^{+}HL^{3-}$	1	7.1
$Al^{3+}L^{4-}$	1	20.0
$Cu^{2+}L^{4-}$	1	18.0
$Fe^{2+}L^{4-}$	1	15.5
$Fe^{3+}L^{4-}$	1	25.0
$Ni^{2+}L^{4-}$	1	14.3
$Zn^{2+}L^{4-}$	1	11.4
乙二胺配合物		
Ag^{+}	1,2	4.70;7.70
Cd^{2+}	1,…,3	5.47;10.09;12.09
Co^{2+}	1,…,3	5.91;10.64;13.94
Co^{3+}	1,…,3	18.7;34.9;48.69
Cu^{+}	2	10.80

续表

金属离子	n	$\lg\beta_n$
Cu^{2+}	1,…,3	10.67;20.00;21.0
Fe^{2+}	1,…,3	4.34;7.65;9.70
Hg^{2+}	1,2	14.3;23.3
Mn^{2+}	1,…,3	2.73;4.79;5.67
Ni^{2+}	1,…,3	7.52;13.80;18.06
Zn^{2+}	1,…,3	5.77;10.83;14.11
草酸配合物		
Al^{3+}	1,…,3	7.26;13.0;16.3
Co^{2+}	1,…,3	4.79;6.7;9.7
Co^{3+}	3	～20
Fe^{2+}	1,…,3	2.9;4.52;5.22
Fe^{3+}	1,…,3	9.4;16.2;20.2
Mn^{3+}	1,…,3	9.98;16.57;19.42
Ni^{2+}	1,…,3	5.3;7.64; ～8.5
TiO^{2+}	1,2	6.6;9.9
Zn^{2+}	1,…,3	4.89;7.60;8.15
磺基水杨酸配合物		
Al^{3+}	1,…,3	13.20;22.83;28.89
Cd^{2+}	1,2	16.68;29.08
Co^{2+}	1,2	6.13;9.82
Cr^{3+}	1	9.56
Cu^{2+}	1,2	9.52;16.45
Fe^{2+}	1,2	5.90;9.90
Fe^{3+}	1,…,3	14.64;25.18;32.12
Mn^{2+}	1,2	5.24;8.24
Ni^{2+}	1,2	6.42;10.24
Zn^{2+}	1,2	6.05;10.65
硫脲配合物		
Ag^{+}	1,2	7.4;13.1
Bi^{3+}	6	11.9
Cu^{+}	3,4	13;15.4
Hg^{2+}	2,…,4	22.1;24.7;26.8
酒石酸配合物		
Bi^{3+}	3	8.30
Ca^{2+}	1,2	2.98;9.01
Cu^{2+}	1,…,4	3.2;5.11;4.78;6.51
Fe^{3+}	3	7.49
Pb^{2+}	1,3	3.78;4.7
Zn^{2+}	1,2	2.4;8.32
铬黑T配合物		

续表

金属离子	n	$\lg\beta_n$
Ca^{2+}	1	5.4
Mg^{2+}	1	7.0
Zn^{2+}	1,2	13.5;20.6
二甲酚橙配合物		
Bi^{3+}	1	5.52
Fe^{3+}	1	5.70
Hf(Ⅳ)	1	6.50
Ti^{3+}	1	4.90
Zn^{2+}	1	6.15
ZrO^{2+}	1	7.60

说明：β_n 为配合物的累积形成常数，即

$\beta_n = K_1 \times K_2 \times K_3 \times \cdots \times K_n$

$\lg\beta_n = \lg K_1 + \lg K_2 + \lg K_3 + \cdots + \lg K_n$

例如：$Ag^+ NH_3$ 的配合物

$\lg\beta_1 = 3.24$ 即 $\lg K_1 = 3.24$

$\lg\beta_2 = 7.05$ 即 $\lg K_1 = 3.24$　　$\lg K_2 = 3.81$

附表 3-2　氨羧配合剂类配合物的稳定常数（18～25℃）

金属离子	lg*K*					
	EDTA	DCTA	DTPA	EGTA	HEDTA	TTHA
Ag^+	7.32			6.88	6.71	8.67
Al^{3+}	16.3	17.63	18.6	13.9	14.3	19.7
Ba^{2+}	7.86	8.0	8.87	8.41	6.3	8.22
Be^{2+}	9.3	11.51				
Bi^{3+}	27.94	32.3	35.6		22.3	
Ca^{2+}	10.96	12.10	10.83	10.97	8.3	10.06
Cd^{2+}	16.46	19.23	19.2	16.7	13.3	19.8
Ce^{3+}	15.98	16.76				
Co^{2+}	16.31	18.92	19.27	12.39	14.6	17.1
Co^{3+}	36				37.4	
Cr^{3+}	23.4					
Cu^{2+}	18.80	21.30	21.55	17.71	17.6	19.2
Er^{3+}						23.19
Fe^{2+}	14.32	19.0	16.5	11.87	12.3	
Fe^{3+}	25.1	30.1	28.0	20.5	19.8	26.8
Ga^{3+}	20.3	22.91	25.54		16.9	
Hg^{2+}	21.80	25.00	26.70	23.2	20.30	26.8
In^{3+}	25.0	28.8	29.0		20.2	
La^{3+}		16.26				22.22
Li^+	2.79					
Mg^{2+}	8.7	11.02	9.30	5.21	7.0	8.43
Mn^{2+}	13.87	16.78	15.60	12.28	10.9	14.65

续表

金属离子	lgK					
	EDTA	DCTA	DTPA	EGTA	HEDTA	TTHA
Mo(Ⅴ)	～28					
Na^{+}	1.66					
Nd^{3+}	16.61	17.68				22.82
Ni^{2+}	18.62	20.3	20.32	13.55	17.3	18.1
Pb^{3+}	18.04	19.68	18.80	14.71	15.7	17.1
Pd^{2+}	18.5					
Pr^{3+}	16.4	17.31				
Sc^{3+}	23.1	26.1	24.5	18.2		
Sm^{3+}						24.3
Sn^{2+}	22.11					
Sr^{2+}	8.73	10.59	9.77	8.50	6.9	9.26
Th^{4+}	23.2	25.6	28.78			31.9
Tio^{2+}	17.3					
Tl^{3+}	37.8	38.3				
U^{4+}	25.8	27.6	7.69			
VO^{2+}	18.8	19.4				
Y^{3+}	18.10	19.15	22.13	17.16	14.78	
Zn^{2+}	16.50	18.67	18.40	12.7	14.7	16.65
Zr^{4+}	29.5		35.8			
稀土元素	16～20	17～22	19		13～16	

EDTA：乙二胺四乙酸

DCTA：1,2-二胺基环己烷四乙酸

DTPA：二乙基三胺五乙酸

EGTA：乙二醇二乙醚二胺四乙酸

HEDTA：*N*-*β* 羟基乙基乙二胺三乙酸

TTHA：三乙基四胺六乙酸

附表 3-3　一些金属离子与部分指示剂配合物的 $\lg K'_{MIn}$ 值

In	M \ pH	0	1.0	2.0	3.0	4.0	4.5	5.0	5.5	6.0	6.5	7.0	8.0	9.0	10.0	11.0	12.0
铬黑 T (EBT)	Ca^{2+}											0.85	1.85	2.85	3.84	4.74	5.40
	Mg^{2+}											2.45	3.45	4.4	5.44	6.34	6.87
	Zn^{2+}											8.4	9.4	10.4	12.2	13.9	—
紫脲酸铵(X)	Ca^{2+}											2.6	2.8	3.4	4.0	4.6	5.0
	Ni^{2+}											5.2	6.2	7.8	9.3	10.3	11.3
	Cu^{2+}											8.2	10.2	12.2	13.6	15.8	17.9
二甲酚橙(XO)	Bi^{3+}		4	5.4	6.8												
	Ca^{2+}						4	4.5	5.0	5.5	6.3	6.8					
	Hg^{2+}							7.4	8.2	9.0							
	La^{3+}						4.0	4.5	5.0	5.6	6.7						
	Pb^{2+}				4.2	4.8	6.2	7.0	7.6	8.2							
	Th^{4+}		3.6	4.9	6.3												
	Zn^{2+}						4.1	4.8	5.7	6.5	7.3	8.0					
	Zr^{4+}	7.5															

附表 3-4 一些金属离子的 $\lg\alpha_{M(OH)}$ 值

金属离子	离子强度	pH													
		1	2	3	4	5	6	7	8	9	10	11	12	13	14
Al^{3+}	2					0.4	1.3	5.3	9.3	13.3	17.3	21.3	25.3	29.3	33.3
Bi^{3+}	3	0.1	0.5	1.4	2.4	3.4	4.4	5.4							
Ca^{2+}	0.1													0.3	1.0
Cd^{2+}	3									0.1	0.5	2.0	4.5	8.1	12.0
Co^{2+}	0.1								0.1	0.4	1.1	2.2	4.2	7.2	10.2
Cu^{2+}	0.1								0.2	0.8	1.7	2.7	3.7	4.7	5.7
Fe^{2+}	1									0.1	0.6	1.5	2.5	3.5	4.5
Fe^{3+}	3			0.4	1.8	3.7	5.7	7.7	9.7	11.7	13.7	15.7	17.7	19.7	21.7
Hg^{2+}	0.1			0.5	1.9	3.9	5.9	7.9	9.9	11.9	13.9	15.9	17.9	19.9	21.9
La^{3+}	3										0.3	1.0	1.9	2.9	3.9
Mg^{2+}	0.1											0.1	0.5	1.3	2.3
Mn^{2+}	0.1										0.1	0.5	1.4	2.4	3.4
Ni^{2+}	0.1									0.1	0.7	1.6			
Pb^{2+}	0.1							0.1	0.5	1.4	2.7	4.7	7.4	10.4	13.4
Th^{4+}	1				0.2	0.8	1.7	2.7	3.7	4.7	5.7	6.7	7.7	8.7	9.7
Zn^{2+}	0.1									0.2	2.4	5.4	8.5	11.8	15.5

标准缓冲溶液的 pH（0～95℃）

温度（℃）	组成					
	0.05mol/L 草酸三氢钾	25℃饱和酒石酸氢钾	0.05 mol/L 邻苯二甲酸氢钾	0.025mol/L KH_2PO_4 + 0.025 mol/L Na_2HPO_4	0.01mol/L 硼砂	25℃饱和氢氧化钙
0	1.666	—	4.003	6.984	9.464	13.423
5	1.668	—	3.999	6.951	9.395	13.207
10	1.670	—	3.998	6.923	9.332	13.003
15	1.672	—	3.999	6.900	9.276	12.810
20	1.675	—	4.002	6.881	9.225	12.627
25	1.679	3.557	4.008	6.865	9.180	12.454
30	1.683	3.552	4.015	6.853	9.139	12.289
35	1.688	3.549	4.024	6.844	9.102	12.133
38	1.691	3.548	4.030	6.840	9.081	12.043
40	1.694	3.547	4.035	6.838	9.068	11.984
45	1.700	3.547	4.047	6.834	9.038	11.841
50	1.707	3.549	4.060	6.833	9.011	11.705
55	1.715	3.554	4.075	6.834	8.985	11.574
60	1.723	3.560	4.091	6.836	8.962	11.449
70	1.743	3.580	4.126	6.845	8.921	—
80	1.766	3.609	4.164	6.859	8.885	—
90	1.792	3.650	4.205	6.877	8.850	—
95	1.806	3.674	4.227	6.886	8.833	—

附录五

常用化合物的相对分子质量

分子式	相对分子质量	分子式	相对分子质量
$AgBr$	187.77	$KMnO_4$	158.03
$AgCl$	143.32	KNO_2	85.100
AgI	234.77	KOH	56.106
$AgNO_3$	169.87	K_2PtCl_6	486.00
Al_2O_3	101.96	$MgCO_3$	84.314
As_2O_3	197.84	$MgCl_2$	95.211
$BaCl_2 \cdot 2H_2O$	244.26	$MgSO_4 \cdot 7H_2O$	246.48
BaO	153.33	$MgNH_4PO_4 \cdot 6H_2O$	245.41
$Ba(OH)_2 \cdot 8H_2O$	315.47	MgO	40.304
$BaSO_4$	233.39	$Mg(OH)_2$	58.320
$CaCO_3$	100.09	$Mg_2P_2O_7$	222.55
CaO	56.077	$Na_2B_4O_7 \cdot 10H_2O$	381.37
$Ca(OH)_2$	74.093	$NaBr$	102.89
CO_2	44.010	$NaCl$	58.489
CuO	79.545	Na_2CO_3	105.99
Cu_2O	143.09	$NaHCO_3$	84.007
$CuSO_4 \cdot 5H_2O$	249.69	$Na_2HPO_4 \cdot 12H_2O$	358.14
FeO	71.844	$NaNO_2$	69.000
Fe_2O_3	159.69	Na_2O	61.979
$FeSO_4 \cdot 7H_2O$	278.02	$NaOH$	39.997
$FeSO_4 \cdot (NH_4)_2SO_4 \cdot 6H_2O$	392.14	$Na_2S_2O_3$	158.11
H_3BO_3	61.833	$Na_2S_2O_3 \cdot 5H_2O$	248.19
HCl	36.461	NH_3	17.031
$HClO_4$	100.46	NH_4Cl	53.491
HNO_3	63.013	$NH_3 \cdot H_2O$	35.046
H_2O	18.015	$(NH_4)_3PO_4 \cdot 12MoO_3$	1876.4
H_2O_2	34.015	$(NH_4)_2SO_4$	132.14
H_3PO_4	97.995	$PbCrO_4$	323.19
H_2SO_4	98.080	PbO_2	239.20
I_2	253.81	$PbSO_4$	303.26

续表

分　子　式	相对分子质量	分　子　式	相对分子质量
$KAl(SO_4)_2 \cdot 12H_2O$	474.39	P_2O_5	141.94
KBr	119.00	SiO_2	60.085
$KBrO_3$	167.00	SO_2	64.065
KCl	74.551	SO_3	80.064
$KClO_4$	138.55	ZnO	81.408
$KSCN$	97.18	CH_3COOH(醋酸)	60.052
K_2CO_3	138.21	$H_2C_2O_4 \cdot 2H_2O$(草酸)	126.07
K_2CrO_4	194.19	$KHC_4H_4O_6$(酒石酸氢钾)	188.18
$K_2Cr_2O_7$	294.19	$KHC_8H_4O_4$(邻苯二甲酸氢钾)	204.22
KH_2PO_4	136.09	$K(SbO)C_4H_4O_6 \cdot \frac{1}{2}H_2O$(酒石酸锑钾)	333.93
$KHSO_4$	136.17		
KI	166.00	$Na_2C_2O_4$(草酸钠)	134.00
KIO_3	214.00	$NaC_7H_5O_2$(苯甲酸钠)	144.11
$KIO_3 \cdot HIO_3$	389.91	$Na_3C_6H_5O_7 \cdot 2H_2O$(枸橼酸钠)	294.12

数据录自李发美主编，分析化学，第6版，北京：人民卫生出版社，2007：456～457

附录六

标准电极电位表（18～25℃）

按 $E^{\ominus}$ 值高低排列

半　　反　　应	$E^{\ominus}$(V)
F_2(气)$+2H^++2e = 2HF$	3.06
$O_3+2H^++2e = O_2+H_2O$	2.07
$S_2O_8^{2-}+2e = 2SO_4^{2-}$	2.01
$H_2O_2+2H^++2e = 2H_2O$	1.77
PbO_2(固)$+SO_4^{2-}+4H^++2e = PbSO_4$(固)$+2H_2O$	1.685
$Au^++e = Au$	1.68
$HClO_2+2H^++2e = HClO+H_2O$	1.64
$HClO+H^++e = \frac{1}{2}Cl_2+H_2O$	1.63
$Ce^{4+}+e = Ce^{3+}$	1.61
$H_5IO_6+H^++2e = IO_3^-+3H_2O$	1.60
$HBrO+H^++e = \frac{1}{2}Br_2+H_2O$	1.59
$BrO_3^-+6H^++5e = \frac{1}{2}Br_2+3H_2O$	1.52
$MnO_4^-+8H^++5e = Mn^{2+}+4H_2O$	1.51
Au(Ⅲ)$+3e = Au$	1.50
$HClO+H^++2e = Cl^-+H_2O$	1.49
$ClO_3^-+6H^++5e = \frac{1}{2}Cl_2+3H_2O$	1.47
PbO_2(固)$+4H^++2e = Pb^{2+}+2H_2O$	1.455
$HIO+H^++e = \frac{1}{2}I_2+H_2O$	1.45
$ClO_3^-+6H^++6e = Cl^-+3H_2O$	1.45
$BrO_3^-+6H^++6e = Br^-+3H_2O$	1.44
Au(Ⅲ)$+2e =$ Au(Ⅰ)	1.41
Cl_2(气)$+2e = 2Cl^-$	1.3595
$ClO_4^-+8H^++7e = \frac{1}{2}Cl_2+4H_2O$	1.34
$Cr_2O_7{}^{2-}+14H^++6e = 2Cr^{3+}+7H_2O$	1.33
MnO_2(固)$+4H^++2e = Mn^{2+}+2H_2O$	1.23
O_2(气)$+4H^++4e = 2H_2O$	1.229
$IO_3^-+6H^++5e = \frac{1}{2}I_2+3H_2O$	1.20
$ClO_4^-+2H^++2e = ClO_3^-+H_2O$	1.19
$AuCl_2^-+e = Au+2Cl^-$	1.11

续表

半　反　应	$E^{\ominus}$(V)
Br_2(水)$+2e = 2Br^-$	1.087
$NO_2+H^++e = HNO_2$	1.07
Br_2(液)$+2e = 2Br^-$	1.065
$HNO_2+H^++e = NO$(气)$+H_2O$	1.00
$VO_2^++2H^++e = VO^{2+}+H_2O$	1.00
$AuCl_4^-+3e = Au+4Cl^-$	0.99
$HIO+H^++2e = I^-+H_2O$	0.99
$AuBr_2^-+e = Au+2Br^-$	0.96
$NO_3^-+3H^++2e = HNO_2+H_2O$	0.94
$ClO^-+H_2O+2e = Cl^-+2OH^-$	0.89
$H_2O_2+2e = 2OH^-$	0.88
$AuBr_4^-+3e = Au+4Br^-$	0.87
$Cu^{2+}+I^-+e = CuI$(固)	0.86
$Hg^{2+}+2e = Hg$	0.845
$AuBr_4^-+2e = AuBr_2^-+2Br^-$	0.82
$NO_3^-+2H^++e = NO_2+H_2O$	0.80
$Ag^++e = Ag$	0.7995
$Hg_2^{2+}+2e = 2Hg$	0.793
$Fe^{3+}+e = Fe^{2+}$	0.771
$BrO^-+H_2O+2e = Br^-+2OH^-$	0.76
O_2(气)$+2H^++2e = H_2O_2$	0.682
$AsO_2^-+2H_2O+3e = As+4OH^-$	0.68
$2HgCl_2+2e = Hg_2Cl_2$(固)$+2Cl^-$	0.63
Hg_2SO_4(固)$+2e = 2Hg+SO_4^{2-}$	0.6151
$MnO_4^-+2H_2O+3e = MnO_2$(固)$+4OH^-$	0.588
$MnO_4^-+e = MnO_4^{2-}$	0.564
$H_3AsO_4+2H^++2e = H_3AsO_3+H_2O$	0.559
$I_3^-+2e = 3I^-$	0.545
I_2(固)$+2e = 2I^-$	0.5345
Mo(Ⅵ)$+e =$ Mo(Ⅴ)	0.53
$Cu^++e = Cu$	0.52
$4H_2SO_3+4H^++6e = S_4O_6^{2-}+6H_2O$	0.51
$HgCl_4^{2-}+2e = Hg+4Cl^-$	0.48
$2H_2SO_3+2H^++4e = S_2O_3^{2-}+3H_2O$	0.40
$Fe(CN)_6^{3-}+e = Fe(CN)_6^{4-}$	0.36
$Cu^{2+}+2e = Cu$	0.337
$VO^{2+}+2H^++e = V^{3+}+H_2O$	0.337
$BiO^++2H^++3e = Bi+H_2O$	0.32
Hg_2Cl_2(固)$+2e = 2Hg+2Cl^-$	0.2676
$HAsO_2+3H^++3e = As+2H_2O$	0.248

续表

半反应	$E^{\ominus}$(V)
$AgCl$(固)$+e \rightleftharpoons Ag+Cl^-$	0.2223
$SbO^+ +2H^+ +3e \rightleftharpoons Sb+H_2O$	0.212
$SO_4^{2-} +4H^+ +2e \rightleftharpoons SO_2$(水)$+2H_2O$	0.17
$Cu^{2+} +e \rightleftharpoons Cu^+$	0.159
$Sn^{4+} +2e \rightleftharpoons Sn^{2+}$	0.154
$S+2H^+ +2e \rightleftharpoons H_2S$(气)	0.141
$Hg_2Br_2+2e \rightleftharpoons 2Hg+2Br^-$	0.1395
$TiO^{2+} +2H^+ +e \rightleftharpoons Ti^{3+} +H_2O$	0.1
$S_4O_6^{2-} +2e \rightleftharpoons 2S_2O_3^{2-}$	0.08
$AgBr$(固)$+e \rightleftharpoons Ag+Br^-$	0.071
$2H^+ +2e \rightleftharpoons H_2$	0.000
$O_2+H_2O+2e \rightleftharpoons HO_2^- +OH^-$	−0.067
$TiOCl^+ +2H^+ +3Cl^- +e \rightleftharpoons TiCl_4^- +H_2O$	−0.09
$Pb^{2+} +2e \rightleftharpoons Pb$	−0.126
$Sn^{2+} +2e \rightleftharpoons Sn$	−0.136
AgI(固)$+e \rightleftharpoons Ag+I^-$	−0.152
$Ni^{2+} +2e \rightleftharpoons Ni$	−0.246
$H_3PO_4+2H^+ +2e \rightleftharpoons H_3PO_3+H_2O$	−0.276
$Co^{2+} +2e \rightleftharpoons Co$	−0.277
$Tl^+ +e \rightleftharpoons Tl$	−0.3360
$In^{3+} +3e \rightleftharpoons In$	−0.345
$PbSO_4$(固)$+2e \rightleftharpoons Pb+SO_4^{2-}$	−0.3553
$SeO_3^{2-} +3H_2O+4e \rightleftharpoons Se+6OH^-$	−0.366
$As+3H^+ +3e \rightleftharpoons AsH_3$	−0.38
$Se+2H^+ +2e \rightleftharpoons H_2Se$	−0.40
$Cd^{2+} +2e \rightleftharpoons Cd$	−0.403
$Cr^{3+} +e \rightleftharpoons Cr^{2+}$	−0.41
$Fe^{2+} +2e \rightleftharpoons Fe$	−0.440
$S+2e \rightleftharpoons S^{2-}$	−0.48
$2CO_2+2H^+ +2e \rightleftharpoons H_2C_2O_4$	−0.49
$H_3PO_3+2H^+ +2e \rightleftharpoons H_3PO_2+H_2O$	−0.50
$Sb+3H^+ +3e \rightleftharpoons SbH_3$	−0.51
$HPbO_2^- +H_2O+2e \rightleftharpoons Pb+3OH^-$	−0.54
$Ga^{3+} +3e \rightleftharpoons Ga$	−0.56
$TeO_3^{2-} +3H_2O+4e \rightleftharpoons Te+6OH^-$	−0.57
$2SO_3^{2-} +3H_2O+4e \rightleftharpoons S_2O_3^{2-} +6OH^-$	−0.58
$SO_3^{2-} +3H_2O+4e \rightleftharpoons S+6OH^-$	−0.66
Ag_2S(固)$+2e \rightleftharpoons 2Ag+S^{2-}$	−0.69
$AsO_4^{3-} +2H_2O+2e \rightleftharpoons AsO_2^- +4OH^-$	−0.71
$Zn^{2+} +2e \rightleftharpoons Zn$	−0.763

续表

半　反　应	$E^{\ominus}$(V)
$2H_2O+2e$ ══ H_2+2OH^-	−0.828
$Cr^{2+}+2e$ ══ Cr	−0.91
$HSnO_2^-+H_2O+2e$ ══ $Sn+3OH^-$	−0.91
$Se+2e$ ══ Se^{2-}	−0.92
$Sn(OH)_6^{2-}+2e$ ══ $HSnO_2^-+H_2O+3OH^-$	−0.93
CNO^-+H_2O+2e ══ CN^-+2OH^-	−0.97
$Mn^{2+}+2e$ ══ Mn	−1.182
$ZnO_2^{2-}+2H_2O+2e$ ══ $Zn+4OH^-$	−1.216
$Al^{3+}+3e$ ══ Al	−1.66
$H_2AlO_3^-+H_2O+3e$ ══ $Al+4OH^-$	−2.35
$Mg^{2+}+2e$ ══ Mg	−2.37
Na^++e ══ Na	−2.714
$Ca^{2+}+2e$ ══ Ca	−2.87
Sr^++2e ══ Sr	−2.89
Ba^++2e ══ Ba	−2.90
K^++e ══ K	−2.925
Li^++e ══ Li	−3.042

附录七

中华人民共和国法定计量单位

我国法定计量单位包括：

1. 国际单位制（SI）的基本单位。
2. 国际单位制的辅助单位。
3. 国际单位制中具有专门名称的导出单位。
4. 国家选定的非国际单位制单位。
5. 由以上单位构成的组合形式的单位。
6. 由词头和以上单位所构成的十进倍数和分数单位。

附表 7-1　国际单位制（SI）的基本单位

量的名称	单位名称	单位符号
长度	米	m
质量	千克(公斤)	kg
时间	秒	s
电流强度	安[培]	A
热力学温度	开[尔文]	K
物质的量	摩[尔]	mol
发光强度	坎[德拉]	cd

附表 7-2　国际单位制的辅助单位

量的名称	单位名称	单位符号
平面角	弧度	rad
立体角	球面度	sr

附表 7-3　国际单位制中具有专门名称的导出单位

量的名称	单位名称	单位符号	用其他 SI 单位表示的表示式
频率	赫[兹]	Hz	
力，重力	牛[顿]	N	
压力，压强，应力	帕[斯卡]	Pa	N/m^2
能[量]，功，热量	焦[耳]	J	N·m
功率，辐[射能]通量	瓦[特]	W	J/s
电荷[量]	库[仑]	C	
电位，电压，电动势	伏[特]	V	W/A
电容	法[拉]	F	C/V

续表

量的名称	单位名称	单位符号	用其他 SI 单位表示的表示式
电阻	欧[姆]	Ω	V/A
电导	西[门子]	S	A/V
磁通[量]	韦[伯]	Wb	V·s
磁通[量]密度，磁感应强度	特[斯拉]	T	Wb/m^2
电感	亨[利]	H	Wb/A
摄氏温度	摄氏度	℃	
量的名称	单位名称	单位符号	用其他 SI 单位表示的表示式
光通[量]	流[明]	lm	
[光]照度	勒[克斯]	lx	lm/m^2
[放射性]活度	贝可[勒尔]	Bq	
吸收剂量	戈[瑞]	Gy	J/kg
剂量当量	希[沃特]	Sv	J/kg

附表 7-4　国家选定的非国际单位制单位

量的名称	单位名称	单位符号	换算关系和说明
时间	分	min	1min=60s
	[小]时	h	1h=60min=3600s
	天(日)	d	1d=24h=86400s
[平面]角	[角]秒	(″)	1″=(π/648000)rad(π 为圆周率)
	[角]分	(′)	1′=60″= (π/10800)rad
	度	(°)	1°=60′=(π/180)rad
旋转速度	转每分	r/min	$1r/min=(1/60)s^{-1}$
长度	海里	n mile	1n mile=1852m(只用于航程)
速度	节	kn	1kn=1n mile/h=(1852/3600)m/s (只用于航程)
质量	吨	t	$1t=10^3kg$
	原子质量单位	u	$1u\approx1.6605402\times10^{-27}kg$
体积	升	L,(l)	$1L=1dm^3=10^{-3}m^3$
能	电子伏	eV	$1eV\approx1.6021892\times10^{-19}J$
级差	分贝	dB	
线密度	特[克斯]	tex	1tex=1g/km

附表 7-5　用于构成十进倍数和分数单位的词头

所表示的因数	词头名称	词头符号
10^{18}	艾[可萨]	E
10^{15}	拍[它]	P
10^{12}	太[拉]	T
10^9	吉[咖]	G
10^6	兆	M
10^3	千	k
10^2	百	h
10^1	十	da

续表

所表示的因数	词头名称	词头符号
10^{-1}	分	d
10^{-2}	厘	c
10^{-3}	毫	m
10^{-6}	微	μ
10^{-9}	纳[诺]	n
10^{-12}	皮[可]	p
10^{-15}	飞[母托]	f
10^{-18}	阿[托]	a

注：1. 周、月、年（年的符号为 a）为一般常用时间单位。

2. [ ] 内的字，是在不致混淆的情况下，可以省略的字。

3. （ ）内的字为前者的同义语。

4. 角度单位度、分、秒的符号不处于数字后时，用括弧。

5. 升的符号中，小写字母 l 为备用符号。

6. r 为“转”的符号。

7. 人民生活和贸易中，质量习惯称为重量。

8. 公里为千米的俗称，符号为 km。

9. 10^4 称为万，10^8 称为亿，10^{12} 称为万亿，这类数词的使用不受词头名称的影响，但不应与词头混淆。

附录八

国际单位制（SI）与 cgs 单位换算及常用物理化学常数

附表 8-1　国际单位制（SI）与 cgs 单位换算表

物理量	cgs 单位		SI 单位		由 cgs 换算成 SI
	名称	符号	名称	符号	
长度	厘米	cm	米	m	10^{-2}m
	埃	Å			10^{-10}m
	微米	μm			10^{-6}m
	纳米	nm			10^{-9}m
质量	克	g	千克	kg	10^{-3}kg
	吨	t			10^{3}kg
	磅	lb			0.45359237kg
	原子质量单位	u			1.6605402×10^{-27}kg
时间	秒	s	秒	s	
电流	安培	A	安培	A	
面积	平方厘米	cm^2	平方米	m^2	$10^{-4}m^2$
体积	升	L	立方米	m^3	$10^{-3}m^3$
	立方厘米	cm^3			$10^{-6}m^3$
能量	尔格	erg	焦耳	J	10^{-7}J
功率	瓦特	W	瓦特	W	
密度		$g\cdot cm^{-3}$		$kg\cdot m^{-3}$	$10^{3}kg\cdot m^{-3}$
浓度	摩尔浓度	mol/L	摩尔每立方米	$mol\cdot m^{-3}$	$10^{3}mol\cdot m^{-3}$

附表 8-2　常用物理化学常数

常数名称	换算关系
电子的电荷	$e=4.80298\times10^{-10}$csu
Plank 常数	$h=6.626176(36)\times10^{-34}J\cdot s$
光速(真空)	$c=2.99792458\times10^{8}m\cdot s^{-1}$
摩尔气体常数	$R=8.31441(26)J\cdot mol^{-1}\cdot K^{-1}$
Avogadro 常数	$N=6.022045(31)\times10^{23}mol^{-1}$
Fraday 常数	$F=9.648456\times10^{4}C\cdot mol^{-1}$

续表

常 数 名 称	换 算 关 系
电子静止质量	$m_c=9.10953(5)\times10^{-34}$ g
Bohr 半径	$a_o=0.52917706(44)\times10^{-10}$m
元素相对原子质量	$1u=1.6605402\times10^{-24}$ g

注：常数值括号中的数字代表该数值的误差（最末1～2位）。

附录九

元素的相对原子质量

元素	符号	相对原子质量	元素	符号	相对原子质量	元素	符号	相对原子质量
银	Ag	107.8682(2)	铪	Hf	178.49(2)	铷	Rb	85.4678(3)
铝	Al	26.9815386(8)	汞	Hg	200.59(2)	铼	Re	186.207(1)
氩	Ar	39.948(1)	钬	Ho	164.93032(2)	铑	Rh	102.90550(2)
砷	As	74.92160(2)	碘	I	126.90447(3)	钌	Ru	101.07(2)
金	Au	196.966569(4)	铟	In	114.818(3)	硫	S	32.065(5)
硼	B	10.811(7)	铱	Ir	192.217(3)	锑	Sb	121.760(1)
钡	Ba	137.327(7)	钾	K	39.0983(1)	钪	Sc	44.955912(6)
铍	Be	9.012182(3)	氪	Kr	83.798(2)	硒	Se	78.96(3)
铋	Bi	208.98040(1)	镧	La	138.90547(7)	硅	Si	28.0855(3)
溴	Br	79.904(1)	锂	Li	6.941(2)	钐	Sm	150.36(2)
碳	C	12.0107(8)	镥	Lu	174.967(1)	锡	Sn	118.710(7)
钙	Ca	40.078(4)	镁	Mg	24.3050(6)	锶	Sr	87.62(1)
镉	Cd	112.411(8)	锰	Mn	54.938045(5)	钽	Ta	180.94788(2)
铈	Ce	140.116(1)	钼	Mo	95.94(2)	铽	Tb	158.92535(2)
氯	Cl	35.453(2)	氮	N	14.0067(2)	碲	Te	127.60(3)
钴	Co	58.933195(5)	钠	Na	22.98976928(2)	钍	Th	232.03806(2)
铬	Cr	51.9961(6)	铌	Nb	92.90638(2)	钛	Ti	47.867(1)
铯	Cs	132.9054519(2)	钕	Nd	144.242(3)	铊	Tl	204.3833(2)
铜	Cu	63.546(3)	氖	Ne	20.1797(6)	铥	Tm	168.93421(2)
镝	Dy	162.500(1)	镍	Ni	58.6934(2)	铀	U	238.02891(3)
铒	Er	167.259(3)	镎	Np	[237]	钒	V	50.9415(1)
铕	Eu	151.964(1)	氧	O	15.9994(3)	钨	W	183.84(1)
氟	F	18.9984032(5)	锇	Os	190.23(3)	氙	Xe	131.293(6)
铁	Fe	55.845(2)	磷	P	30.973762(2)	钇	Y	88.90585(2)
镓	Ga	69.723(1)	铅	Pb	207.2(1)	镱	Yb	173.04(3)
钆	Gd	157.25(3)	钯	Pd	106.42(1)	锌	Zn	65.409(4)
锗	Ge	72.64(1)	镨	Pr	140.90765(2)	锆	Zr	91.224(2)
氢	H	1.00794(7)	铂	Pt	195.084(9)			
氦	He	4.002602(2)	镭	Ra	[226]			

注：录自2005年国际原子量表，( ) 表示最后一位的不确定性，[ ] 中的数值为没有稳定同位素元素的半衰期最长同位素的质量数。

主要参考书目

1. 梁生旺，万丽．分析化学．9版．北京：中国中医药出版社，2012
2. 庄乾坤，刘虎威，陈洪渊．分析化学学科前沿与展望．北京：科学出版社，2012
3. 武汉大学．分析化学．5版．北京：高等教育出版社，2006
4. 华中师范大学．分析化学．4版．北京：高等教育出版社，2011
5. 彭崇慧，冯建章，张锡瑜．分析化学一定量化学分析简明教程．3版．北京：北京大学出版社，2009
6. 李发美．分析化学．7版．北京：人民卫生出版社，2011
7. 张凌，李锦．分析化学．北京：人民卫生出版社，2012
8. 汪尔康．21世纪的分析化学．北京：科学出版社，1999
9. 高鸿．分析化学前沿．北京：科学出版社，1991
10. 李克安，金钦汉，等译．分析化学．北京：北京大学出版社，2001
11. 分析化学手册编委会．分析化学手册．2版．北京：化学工业出版社，2000

全国中医药行业高等教育“十四五”规划教材

全国高等中医药院校规划教材（第十一版）

教材目录（第一批）

注：凡标☆号者为“核心示范教材”。

（一）中医学类专业

序号	书　名	主　编		主编所在单位	
1	中国医学史	郭宏伟	徐江雁	黑龙江中医药大学	河南中医药大学
2	医古文	王育林	李亚军	北京中医药大学	陕西中医药大学
3	大学语文	黄作阵		北京中医药大学	
4	中医基础理论☆	郑洪新	杨　柱	辽宁中医药大学	贵州中医药大学
5	中医诊断学☆	李灿东	方朝义	福建中医药大学	河北中医学院
6	中药学☆	钟赣生	杨柏灿	北京中医药大学	上海中医药大学
7	方剂学☆	李　冀	左铮云	黑龙江中医药大学	江西中医药大学
8	内经选读☆	翟双庆	黎敬波	北京中医药大学	广州中医药大学
9	伤寒论选读☆	王庆国	周春祥	北京中医药大学	南京中医药大学
10	金匮要略☆	范永升	姜德友	浙江中医药大学	黑龙江中医药大学
11	温病学☆	谷晓红	马　健	北京中医药大学	南京中医药大学
12	中医内科学☆	吴勉华	石　岩	南京中医药大学	辽宁中医药大学
13	中医外科学☆	陈红风		上海中医药大学	
14	中医妇科学☆	冯晓玲	张婷婷	黑龙江中医药大学	上海中医药大学
15	中医儿科学☆	赵　霞	李新民	南京中医药大学	天津中医药大学
16	中医骨伤科学☆	黄桂成	王拥军	南京中医药大学	上海中医药大学
17	中医眼科学	彭清华		湖南中医药大学	
18	中医耳鼻咽喉科学	刘　蓬		广州中医药大学	
19	中医急诊学☆	刘清泉	方邦江	首都医科大学	上海中医药大学
20	中医各家学说☆	尚　力	戴　铭	上海中医药大学	广西中医药大学
21	针灸学☆	梁繁荣	王　华	成都中医药大学	湖北中医药大学
22	推拿学☆	房　敏	王金贵	上海中医药大学	天津中医药大学
23	中医养生学	马烈光	章德林	成都中医药大学	江西中医药大学
24	中医药膳学	谢梦洲	朱天民	湖南中医药大学	成都中医药大学
25	中医食疗学	施洪飞	方　泓	南京中医药大学	上海中医药大学
26	中医气功学	章文春	魏玉龙	江西中医药大学	北京中医药大学
27	细胞生物学	赵宗江	高碧珍	北京中医药大学	福建中医药大学

序号	书　名	主　编		主编所在单位	
28	人体解剖学	邵水金		上海中医药大学	
29	组织学与胚胎学	周忠光	汪　涛	黑龙江中医药大学	天津中医药大学
30	生物化学	唐炳华		北京中医药大学	
31	生理学	赵铁建	朱大诚	广西中医药大学	江西中医药大学
32	病理学	刘春英	高维娟	辽宁中医药大学	河北中医学院
33	免疫学基础与病原生物学	袁嘉丽	刘永琦	云南中医药大学	甘肃中医药大学
34	预防医学	史周华		山东中医药大学	
35	药理学	张硕峰	方晓艳	北京中医药大学	河南中医药大学
36	诊断学	詹华奎		成都中医药大学	
37	医学影像学	侯　键	许茂盛	成都中医药大学	浙江中医药大学
38	内科学	潘　涛	戴爱国	南京中医药大学	湖南中医药大学
39	外科学	谢建兴		广州中医药大学	
40	中西医文献检索	林丹红	孙　玲	福建中医药大学	湖北中医药大学
41	中医疫病学	张伯礼	吕文亮	天津中医药大学	湖北中医药大学
42	中医文化学	张其成	臧守虎	北京中医药大学	山东中医药大学

（二）针灸推拿学专业

序号	书　名	主　编		主编所在单位	
43	局部解剖学	姜国华	李义凯	黑龙江中医药大学	南方医科大学
44	经络腧穴学☆	沈雪勇	刘存志	上海中医药大学	北京中医药大学
45	刺法灸法学☆	王富春	岳增辉	长春中医药大学	湖南中医药大学
46	针灸治疗学☆	高树中	冀来喜	山东中医药大学	山西中医药大学
47	各家针灸学说	高希言	王　威	河南中医药大学	辽宁中医药大学
48	针灸医籍选读	常小荣	张建斌	湖南中医药大学	南京中医药大学
49	实验针灸学	郭　义		天津中医药大学	
50	推拿手法学☆	周运峰		河南中医药大学	
51	推拿功法学☆	吕立江		浙江中医药大学	
52	推拿治疗学☆	井夫杰	杨永刚	山东中医药大学	长春中医药大学
53	小儿推拿学	刘明军	邰先桃	长春中医药大学	云南中医药大学

（三）中西医临床医学专业

序号	书　名	主　编		主编所在单位	
54	中外医学史	王振国	徐建云	山东中医药大学	南京中医药大学
55	中西医结合内科学	陈志强	杨文明	河北中医学院	安徽中医药大学
56	中西医结合外科学	何清湖		湖南中医药大学	
57	中西医结合妇产科学	杜惠兰		河北中医学院	
58	中西医结合儿科学	王雪峰	郑　健	辽宁中医药大学	福建中医药大学
59	中西医结合骨伤科学	詹红生	刘　军	上海中医药大学	广州中医药大学
60	中西医结合眼科学	段俊国	毕宏生	成都中医药大学	山东中医药大学
61	中西医结合耳鼻咽喉科学	张勤修	陈文勇	成都中医药大学	广州中医药大学
62	中西医结合口腔科学	谭　劲		湖南中医药大学	

（四）中药学类专业

序号	书　名	主　编	主编所在单位
63	中医学基础	陈　晶　程海波	黑龙江中医药大学　南京中医药大学
64	高等数学	李秀昌　邵建华	长春中医药大学　上海中医药大学
65	中医药统计学	何　雁	江西中医药大学
66	物理学	章新友　侯俊玲	江西中医药大学　北京中医药大学
67	无机化学	杨怀霞　吴培云	河南中医药大学　安徽中医药大学
68	有机化学	林　辉	广州中医药大学
69	分析化学（上）（化学分析）	张　凌	江西中医药大学
70	分析化学（下）（仪器分析）	王淑美	广东药科大学
71	物理化学	刘　雄　王颖莉	甘肃中医药大学　山西中医药大学
72	临床中药学☆	周祯祥　唐德才	湖北中医药大学　南京中医药大学
73	方剂学	贾　波　许二平	成都中医药大学　河南中医药大学
74	中药药剂学☆	杨　明	江西中医药大学
75	中药鉴定学☆	康廷国　闫永红	辽宁中医药大学　北京中医药大学
76	中药药理学☆	彭　成	成都中医药大学
77	中药拉丁语	李　峰　马　琳	山东中医药大学　天津中医药大学
78	药用植物学☆	刘春生　谷　巍	北京中医药大学　南京中医药大学
79	中药炮制学☆	钟凌云	江西中医药大学
80	中药分析学☆	梁生旺　张　彤	广东药科大学　上海中医药大学
81	中药化学☆	匡海学　冯卫生	黑龙江中医药大学　河南中医药大学
82	中药制药工程原理与设备	周长征	山东中医药大学
83	药事管理学☆	刘红宁	江西中医药大学
84	本草典籍选读	彭代银　陈仁寿	安徽中医药大学　南京中医药大学
85	中药制药分离工程	朱卫丰	江西中医药大学
86	中药制药设备与车间设计	李　正	天津中医药大学
87	药用植物栽培学	张永清	山东中医药大学
88	中药资源学	马云桐	成都中医药大学
89	中药产品与开发	孟宪生	辽宁中医药大学
90	中药加工与炮制学	王秋红	广东药科大学
91	人体形态学	武煜明　游言文	云南中医药大学　河南中医药大学
92	生理学基础	于远望	陕西中医药大学
93	病理学基础	王　谦	北京中医药大学

（五）护理学专业

序号	书　名	主　编	主编所在单位
94	中医护理学基础	徐桂华　胡　慧	南京中医药大学　湖北中医药大学
95	护理学导论	穆　欣　马小琴	黑龙江中医药大学　浙江中医药大学
96	护理学基础	杨巧菊	河南中医药大学
97	护理专业英语	刘红霞　刘　娅	北京中医药大学　湖北中医药大学
98	护理美学	余雨枫	成都中医药大学
99	健康评估	阚丽君　张玉芳	黑龙江中医药大学　山东中医药大学

序号	书　名	主　编	主编所在单位	
100	护理心理学	郝玉芳	北京中医药大学	
101	护理伦理学	崔瑞兰	山东中医药大学	
102	内科护理学	陈　燕　孙志岭	湖南中医药大学	南京中医药大学
103	外科护理学	陆静波　蔡恩丽	上海中医药大学	云南中医药大学
104	妇产科护理学	冯　进　王丽芹	湖南中医药大学	黑龙江中医药大学
105	儿科护理学	肖洪玲　陈偶英	安徽中医药大学	湖南中医药大学
106	五官科护理学	喻京生	湖南中医药大学	
107	老年护理学	王　燕　高　静	天津中医药大学	成都中医药大学
108	急救护理学	吕　静　卢根娣	长春中医药大学	上海中医药大学
109	康复护理学	陈锦秀　汤继芹	福建中医药大学	山东中医药大学
110	社区护理学	沈翠珍　王诗源	浙江中医药大学	山东中医药大学
111	中医临床护理学	裘秀月　刘建军	浙江中医药大学	江西中医药大学
112	护理管理学	全小明　柏亚妹	广州中医药大学	南京中医药大学
113	医学营养学	聂　宏　李艳玲	黑龙江中医药大学	天津中医药大学

（六）公共课

序号	书　名	主　编	主编所在单位	
114	中医学概论	储全根　胡志希	安徽中医药大学	湖南中医药大学
115	传统体育	吴志坤　邵玉萍	上海中医药大学	湖北中医药大学
116	科研思路与方法	刘　涛　商洪才	南京中医药大学	北京中医药大学

（七）中医骨伤科学专业

序号	书　名	主　编	主编所在单位	
117	中医骨伤科学基础	李　楠　李　刚	福建中医药大学	山东中医药大学
118	骨伤解剖学	侯德才　姜国华	辽宁中医药大学	黑龙江中医药大学
119	骨伤影像学	栾金红　郭会利	黑龙江中医药大学	河南中医药大学洛阳平乐正骨学院
120	中医正骨学	冷向阳　马　勇	长春中医药大学	南京中医药大学
121	中医筋伤学	周红海　于　栋	广西中医药大学	北京中医药大学
122	中医骨病学	徐展望　郑福增	山东中医药大学	河南中医药大学
123	创伤急救学	毕荣修　李无阴	山东中医药大学	河南中医药大学洛阳平乐正骨学院
124	骨伤手术学	童培建　曾意荣	浙江中医药大学	广州中医药大学

（八）中医养生学专业

序号	书　名	主　编	主编所在单位	
125	中医养生文献学	蒋力生　王　平	江西中医药大学	湖北中医药大学
126	中医治未病学概论	陈涤平	南京中医药大学